建筑工程识图与造价
快速上手系列

建筑安装工程
识图与造价速成

→ 筑·匠 编

U0201482

化学工业出版社
·北京·

本书根据《建筑工程工程量计价规范》（GB 50500—2013）以及全国统一定额编写而成，主要介绍了安装工程造价和图纸识读的基本知识、各分项工程清单工程量计算和定额计算的方法、工程量计算规则、各种计价表、工程签证、现场各种预算经验指导等内容，其中分项工程量计算及套价都配以实际案例进行讲解。为了让读者完整地了解工程量的计算过程和计算方法，本书给出了实际案例的全套图纸和完整的计算过程，读者可通过扫描本书前言中的二维码下载查看。

本书内容简明实用、图文并茂，适用性和实际操作性较强，可作为安装工程预算人员和管理人员的参考用书，也可作为土建类相关专业大中专院校师生的参考教材。

图书在版编目（CIP）数据

建筑安装工程识图与造价速成/筑·匠编 .—北京：
化学工业出版社，2017.10（2019.8重印）
（建筑工程识图与造价快速上手系列）
ISBN 978-7-122-30413-1

Ⅰ.①建… Ⅱ.①筑… Ⅲ.①建筑安装-建筑制图-识图②建筑安装-建筑造价管理　Ⅳ.①TU204.21②TU723.31

中国版本图书馆 CIP 数据核字（2017）第 190845 号

责任编辑：彭明兰　　　　　　　　　　　文字编辑：冯国庆
责任校对：宋　夏　　　　　　　　　　　装帧设计：史利平

出版发行：化学工业出版社（北京市东城区青年湖南街 13 号　邮政编码 100011）
印　　装：三河市延风印装有限公司
787mm×1092mm　1/16　印张 14¾　字数 368 千字　2019 年 8 月北京第 1 版第 3 次印刷

购书咨询：010-64518888　　　　　　　售后服务：010-64518899
网　　址：http://www.cip.com.cn
凡购买本书，如有缺损质量问题，本社销售中心负责调换。

定　　价：58.00 元

随着建筑行业的不断发展和进步，"工程造价"这个词已经被越来越多的企业和个人所关注。之所以备受关注是因为"工程造价"将直接影响着企业投资的成功与否和个人的基本收益，现在也有很多建筑院校把"工程造价"从大的建筑工程专业中分离出来，形成一个单独的专业，由此可见工程造价的重要性。

作为一个工程造价专业的毕业生（或刚刚从事工程造价专业的人）来说，之前所学习的理论知识往往是不够的。有很多人来到工作岗位上不知如何下手，此时会感到理论与实际的差异，这也是阻碍他们顺利适应岗位工作的一道门槛。

本书首先介绍了工程造价和图纸识读的基础知识，其次介绍了各分项工程造价内容的计算规则及解析、清单工程量和定额计价的方法、列举计算实例帮助读者对内容的理解，最后对于建筑工程造价的各种经验和技巧进行了详细的讲解。书中分项工程讲解部分都配以与之内容相关的实例计算和示意图。

参与本书编写的人有：刘向宇、安平、陈建华、陈宏、蔡志宏、邓毅丰、邓丽娜、黄肖、黄华、何志勇、郝鹏、李卫、林艳云、李广、李锋、李保华、刘团团、李小丽、李四磊、刘杰、刘彦萍、刘伟、刘全、梁越、马元、孙银青、王军、王力宇、王广洋、许静、谢永亮、肖冠军、于兆山、张志贵、张蕾。

本书在编写过程中参考了有关文献和一些项目施工管理经验性文件，并且得到了许多专家和相关单位的关心与大力支持，在此表示衷心的感谢。

由于编写水平有限，尽管编者尽心尽力，反复推敲核实，但难免有疏漏及不妥之处，恳请广大读者批评指正，以便做进一步的修改和完善。

（扫描此二维码可下载实际案例
全套图纸和完整的计算过程）

（扫描此二维码可查看实际案例
全套图纸和完整的计算过程）

第一章 建筑识图基础知识

第一节 投影的基本概念

一、投影概述

在三维空间里，一切物体都有长度、宽度和高度，但如何在平面图纸上，准确而全面地表达出物体的形状和大小呢？现在常用投影的方法来表示。

在物体前面放一个光源（例如电灯），在物体背后的平面上就投射出一个灰黑的多边形的图（图1-1）。但此影子是漆黑一片，只能反映空间形体某个方向的外形轮廓，不能反映形体上的各棱线和棱面。当光源或物体的位置改变时，影子的形状、位置也随之改变，因此，它不能反映出物体的真实形状。

假设从光源发出的光线能够穿透物体，光线把物体的每个顶点和棱线都投射到地面或墙面上，这样所得到的影子就能表达出物体的形状，称为物体的投影，如图1-2所示。

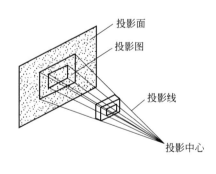

图 1-1　投影

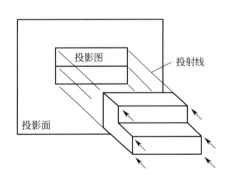

图 1-2　物体的投影

在制图中，把光源称为投影中心，光线称为投射线，光线的射向称为投射方向，落影的平面（如地面、墙面等）称为投影面，影子的轮廓称为投影，用投影表示物体的形状和大小的方法称为投影法，用投影法画出的物体图形称为投影图。

二、投影的分类

根据投射线的类型（平行或汇交）、投影面与投射线的相对位置（垂直或倾斜）的不同，投影法一般分为以下两类。

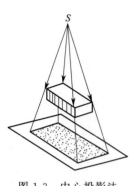

图 1-3 中心投影法

1. 中心投影法

投射线汇交于一点的投影法称为中心投影法。汇交点用 S 表示，称为投射中心，如图 1-3 所示。采用中心投影法绘制的图形一般不反映物体的真实大小，但立体感好，多用于绘制建筑物的透视图。

2. 平行投影法

当投影中心移至无限远处时，投影线将依据一定的投影方向平行地投射下来，用相互平行的投射线对物体作投影的方法称作平行投影法。显然，投射线相对于投影面的位置有倾斜和垂直两种情况，具体见表 1-1。

表 1-1 正、斜投影法

名称	主 要 内 容
正投影法	投影方向垂直于投影面时所作出的平行投影，称作正投影。作出正投影的方法称为正投影法，如图 1-4 所示。用这种方法画得的图形称作正投影图
斜投影法	投影方向倾斜于投影面时所作出的平行投影，称作斜投影。作出斜投影的方法称为斜投影法，如图 1-5 所示。用这种方法画得的图形称作斜投影图

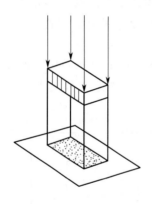

图 1-4 正投影法

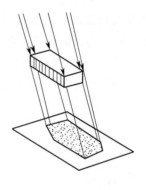

图 1-5 斜投影法

画形体的正投影图时，可见的轮廓用实线表示，被遮挡的不可见轮廓用虚线表示。由于正投影图能反映形体的真实形状和大小，因此，是工程图样广为采用的基本作图方法。

第二节　建筑工程中常用的投影法

在建筑工程中，由于所表达的对象不同、目的不同，对图样所采用的图示方法也不同。在建筑工程上常用的投影图有四种：正投影图、轴测投影图、透视投影图、标高投影图。

一、正投影图

正投影图由物体在两个互相垂直的投影面上的正投影，或在两个以上投影面（其中相邻的两个投影面互相垂直）上的正投影所组成。多面正投影是土木建筑工程中最主要的图样

（如图 1-6 所示），然后将这些带有形体投影图的投影面展开在一个平面上，从而得到形体投影图（如图 1-7 所示）。

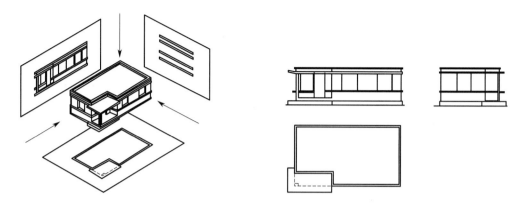

图 1-6 正投影图的形成   图 1-7 形体投影图

正投影图的优点：能够反映物体的真实形状和大小，便于度量、绘制简单，符合设计、施工、生产的需要。

二、轴测投影图

轴测投影图是将物体连同其直角坐标体系，沿不平行于任一坐标平面的方向，用平行投影法将其投射在单一投影面上所得的图形，可以是正投影，也可以是斜投影，通常省略不画坐标轴的投影，如图 1-8(a) 所示。

轴测投影图有较强的立体感，在土木工程中常用来绘制给水排水、采暖通风和空气调节等方面的管道系统图。

轴测投影图能够在一个投影面上同时反映出物体的长、宽、高三个方向的结构和形状，而且物体的三个轴向（左右、前后、上下）在轴测图中都具有规律性，可以进行计算和量度。但是作图较烦琐，表面形状在图中往往失真，只能作为工程上的辅助性图样，以弥补正投影图的不足，如图 1-8(b) 所示。

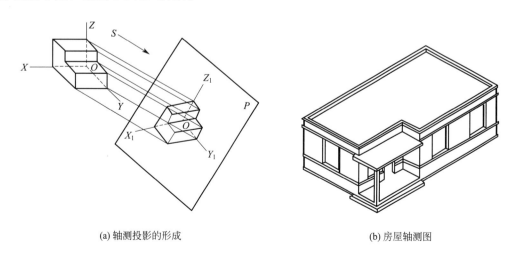

(a) 轴测投影的形成   (b) 房屋轴测图

图 1-8 房屋轴测图

轴测投影图的特点：能够在一个投影面上同时反映出形体的长、宽、高三个方向的结构和形状。

三、透视投影图

透视投影图是用中心投影法将物体投射在单一投影面上所得的图形。

透视投影图有很强的立体感，形象逼真，如拍摄的照片。照相机在不同的地点、以不同的方向拍摄，会得到不同的照片，以及在不同的地点、以不同的方向视物，会得到不同的视觉形象。透视投影图作图复杂，形体的尺寸不能直接在图中度量，故不能作为施工依据，仅用于建筑设计方案的比较以及工艺美术和宣传广告画等场合。

四、标高投影图

标高投影图是在物体的水平投影上加注某些特征面、线以及控制点的高度数值的单面正投影。如图 1-9 所示，假设平坦的地面是高度为零的水平基准面 H，将 H 面作为投影面，它与山丘交得一条交线，也就是高程标记为零的等高线；再以高于水平基准面 10m、20m 的水平面与山丘相交，交得高程标记为 10、20 的等高线；作出这些等高线在水平基准面 H 上的正投影，标注出高程数字，并画出比例尺或标注出比例，就得到用标高投影图表达的这个山丘的地形图。

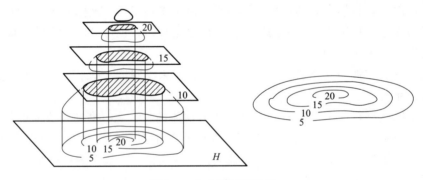

图 1-9　山丘的标高投影

第三节　三面投影图

一、三投影面体系的建立

采用三个互相垂直的平面作为投影面，如图 1-10 所示，构成三投影面体系。水平位置的平面称作水平投影面（简称平面），用字母 H 表示，水平面也可称为 H 面；与水平面垂直相交呈正立位置的投影面称作正立投影面（简称立面），用字母 V 表示，正立面也可称为 V 面；位于右侧与 H、V 面均垂直的平面称作侧立投影面（简称侧面），用字母 W 表示，侧立面也可称为 W 面。

H 面与 V 面的交线 OX 称作 OX 轴；H 面与 W 面的交线 OY 称作 OY 轴；V 面与 W 面的交线 OZ 称作 OZ 轴。

三个投影轴 OX、OY、OZ 的交汇点 O 称作原点。

二、三面正投影图的形成

将物体置于 H 面之上、V 面之前、W 面之左的空间（第一分角），用分别垂直于三个投影面的平行投影线投影，可得物体在三个投影面的正投影图，如图 1-11 所示。投影图的组成内容见表 1-2。

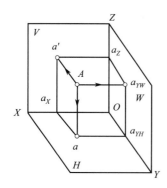

图 1-10　三投影面的建立

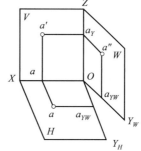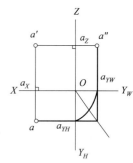

图 1-11　投影图的形成

表 1-2　投影图的组成内容

名　　称	定　　义
水平投影	点 A 在 H 面的投影 a，称为点 A 的水平投影
正面投影	点 A 在 V 面的投影 a'，称为点 A 的正面投影
侧面投影	点 A 在 W 面的投影 a''，称为点 A 的侧面投影

三、三面投影图的关系

从三投影面体系（图 1-12）中不难看出，空间的左右、前后、上下三个方向，可以分别由 OX 轴、OY 轴和 OZ 轴的方向来代表。换言之，在投影图中，凡是与 OX 轴平行的直线，反映的是空间左右方向的直线；凡是与 OY 轴平行的直线，反映的是空间前后方向；凡是与 OZ 轴平行的直线，反映的是空间上下方向，如图 1-10 所示。在画物体的投影图时，习惯上使物体的长、宽、高三组棱线分别平行于 OX、OY、OZ 轴，因此，物体的长度可以沿着与 OX 轴下行的方向量取，而在平面和立面图中显示实长；

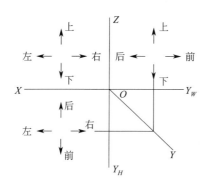

图 1-12　空间方向

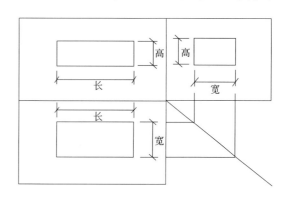

图 1-13　三面投影图的"三等关系"

物体的宽度可以沿着与 OY 轴平行的方向量取，而在平面和侧面图中显示实长；物体的高可以沿着与 OZ 轴平行的方向量取，而在立面图和侧面图中显示实长。平、立、侧三面投影图中，每一个投影图含有两个量，三个投影图之间，保持着量的统一性和图形的对应关系，概括地说，就是长对正、高平齐、宽相等，如图 1-13 所示，表明了三面投影图的"三等关系"。

三等关系，即正立面图的长与平面图的长相等；正立面图的高与侧立面图的高相等；平面图的宽与侧立面图的宽相等。

第四节　剖面图与断面图

一、剖面图

假想用一个剖切平面将物体切开，移去观看者与剖切平面之间的部分，将剩余部分向投影面作投影，所得投影图称为剖面图，简称为剖面。

1. 剖面图的形成

为了表达工程形体内孔和槽的形状，假想用一个平面沿工程形体的对称面将其剖开，这个平面为剖切面。将处于观察者与剖切面之间的部分形体移去，而将余下的这部分形体向投影面投射，所得的图形称为剖面图。剖切面与物体的接触部分称为剖面区域，如图 1-14 所示。

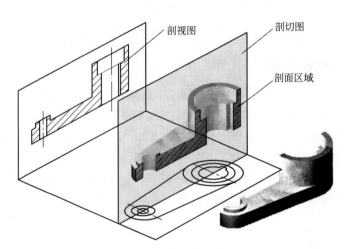

图 1-14　剖视的概念

综上所述，"剖视"的概念，可以归纳为以下三个字。

① "剖"　假想用剖切面剖开物体。

② "移"　将处于观察者与剖切面之间的部分移去。

③ "视"　将其余部分向投影面投射。

2. 全剖面图

假想用一个剖切平面把形体整个剖开后所画出的剖面图称为全剖面图。

不对称的建筑形体，或虽然对称但外形比较简单，或在另一个投影中已将它的外形表达清楚时，可假想用一个剖切平面将物体全部剖开，然后画出形体的剖面图，这种剖面图称为全剖面图。如图 1-15 所示的房屋，为了表示它的内部布置，假想用一个水平的剖切平面，通过门、窗洞将整幢房子剖开，然后画出其整体的剖面图。这种水平剖切的剖面图，在房屋建筑图中称为平面图。

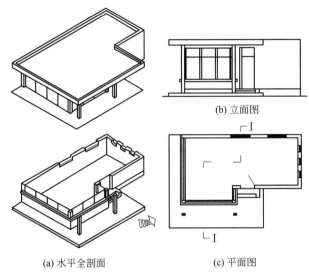

(a) 水平全剖面   (c) 平面图

(b) 立面图

图 1-15　全剖面图

3. 阶梯剖面图

当形体上有较多的孔、槽，且不在同一层次上时，可用两个或两个以上平行的剖切平面通过各孔、槽轴线把物体剖开，所得剖面称为阶梯剖面。

如图 1-16 所示的房屋，如果只用一个平行于 W 面的剖切平面，则不能同时剖开前墙的窗和后墙的窗，这时可将剖切平面转折一次，即用一个剖切平面剖开前墙的窗，另一个与其平行的平面剖开后墙的窗，这样就满足了要求。阶梯形剖切平面的转折处，在剖面图上规定不画分界线。

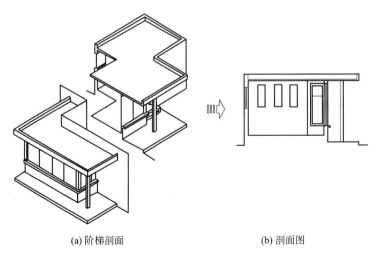

(a) 阶梯剖面   (b) 剖面图

图 1-16　阶梯剖面图

4. 局部剖面图

当建筑形体的外形比较复杂，完全剖开后无法表示清楚它的外形时，可以保留原投影图的大部分，而只将局部地方画成剖面图。在不影响外形表达的情况下，将杯形基础水平投影的一个角落画成剖面图，表示基础内部钢筋的配置情况，这种剖面图，称为局部剖面图。按国家标准规定，投影图与局部剖面图之间，要用徒手画的波浪线分界。

如图 1-17 所示为杯形基础的局部剖面图，杯形基础的正面投影已被剖面图所代替。图上已画出了钢筋的配置情况，在断面上便不再画钢筋混凝土的图例符号。

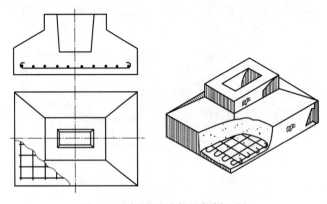

图 1-17　杯形基础的局部剖面图

5. 半剖面图

当建筑形体是左右对称或前后对称，而外形又比较复杂时，可以画出由半个外形正投影图和半个剖面图拼成的图形，以同时表示形体的外形和内部构造，这种剖面称为半剖面。

如图 1-18 所示为正锥壳基础，可画出半个正面投影和半个侧面投影以表示基础的外形及相贯线，另外各配上半个相应的剖面图表示基础的内部构造。半剖面相当于剖去形体的1/4，将剩余的 3/4 做剖面。

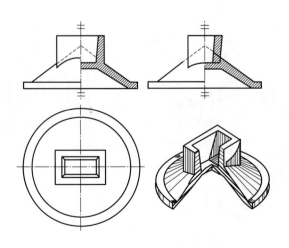

图 1-18　正锥壳基础

二、断面图

1. 断面图的画法

用一个剖切平面将形体剖开之后，形体上的截口，即截交线所围成的平面图形，称为断面。如果只把这个断面投射到与它平行的投影面上所得的投影，表示出断面的实形，称为断面图。

与剖面图一样，断面图也是用来表示形体内部形状的。剖面图与断面图的区别如图1-19所示，其具体内容主要有以下几点。

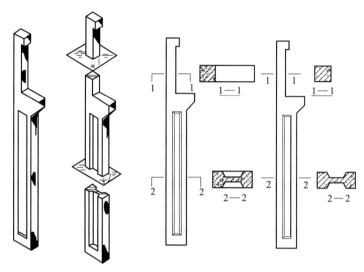

图 1-19　剖面图与断面图的区别

① 断面图只画出形体被剖开后断面的投影，如图 1-20(a) 所示；而剖面图要画出形体被剖开后整个余下部分的投影，如图 1-20(b) 所示。

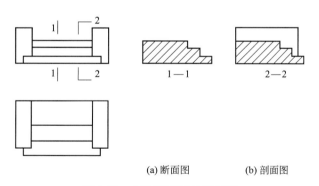

(a) 断面图　　　　　(b) 剖面图

图 1-20　台阶剖面图与断面图

② 剖面图是被剖开形体的投影，是体的投影；而断面图只是一个截口的投影，是面的投影。被剖开的形体必有一个截口，所以剖面图必然包含断面图在内，而断面图虽属于剖面图的一部分，但一般单独画出。

③ 剖切符号的标注不同。断面图的剖切符号只画出剖切位置线，不画出剖切方向线，且只用编号的注写位置来表示剖切方向。编号注写在剖切位置线下侧，表示向下投影；注写在剖切位置线左侧，表示向左投影。

④ 剖面图中的剖切平面可转折，断面图中的剖切平面则不可转折。

2. 断面图的简化画法

为了节省绘图时间，或由于绘图位置不够，建筑制图国家标准允许在必要时可以采用下列的简化画法。

① 对称图形的简化画法。对称的图形可以只画一半，但要加上对称符号。例如图 1-21 (a) 所示的锥壳基础平面图，因为它左右对称，可以只画左半部，并在对称线的两端加上对称符号，如图 1-21(b) 所示。对称线用细点划线表示。对称符号用一对平行的短细实线表示，其长度为 6～10mm。两端的对称符号到图形的距离应相等。

② 由于锥壳基础的平面图不仅左右对称，而且上下对称，因此还可以进一步简化，只画出其 1/4，但同时要增加一条水平的对称线和对称符号，如图 1-21(c) 所示。

③ 对称的构件需要画剖面图时，也可以以对称为界，一边画外形图，另一边画剖面图，这时需要加对称符号。

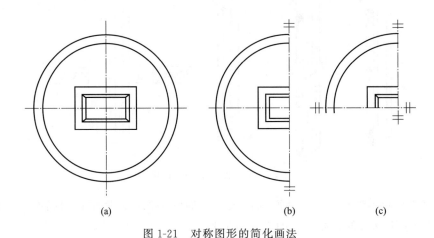

(a)   (b)   (c)

图 1-21 对称图形的简化画法

3. 相同要素的简化画法

建筑物或构配件的图形，如果图上有多个完全相同而连续排列的构造要素，可以仅在排列的两端或适当位置画出其中一两个要素的完整形状，然后画出其余要素的中心线或中心线交点，以确定它们的位置，例如图 1-22(a) 所示的混凝土空心砖和图 1-22(b) 所示的预应力空心板。

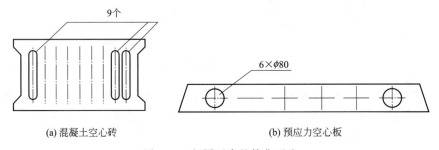

(a) 混凝土空心砖   (b) 预应力空心板

图 1-22 相同要素的简化画法

第二章 安装工程造价基础知识

▶▶▶

第一节 工程造价的分类与构成

一、工程造价的分类

工程造价是建设工程造价的简称，其含义有狭义与广义之分。

广义上讲，是指完成一个建设项目从筹建到竣工验收、交付使用全过程的全部建设费用，可以指预期费用，也可以指实际费用。

狭义上讲，建设项目各组成部分的造价，均可用工程造价一词，如某单位工程的造价，某分包工程造价（合同价）等。这样，在整个基本建设程序中，确定工程造价的工作与文件就有投资估算、设计概算、修正概算、施工图预算、施工预算、工程结算、竣工决算、标底与投标报价、承发包合同价的确定等。此外，进行工程造价工作还会涉及静态投资与动态投资等几个概念。

① 建筑工程造价按其建设阶段计价可分为：估算造价、概算造价、施工图预算造价以及竣工结算与决算造价等。

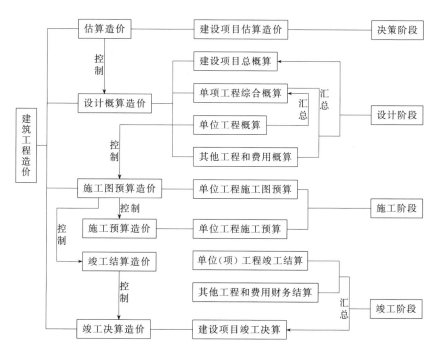

图 2-1　建筑工程造价的分类

② 按其构成的分部计价可分为：建设项目总概预决算造价、单项工程的综合概预结算和单位工程概预结算造价。

建筑工程造价的分类如图 2-1 所示。

二、建筑安装工程造价的构成

建筑安装工程费用是指建设单位支付给从事建筑安装工程施工单位的全部生产费用，包括用于建筑物的建造及有关的准备、清理等工程的投资，用于需要安装设备的安装、装配工程的投资。它是以货币表现的建筑安装工程的价值，其特点是必须通过兴工动料、增加劳动力才能实现。

1. 建筑安装工程费用构成

建筑安装工程费用构成如图 2-2 所示。

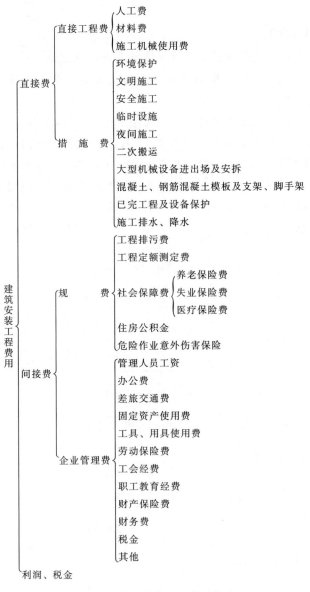

图 2-2　建筑安装工程费用构成

2. 直接费的构成与计算

直接费由直接工程费和措施费组成。

（1）直接工程费　直接工程费是指施工过程中耗费的构成工程实体的各项费用，包括以下几种费用。

① 人工费　人工费是指直接从事建筑安装工程施工的生产工人开支的各项费用。

$$人工费＝\sum（工日消耗量×日工资单价）$$

其内容包括基本工资、工资性补贴、生产工人辅助工资、职工福利费和生产工人劳动保护费等。

② 材料费　材料费是施工过程中耗费的构成工程实体的原材料、辅助材料、构配件、零件、半成品的费用，内容包括材料原价、材料运杂费、运输损耗费、采购及保管费和检验试验费。其中，检验试验费包括自设试验室进行试验所耗用的材料和化学药品等费用。不包括新结构、新材料的试验费和建设单位对具有出厂合格证明的材料进行检验，对构件做破坏性试验及其他特殊要求检验试验的费用。

$$材料费＝\sum（材料消耗量×材料基价）＋检验试验费$$

$$材料基价＝[（供应价格＋运杂费）×（1＋运输损耗率\%）]×（1＋采购保管费率\%）$$

$$检验试验费＝\sum（单位材料量检验试验费×材料消耗量）$$

③ 施工机械使用费　施工机械使用费是施工机械作业所产生的机械使用费以及机械安拆费和场外运费。施工机械台班单价应由折旧费、大修理费、经常修理费、安拆费及场外运费、人工费、燃料动力费和养路费及车船使用税等组成。其中，人工费是指机上司机（司炉）和其他操作人员的工作日人工费及上述人员在施工机械规定的年工作台班以外的人工费。

$$施工机械使用费＝\sum（施工机械台班消耗量×机械台班单价）$$

式中，台班单价由台班折旧费、台班大修费、台班经常修理费、台班安拆费及场外运费、台班人工费、台班燃料动力费和台班养路费及车船使用税构成。

（2）措施费　措施费是指为完成工程项目施工，在施工前和施工过程中非工程实体项目的费用，包括以下几方面。

① 环境保护费是指施工现场为达到环保部门要求所需要的各项费用，计算公式如下。

$$环境保护费＝直接工程费×环境保护费费率（\%）$$

② 文明施工费是指施工现场文明施工所需要的各项费用，计算公式如下。

$$文明施工费＝直接工程费×文明施工费费率（\%）$$

③ 安全施工费是指施工现场安全施工所需要的各项费用，计算公式如下。

$$安全施工费＝直接工程费×安全施工费费率（\%）$$

④ 临时设施费是指施工企业为进行建筑工程施工所必须搭设的生活和生产用的临时建筑物、构筑物和其他临时设施费用等。临时设施费用包括临时设施的搭设、维修、拆除费或摊销费，计算公式如下。

$$临时设施费＝（周转使用临建费＋一次性使用临建费）×[1＋其他临时设施所占比例（\%）]$$

⑤ 夜间施工费是指因夜间施工所产生的夜班补助费、夜间施工降效、夜间施工照明设备摊销及照明用电等费用，其计算公式为

$$夜间施工增加费＝1-\frac{合同工期}{定额工期}×\frac{直接工程费中的人工费合计}{平均日工资单价}×每工日夜间施工费开支$$

⑥ 二次搬运费是指因施工场地狭小等特殊情况而产生的二次搬运费用，其计算公式为

$$二次搬运费＝直接工程费×二次搬运费费率（\%）$$

⑦ 大型机械设备进出场及安拆费，计算公式如下。

$$大型机械进出场及安拆费＝\frac{一次进出场及安拆费×年平均安拆次数}{年工作台班}$$

⑧ 混凝土、钢筋混凝土模板及支架费，指混凝土施工过程中需要的各种钢模板、木模板、支架等的支、拆、运输费用及模板、支架的摊销（或租赁）费用。计算公式如下。

$$模板及支架费＝模板摊销量×模板价格＋支、拆、运输费$$

$$租赁费＝模板使用量×使用日期×租赁价格＋支、拆、运输费$$

⑨ 脚手架费包括脚手架搭拆费和摊销（或租赁）费用，计算公式如下。

$$脚手架搭拆费＝脚手架摊销量×脚手架价格＋搭、拆、运输费$$

$$租赁费＝脚手架每日租金×搭设周期＋搭、拆、运输费$$

⑩ 已完工程及设备保护费，由成品保护所需机械费、材料费和人工费构成。

⑪ 施工排水、降水费，计算公式如下。

$$排水降水费＝\sum排水降水机械台班费×排水降水周期＋排水降水使用材料费、人工费$$

对于措施费的计算，这里只列出通用措施费项目的计算方法，各专业工程的专用措施费项目的计算方法由各地区或国家有关专业主管部门的工程造价管理机构自行制定。

3. 间接费的构成与计算

间接费包括规费和企业管理费两部分。

（1）规费 规费是指政府和有关权力部门规定必须缴纳的费用（简称规费），它包括工程排污费、工程定额测定费、社会保障费、住房公积金、危险作业意外伤害保险。工程排污费是指施工现场按规定缴纳的工程排污费。工程定额测定费是指按规定支付给工程造价（定额）管理部门的定额测定费。社会保障费包括养老保险费、失业保险费和医疗保险费，其中养老保险费是指企业按照国家规定标准为职工缴纳的基本养老保险费；失业保险费是指企业按照国家规定标准为职工缴纳的失业保险费；医疗保险费是指企业按照国家规定标准为职工缴纳的基本医疗保险费。住房公积金是指企业按照国家规定标准为职工缴纳的住房公积金。危险作业意外伤害保险是指企业为从事危险作业的建筑安装施工人员支付的意外伤害保险费。

（2）企业管理费 企业管理费是指建筑安装企业组织施工生产和经营管理所需费用，它包括管理人员工资、办公费、差旅交通费、固定资产使用费、工具用具使用费、劳动保险费、工会经费、职工教育经费、财产保险费、财务费、税金、其他。管理人员工资是指管理人员的基本工资、工资性补贴、职工福利费和劳动保护费等。

① 利润是指施工企业完成所承包工程获得的盈利。在编制概算和预算时，依据不同投资来源、工程类别实行差别利润率。在投标报价时，企业可以根据工程的难易程度、市场竞争情况和自身的经营管理水平自行确定合理的利润率。

② 税金是国家税法规定的应计入建筑安装工程造价内的营业税、城市维护建设税及教育费附加等。营业税的税额为营业额的3％；城乡维护建设税的纳税人所在地为市区的，按营业税的7％征收；所在地为县镇的，按营业税的5％征收；所在地为农村的，按营业税的1％征收；教育费附加为营业税的3％。税金＝（直接费＋间接费＋利润）×税率。

4. 其他费用

（1）土地使用费　土地使用费是指通过划拨方式取得土地使用权而支付的土地征用及迁移补偿费；或者是通过土地使用权出让方式取得土地使用权而支付的土地使用权出让金。

土地征用及迁移补偿费，是指建设项目通过划拨方式取得无限期的土地使用权，依照《中华人民共和国土地管理法》等规定所支付的费用。其总和一般不得超过被征土地年产值的 20 倍，土地年产值则按该地被征用前 3 年的平均产量和国家规定的价格计算。其内容如表 2-1 所示。

表 2-1　土地使用费的内容

费用组成	主要内容
土地补偿费	征用耕地（包括菜地）的补偿标准，为该耕地年产值的 6～10 倍，具体补偿标准由省、自治区、直辖市人民政府在此范围内制定。征用园地、鱼塘、藕塘、苇塘、宅基地、林地、牧场、草原等的补偿标准，由省、自治区、直辖市人民政府制定。征收无收益的土地，不予补偿
青苗补偿费和被征用土地上的房屋、水井、树木等附着物补偿费	这些补偿费的标准由省、自治区、直辖市人民政府制定。征用城市郊区的菜地时，还应按照有关规定向国家缴纳新菜地开发建设基金
安置补助费	征用耕地、菜地的，每个农业人口的安置补助费为该地每亩（1 亩＝667m²）年产值的 3～4 倍，每亩耕地的安置补助费最高不得超过其年产值的 15 倍
缴纳的耕地占用税或城镇土地使用税、土地登记费及征地管理费等	县、市土地管理机关从征地费中提取土地管理费的比率，要按征地工作量大小，视不同情况，按 1%～4% 提取
征地动迁费	包括征用土地上的房屋及附着构筑物、城市公共设施等拆除、迁建补偿费和搬迁运输费，企业单位因搬迁造成的减产、停工损失补贴费，拆迁管理费等
水利水电工程水库淹没处理补偿费	包括农村移民安置迁建费，城市迁建补偿费，库区工矿企业、交通、电力、通信、广播、管网、水利等的恢复、迁建补偿费、库底清理费、防护工程费，环境影响补偿费等

（2）土地使用权出让金　土地使用权出让金是指建设项目通过土地使用权出让方式取得有限期的土地使用权，依照《中华人民共和国城镇国有土地使用权出让和转让暂行条例》规定，支付的土地使用权出让金。

① 明确国家是城市土地的唯一所有者，可分层次、有偿、有限期地出让、转让城市土地。第一层次是城市政府将国有土地使用权出让给用地者，该层次由城市政府垄断经营。出让对象可以是有法人资格的企事业单位，也可以是外商。第二层次及以下层次的转让则发生在使用者之间。

② 城市土地的出让和转让可采用协议、招标、公开拍卖等方式，具体内容如下。

a. 协议方式是由用地单位申请，经市政府批准同意后双方洽谈具体地块及地价。该方式适用于市政工程、公益事业用地，以及需要减免地价的机关、部队用地和需要重点扶持、优先发展的产业用地。

b. 招标方式是在规定的期限内，由用地单位以书面形式投标，市政府根据投标报价所提供的规划方案以及企业信誉综合考虑，择优而取。该方式适用于一般工程建设用地。

c. 公开拍卖是指在指定的地点和时间，由申请用地者叫价应价，价高者得。这完全由市场竞争决定，适用于赢利高的行业用地。

③ 在有偿出让和转让土地时，政府对地价不做统一规定，但应坚持以下原则：

a. 地价对目前的投资环境不产生大的影响；

b. 地价与当地的社会经济承受能力相适应；

c. 地价要考虑已投入的土地开发费用、土地市场供求关系、土地用途和使用年限。

④ 关于政府有偿出让土地使用权的年限，各地可根据时间、区位等各种条件做不同的规定，一般为 30～99 年；按照地面附属建筑物的折旧年限来看，以 50 年为宜。

⑤ 土地有偿出让和转让土地使用者及所有者要签约，明确使用者对土地享有的权利和对土地所有者应承担的义务，具体内容如下：

a. 有偿出让和转让使用权，要向土地受让者征收契税；

b. 转让土地如有增值，要向转让者征收土地增值税；

c. 在土地转让期间，国家要区别不同地段、不同用途，向土地使用者收取土地占用费。

三、建筑安装工程计价程序

1. 工料单价法计价程序

工料单价法是以分部分项工程量乘以单价后的合计为直接工程费，直接工程费以人工、材料、机械的消耗量及其相应价格确定。直接工程费汇总后另加间接费、利润、税金生成工程发承包价，其计算程序分为以下三种。

（1）以直接费为计算基础　以直接费为计算基础见表 2-2。

表 2-2　以直接费为计算基础

序　号	费用项目	计算方法	备　注
1	直接工程费	按预算表	
2	措施费	按规定标准计算	
3	小计	1＋2	
4	间接费	3×相应费率	
5	利润	（3＋4）×相应利润率	
6	合计	3＋4＋5	
7	含税造价	6×（1＋相应税率）	

（2）以人工费和机械费为计算基础　以人工费和机械费为计算基础见表 2-3。

表 2-3　以人工费和机械费为计算基础

序　号	费用项目	计算方法	备　注
1	直接工程费	按预算表	
2	其中人工费和机械费	按预算表	
3	措施费	按规定标准计算	
4	其中人工费和机械费	按规定标准计算	
5	小计	1＋3	
6	人工费和机械费小计	2＋4	
7	间接费	6×相应费率	
8	利润	6×相应利润率	
9	合计	5＋7＋8	
10	含税造价	9×（1＋相应税率）	

（3）以人工费为计算基础　以人工费为计算基础见表 2-4。

表 2-4　以人工费为计算基础

序　号	费用项目	计算方法	备　注
1	直接工程费	按预算表	
2	直接工程费中的人工费	按预算表	
3	措施费	按规定标准计算	

续表

序　号	费用项目	计算方法	备　注
4	措施费中的人工费	按规定标准计算	
5	小计	1＋3	
6	人工费小计	2＋4	
7	间接费	6×相应费率	
8	利润	6×相应利润率	
9	合计	5＋7＋8	
10	含税造价	9×(1＋相应税率)	

2. 综合单价法计价程序

综合单价法是分部分项工程单价为全费用单价，全费用单价经综合计算后生成，其内容包括直接工程费、间接费、利润和税金（措施费也可按此方法生成全费用价格）。

各分项工程量乘以综合单价的合价汇总后，生成工程发承包价。

由于各分部分项工程中的人工、材料、机械含量的比例不同，各分项工程可根据其材料费占人工费、材料费、机械费合计的比例（以字母"C"代表该项比值）在以下三种计算程序中选择一种计算其综合单价。

① 当 $C > C_0$（C_0 为本地区原费用定额测算所选典型工程材料费占人工费、材料费和机械费合计的比例）时，可采用以人工费、材料费、机械费合计为基数计算该分项的间接费和利润，见表 2-5。

表 2-5　以直接费为基础的综合单价法计价

序　号	费用项目	计算方法	备　注
1	分项直接工程费	人工费＋材料费＋机械费	
2	间接费	1×相应费率	
3	利润	(1＋2)×相应利润率	
4	合计	1＋2＋3	
5	含税造价	4×(1＋相应税率)	

② 当 $C < C_0$ 值的下限时，可采用以人工费和机械费合计为基数计算该分项的间接费和利润，见表 2-6。

表 2-6　以人工费和机械费为基础的综合单价计价

序　号	费用项目	计算方法	备　注
1	分项直接工程费	人工费＋材料费＋机械费	
2	其中人工费和机械费	人工费＋机械费	
3	间接费	2×相应费率	
4	利润	2×相应利润率	
5	合计	1＋3＋4	
6	含税造价	5×(1＋相应税率)	

③ 如该分项的直接费仅为人工费，无材料费和机械费时，可采用以人工费为基数计算该分项的间接费和利润，见表 2-7。

表 2-7　以人工费为基础的综合单价计价

序　号	费用项目	计算方法	备　注
1	分项直接工程费	人工费＋材料费＋机械费	
2	直接工程费中人工费	人工费	

续表

序　号	费用项目	计算方法	备　注
3	间接费	2×相应费率	
4	利润	2×相应利润率	
5	合计	1＋3＋4	
6	含税造价	5×(1＋相应税率)	

第二节　工程造价常见名词解释

一、工程造价

工程造价是建设工程造价的简称，有两种不同的含义：①指建设项目（单项工程）的建设成本，即是完成一个建设项目（单项工程）所需费用的总和，包括建筑工程、安装工程、设备及其他相关费用；②指建设工程的承发包价格（或称承包价格）。

二、定额

在生产经营活动中，根据一定的技术条件和组织条件，规定为完成一定的合格产品（或工作）所需要消耗的人力、物力或财力的数量标准。它是经济管理的一种工具，是科学管理的基础，定额具有科学性、法令性和群众性。

三、工日

一种表示工作时间的计量单位，通常以八小时为一个标准工日，一个职工的一个劳动日，习惯上称为一个工日，不论职工在一个劳动日内实际工作时间的长短，都按一个工日计算。

四、定额水平

指在一定时期（比如一个修编间隔期）内，定额的劳动力、材料、机械台班消耗量的变化程度。

五、劳动定额

指在一定的生产技术和生产组织条件下，为生产一定数量的合格产品或完成一定量的工作所必需的劳动消耗标准。按表达方式不同，劳动定额分为时间定额和产量定额，其关系是：时间定额×产量＝1。

六、施工定额

确定建筑安装工人或小组在正常施工条件下，完成每一计量单位合格的建筑安装产品所消耗的劳动、机械和材料的数量标准。

施工定额是企业内部使用的一种定额，由劳动定额、机械定额和材料定额三个相对独立的部分组成。施工定额的主要作用如下。

① 施工定额是编制施工组织设计和施工作业计划的依据。

② 施工定额是向工人和班组推行承包制、计算工人劳动报酬和签发施工任务单、限额领料单的基本依据。

③ 施工定额是编制施工预算，编制预算定额和补充单位估价表的依据。

七、工期定额

指在一定的生产技术和自然条件下，完成某个单位（或群体）工程平均需用的标准天数。包括建设工期定额和施工工期定额两个层次。

建设工期是指建设项目或独立的单项工程从开工建设起到全部建成投产或交付使用时止所经历的时间。因不可抗拒的自然灾害或重大设计变更造成的停工，经签证后，可顺延工期。

工期定额是评价工程建设速度、编制施工计划、签订承包合同、评价全优工程的依据。

八、预算定额

确定单位合格产品的分部分项工程或构件所需要的人工、材料和机械台班合理消耗数量的标准。预算定额是编制施工图预算，确定工程造价的依据。

九、概算定额

确定一定计量单位扩大分部分项工程的人工、材料和机械消耗数量的标准。它是在预算定额基础上编制的，较预算定额综合扩大。概算定额是编制扩大初步设计概算，控制项目投资的依据。

十、概算指标

以某一通用设计的标准预算为基础，按 $100m^2$ 等为计量单位的人工、材料和机械消耗数量的标准。概算指标较概算定额更综合扩大，它是编制初步设计概算的依据。

十一、估算指标

在项目建议书可行性研究和编制设计任务书阶段编制投资估算，计算投资需要量时使用的一种定额。

十二、万元指标

以万元建筑安装工程量为单位，制定人工、材料和机械消耗量的标准。

十三、其他直接费定额

指与建筑安装施工生产的个别产品无关，而为企业生产全部产品所必需，为维护企业的经营管理活动所必须发生的各项费用开支所达到的标准。

十四、单位估价表

它是用表格形式确定定额计量单位建筑安装分项工程直接费用的文件。例如确定生产每 $10m^3$ 钢筋混凝土或安装一台某型号铣床设备，所需要的人工费、材料费、施工机械使用费和其他直接费。

十五、投资估算

投资估算是指整个投资决策过程中，依据现有资料和一定的方法，对建设项目的投资数额进行估计。

十六、设计概算

设计概算是指在初步设计或扩大初步设计阶段，根据设计要求对工程造价进行的概略计算。

十七、施工图预算

施工图预算是确定建筑安装工程预算造价的文件，这是在施工图设计完成后，以施工图为依据，根据预算定额、费用标准，以及地区人工、材料、机械台班的预算价格进行编制的。

十八、工程结算

指施工企业向发包单位交付竣工工程或点交完工工程取得工程价款收入的结算业务。

十九、竣工决算

竣工决算是反映竣工项目建设成果的文件，是考核其投资效果的依据，是办理交付、动用、验收的依据，是竣工验收报告的重要部分。

二十、建安工程造价

在工程建设中，设备工器具购置并不创造价值，但建筑安装工程则是创造价值的生产活动。因此，在项目投资构成中，建筑安装工程投资具有相对独立性。它作为建筑安装工程价值的货币表现，也称为建安工程造价。

第三节　建筑电气工程定额计价基础知识

一、定额的概念

在建筑安装工程施工过程中，为了完成每一单位产品的施工（生产）过程，必须消耗一定数量的人力、物力（材料、工机具）和资金，但这些资源的消耗是随着生产因素及生产条件的变化而变化的。定额是在正常的施工生产条件下，完成单位合格产品所必需的人工、材料、施工机械设备及其资金消耗的数量标准，不同的产品有不同的质量要求，因此，不能把定额看成是单纯的数量关系，而应看成是质和量的统一体。考察个别的生产过程中的因素不能形成定额，只有从考虑总体生产过程中的各生产因素，归结出社会平均必需的数量标准，才能形成定额。同时，定额能反映一定时期的社会生产力水平。

尽管管理科学在不断发展，但是它仍然离不开定额。因为，如果没有定额提供可靠的基本管理数据，即使使用电子计算机也是不能取得什么结果的。所以，定额虽然是科学管理发展初期的产物，但是，它在企业管理中一直占有重要地位。无论是研究工作中还是在实际工作中，都要重视工作时间和操作方法的研究，都要重视定额的制定。定额是企业管理科学化的产物，也是科学管理的基础。

二、安装工程定额的分类

定额的种类很多，就建筑安装工程定额而言，按照定额的基本因素、用途、主编部门及使用范围等不同，可以分为以下几类。

1. 按定额的基本因素分类

按定额的基本因素分类，可分为劳动定额、材料消耗定额和施工机械台班定额。

2. 按定额的测定对象和使用要求分类

按定额的测定对象和使用要求分类，可分为工序定额、施工定额、预算定额（综合预算定额）、概算定额（概算指标）、估算指标。

3. 按主编部门和使用范围分类

按照主编部门和使用范围分类，可分为全国统一定额、地区统一定额、企业定额以及临时定额等。

① 全国统一定额可分为两类：一类是通用性较强的，由国家计委组织有关部门编制，如《全国统一安装工程预算定额》；另一类是专业性较强的，由中央各部根据其专业性质不同而制定，报国家计委备案，它是在其专业范围内全国通用的预算定额，如石油、冶金、铁路、交通、煤炭、核工业、水利水电、有色金属等预算定额。

② 地区统一定额，是指在国家统一指导下，结合本地区特点，由各省、自治区、直辖市组织编制的定额，只在本地区使用，如建筑工程预算定额、市政工程预算定额、房屋修缮预算定额等。

③ 企业定额，是由企业自行编制，只在本企业范围内使用的定额。它是根据统一劳动定额结合本企业的技术装备状况、施工工艺、管理水平等具体情况进行编制的，是统一劳动定额在本企业的补充和修正。随着建筑业体制改革的不断深化，进一步推行招标承包制和企业内部承包经济责任制，统一定额将会由法令性逐步变为指导性，企业定额将会成为施工企业的主要定额，它将担负起对内实行承包经济责任制、考核经营成果、实行经济核算的依据，对外编制投标标价的可靠基础资料的重要任务。

④ 临时定额，是指现行定额中没有，为了适应组织施工和编制工程预算的要求，而由施工企业临时制定的定额。临时定额可以分为两类，一类是针对某个别工程中的某一个别项目在现行定额中没有，或与现行定额差距较大，可由施工企业根据施工组织设计或施工方案提出测算资料，交建设单位或建设银行审定后，作为编制工程预算和竣工结算的依据。因为这类定额多使用一次，以后重复的机会很少，所以又称为一次性定额。另一类是属于新技术、新结构、新工艺、新材料之类的工程，具有普遍推广的意义。这类定额先由施工企业根据实际情况，编制出补充定额，经与建设单位、监理单位协商后，在该工程范围内试用，并报送定额主管部门备案。

4. 按工程专业不同分类

按照工程专业不同，可分为建筑工程定额和安装工程定额两大类。建筑工程定额主要是指土建工程定额；安装工程定额是指全国统一安装工程预算定额中所包括的全部内容。

5. 按定额的表现形式不同分类

按照定额的表现形式不同，可分为工料消耗定额、单价表和费用定额。

① 工料消耗定额，在定额中只表示人工、材料、施工机械的消耗数量，如劳动定额、施工定额、一部分预算定额。

② 单价表又分为单位估价表和单位估价汇总表。单位估价表是根据工料消耗定额分别乘以地区相应的预算价格后，计算出每个分部分项工程的人工费、材料费、施工机械台班和基价。在单位估价表内，既反映工料消耗定额，又反映价格，但主要材料不计价，其数量在

括号内表示,现行的预算定额一般都是采取这种形式。单位估价汇总表是以单位估价表中的基价为基础,并将其中未计价材料编入,然后按照一定的编排顺序汇总编制而成。单位估价汇总表中只反映价格而不反映工料消耗数量;费用定额是指一般以相对数(%)形式表示的定额,如施工管理费定额、临时设施费、劳保基金、计划利润、税金等定额。

③ 费用定额又称为取费标准。

三、预算定额的作用

① 预算定额是编制工程预算,合理确定工程造价的依据。按照现行规定,设计部门在施工图设计阶段要编制施工图预算(设计预算),经建设单位、监理单位、施工企业共同审定后所确定的预算造价,作为拨款与结算的依据。编制工程预算的主要依据之一,就是预算定额。

② 预算定额是编制施工组织设计的基础资料。施工组织设计是施工企业在承揽到施工任务后一项很重要的技术准备工作。为了结合本企业的具体情况正确、合理地确定完成某项工程所需要的劳动力、材料、成品、半成品以及施工机械的品种数量,应当以施工定额作为计算的依据(在确定承包工程总造价时要以预算定额为依据)。但在目前,绝大多数施工企业尚没有一套较完整的施工定额,因此,一般都以预算定额作为编制施工组织设计的依据。

③ 预算定额是国家对基本建设进行计划管理的依据。国家可以通过预算定额,将全国的基本建设投资和基本建设资源(劳动力、材料、施工机械)的消耗量,控制在一个合理的水平上,对基本建设实行统一的计划管理。

④ 预算定额是对设计方案进行技术经济评价的依据。选择设计方案要符合技术先进、经济合理、实用美观的要求,要对设计方案从技术和经济两个方面进行比较评价来选择最佳方案。预算定额可以帮助设计者对工程耗用的工料数量和工程费用进行衡量比较,以确定设计方案是否合理可行。在推广新材料、新结构时,更需要根据预算定额进行综合分析,从经济角度来考虑这些新材料、新结构有没有采用的经济价值。

⑤ 预算定额是对竣工工程进行结算的依据。预算定额规定了完成各分部分项工程的全部工序,任何已完工程都必须符合预算定额关于工程内容的规定。凡实行按预算承包的工程,竣工工程的结算,都必须按实际完成的工程量和预算定额规定的单价进行计算,以确定竣工结算总造价。

⑥ 预算定额是确定招标工程标底的依据。按照现行制度规定,实行招标的工程,确定招标工程的标底一般都以预算定额和设计工程量以及现行的取费标准计算标底。投标单位也以同样的方法计算标价基数后,再根据企业的投标策略,对某些费用进行适当调整后来确定投标标价。

⑦ 预算定额是编制概算定额的基础。设计部门在编制设计概算时,需要进行粗略的工料估算和确定概算造价。这就需要一套比预算定额综合性更强的定额,即概算定额,而概算定额是根据预算定额项目加以综合扩大后而编制的。

第四节　建筑电气工程工程量清单计价基础知识

一、建筑电气工程工程量清单计价概述

建筑电气工程工程量清单计价是指对变压器、高低压配电装置的安装,架空及配电线路

的敷设，控制设备、低压电器及照明电器的安装，防雷及接地装置的安装和电气调整试验等工程的计量。

二、建筑电气工程实行工程量清单计价的作用

（1）有利于公平竞争，避免暗箱操作

编制工程量清单计价，由招标人提供工程量，所有的投标人按同一工程量自主报价，充分体现了公平竞争的原则，工程量清单作为招标文件的一个组成部分，由原来的事后结算到事前计算，可以有效地改变目前建设单位在招标中盲目压价和结算无依据的状况，同时可以避免工程招标中的弄虚作假、暗箱操作等不规范的招标行为。

（2）有利于实现从政府定价到市场定价，从消极自我保护向积极公平竞争的转变

工程量清单计价对计价改革起到了积极的推动作用，从而改变了过去企业过分依赖国家发布定额的状态，通过市场竞争，自主报价，达到公平竞争。

（3）有利于风险合理分担

投标单位只对自己所报的成本、单价的合理性等负责，而对工程量的变更或计算错误不负责任，相应的这一部分风险则应由招标单位承担。这种格局符合风险合理分担与责权利关系对等的一般原则，同时也必将促进各方面的管理水平的提高。

（4）有利于工程拨付款和工程造价的最终确定

工程招投标中标后，建设单位与中标的施工企业签订合同，工程量清单报价的中标价就成为合同价的基础。投标清单上的单价是拨付工程款的依据，建设单位根据施工企业完成的工程量可以确定进度款的拨付额。工程竣工后，依据设计变更、工程量的增减和相应的单价，确定工程的最终造价。

（5）有利于标底的管理和控制

在传统的招标投标方法中，标底一直是关键因素，标底的正确与否、保密程度如何，一直是人们关注的焦点。而采用工程量清单计价方法，工程量是公开的，是招标文件内容的一部分，标底只起到一定的控制作用（即控制报价不能突破工程概算的约束），仅仅是工程招标的参考价格，不是评标的关键因素，且与评标过程无关，标底的作用将逐步弱化。这就从根本上消除了标底准确性和标底泄露所带来的负面影响。

（6）有利于提高施工企业的技术和管理水平

中标企业可以根据中标价及投标文件中的承诺，通过对单位工程成本和利润进行分析，统筹考虑，精心选择施工方案，合理确定人工、材料、施工机械要素的投入与配置，优化组合，合理控制现场费用和施工技术措施费用等，以便更好地履行承诺，保证工程质量和工期，促进技术进步，提高经营管理水平和劳动生产率。

（7）有利于工程索赔的控制与合同价的管理

工程量清单计价可以加强工程实施阶段结算与合同价的管理和工程索赔的控制，强化合同履约意识和工程索赔意识。工程量清单作为工程结算的主要依据之一，对工程变更、工程款支付与结算等方面的规范管理起到积极的作用，必将推动建设市场管理的全面改革。

（8）有利于建设单位合理控制投资，提高资金使用效益

通过竞争，按照工程量招标确定的中标价格，在不提高设计标准的情况下与最终结算价是基本一致的，这样可为建设单位的工程成本控制提供准确、可靠的依据，科学合理地控制投资，提高资金使用效益。

（9）有利于招标投标节省时间，避免重复劳动

以往投标报价，各个投标人须计算工程量，计算工程量占投标报价工作量的 70%～80%。采用工程量清单计价则可以简化投标报价计算过程，有了招标人提供的工程量清单，投标人只需填报单价和计算合价，缩短投标单位投标报价时间，更有利于招投标工作的公开公平、科学合理；同时，避免了所有的投标人按照同一图纸计算工程数量的重复劳动，节省大量的社会财富和时间。

（10）有利于工程造价计价人员素质的提高

推行工程量清单计价后，要求工程造价计价人员不仅能看懂施工图、会计算工程量和套定额子目，而且要既懂经济又精通技术、熟悉政策法规，向全面发展的复合型人才转变。

第五节　给排水、采暖工程定额计价基础知识

一、建筑安装工程定额

1. 安装工程定额分类

建筑安装工程使用的定额种类极其繁多，其内容、形式、用途又都各具特点，现将各种定额作如下分类。

① 建筑安装工程定额，按其物质内容来看，可分为：劳动消耗定额、机械台班使用定额和材料消耗定额三种。

② 建筑安装工程定额，按其编制程序来看，可分为：工期定额、施工定额、预算定额、扩大结构定额和概算指标五种。

③ 建筑安装工程定额，按其执行范围来看，可分为：全国统一定额、主管部门定额、地方定额和企业定额四种。

a. 全国统一定额　是综合全国工程建设的生产技术和施工组织的一般情况拟定的，是在全国范围内执行的定额。

b. 主管部门定额　是考虑到各专业主管部门由于生产技术特点引起的工程建设特点，并参照统一定额的水平拟定出来的，在部属范围内执行的一种定额。这种定额往往都是为某些具有特点的工业建筑安装工程拟定的，不包括一般民用建筑中的定额项目。如石油、水电、铁路、冶金、公路、井巷等各主管部都按其专业工程部分编制专业工程定额。

c. 地方定额　包括省、市、自治区等各级地方定额。地方定额是在考虑地区特点和统一定额水平的条件下拟定的，在规定的地区范围内执行。各地区不同的气候条件、物质技术条件、地方资源条件和运输条件等，对定额的水平和内容的影响，是拟定地方定额的客观依据之一。

d. 企业定额　是由企业编制，在企业范围内执行的定额。这种定额应该在统一定额或地方定额的基础上编制，其任务主要是使定额更加便于企业利用。个别由于客观原因，生产技术条件特别差的企业，也可以根据企业实际情况对定额水平加以修订，但须经一定机关的批准。

④ 建筑安装工程定额，按其费用性质来看，可分为：建筑工程定额、安装工程定额、其他工程和费用定额、间接费定额四种。

上述各种定额，是为适用于不同用途和不同要求而编制的，表现内容可能是只反映工程

建设劳动消耗的某个方面，因此，使用进程中需要配合。如编一份实物法预算，不能只使用材料定额，而需要同时使用劳动、机械、材料三种定额。如果是一项具有专业特点的工业建设工程，那么，除使用建筑安装工程定额外，还要使用某主管部门的定额等。但是，各种定额还是有其独特性的，因为，每一种定额都能满足某一个别地方的要求。如编预算时，只需使用预算定额，计算工人劳动工效和计算机械生产率时，只需使用施工定额等。因此，应该把各种建筑安装工程定额看作一个整体，但同时，也应该把每一种定额看作是一个相对独立的部分。

建筑安装工程定额的使用范围，涉及工程建设工作的各个方面，无论是生产、分配计划、财务工作，都必须以它作为工作的一个尺度。定额工作做得好坏，必然对其他工作产生影响，因此，建筑安装工程定额在工程建设的组织管理中，占有极为重要的地位。

2. 劳动定额

劳动定额也称人工定额，它是施工定额的主要组成部分，它反映了建筑安装工人劳动生产率的社会平均先进水平。

（1）劳动定额的用途　劳动定额，是现代化大机器生产的产物，它是考核劳动者的劳动质量和数量的标尺，是实行社会主义按劳分配的工具，劳动定额的主要用途是用来作为编制施工预算、确定各项工程的劳动量、推行班组核算和经济责任制、计算计件工资和超额奖励的依据。国家《建筑安装工程统一劳动定额》是总结了工人的长期生产实践才制定的，除了劳动量的规定外，对各种工程的小组成员的技术等级和小组的平均等级也做了规定，在每章的说明中具体注明了各工种、各工程的质量标准。

建筑安装行业是耗费劳动力很大的一个部门，如何合理执行劳动定额、发挥工人的劳动积极性，与节约国家资金、降低企业成本、增加工人收入有密切的关系。但因为定额本身是在一般正常条件下制定的，难以做到绝对合理，加之我国的基本建设程序、体制、物质条件、施工管理等各方面问题很多，仍处于不断完善的阶段，所以需要合情合理、灵活变通地使用劳动定额。

（2）劳动定额的表现形式　劳动定额，用两种基本形式来表示，即时间定额和产量定额。

① 时间定额　时间定额就是某种专业、某种技术等级的工人小组或个人，在合理的劳动组织、合理地使用材料与合理的机械配合条件下，完成某一单位合格产品所必需的工作时间，包括准备与结束时间，基本生产时间，辅助生产时间，不可避免的中断时间以及工人必需的休息时间。

时间定额以工日为单位，每一工日按 8h 计算，其计算式如下。

$$单位产品时间定额（工日）＝\frac{1}{每工产量}$$

$$或单位产品时间定额（工日）＝\frac{小组成员工日数的总和}{台班产量}$$

② 产量定额　产量定额就是在合理的劳动组织、合理地使用材料与合理的机械配合条件下，某种专业、某种技术等级的工人小组或个人，在单位工日中所应完成的合格产品的数量，其计算式如下。

$$每工产量 = \frac{1}{单位产品时间定额（工日）}$$

$$或台班产量 = \frac{小组成员工日数的总和}{单位产品时间定额（工日）}$$

产品定额的计量单位，通常以自然单位或物理单位来表示，如 m、m^2、m^3、t、台、件等。从上式可以看出，时间定额和产量定额是互成倒数的关系，只要确定了单位产品的时间定额，产量越多，所需时间越多，如果确定了产量定额，时间越多则产量越多，即

$$时间定额 \times 产量定额 = 1$$

$$或时间定额 = \frac{1}{产量定额} \qquad 产量定额 = \frac{1}{时间定额}$$

时间定额和产量定额是同一劳动定额量的不同表示方法，但有不同的用处。时间定额统一以工日为单位，便于综合，便于计算总需工日数，便于核算工资。所以劳动定额一般采用时间定额为通用形式。产量定额是以产品数量为单位，便于小组分配各项任务，编制作业计划。

3. 材料消耗定额

材料消耗定额是指在正常施工条件下，合理使用材料，完成每单位合格产品所必须消耗的各种材料、成品、半成品的数量标准。

许多建筑安装材料，在施工之前必须经过不同方式和不同程度的截配、加工、精选过程。如电线电缆、钢管钢板、角钢等，材料经过截配、加工和精选后，必然会有一部分碎料不能直接用于工程，例如铁屑、下脚料、短节或其他材料的选剩碎屑边角等部分称为废料。除废料外，很多材料在贮存、运输、操作过程中还需产生一定的消耗，例如运送液体时材料的飞溅和滴漏，运送过程中的破碎损耗，以及在操作中难以避免的各种损失，如焊条等，除去以上两种损耗因素所需要的材料用量叫作净用量，因此

$$材料总消耗量 = 材料净用量 + （废料量 + 损耗量）$$

通常，将废料量合并列到损耗中，损耗量与总消耗量之比，称损耗率。损耗率中还要考虑经过主观努力，可能节约的因素，但不应包括一般都可以避免的损失，也不应把现场外的运输损耗和贮存在供应仓库时的仓储损耗列入。上述各概念的相互关系如下。

$$损耗率 = \frac{损耗量}{总消耗量} \times 100\%$$

$$损耗量 = 总消耗量 - 净用量$$

$$净用量 = 总消耗量 - 损耗量$$

$$总消耗量 = \frac{净用量}{1 - 损耗率}$$

为了简便，通常以损耗量与净用量之比称为损耗率，即

$$损耗率 = \frac{损耗量}{净用量} \times 100\%$$

$$总消耗量 = 净用量 \times （1 + 损耗率）$$

编制材料消耗定额有两种来源：一是参照预算定额的材料部分逐项核查选用；二是自行编制。

4. 机械台班定额

机械台班定额或称机械使用定额，是指施工机械在正常施工条件下，合理地组织劳动和

使用机械，完成单位合格产品（或某项工作）所必需的工作时间，包括准备与结束时间、基本生产时间、辅助生产时间、不可避免的中断时间及工人必需的休息时间，如图 2-3 所示，机械台班定额以台班为单位，每一台班按 8h 计算。机械台班定额可分为单位产品时间定额和台班产量定额两种形式。

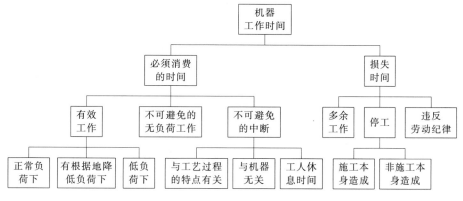

图 2-3　机器工作时间图解

单位产品时间定额，就是生产质量合格的单位产品所必须消耗的时间，台班产量定额就是每台班时间内生产质量合格的单位产品数量。

$$单位产品时间定额 = \frac{小组成员工日数的总和}{台班产量}$$

$$台班产量定额 = \frac{小组成员工日数的总和}{单位产品时间定额}$$

例如：1m³ 正铲挖土机械，挖四类土，挖土深度 2m 以内，每台班产量为 4.22（100m³），挖土机小组成员是 2 人，平均等级 3.5 级，则：

$$台班产量定额 = \frac{2（小组成员数）}{0.47（时间定额）} = 4.22（100m^3）$$

$$单位产品时间定额 = \frac{2（小组成员数）}{4.22（台班产量）} = 0.474（台班）$$

单位产品时间定额与台班产量定额成反比。

机械台班定额就是台班内小组成员总工日完成的合格产品数量，同时也是机械每台班完成的合格产品数量。它是签发施工任务单、实行计件加奖励制度的依据，同时也是编制机械需要量计划、考核机械效率的依据。

5. 预算定额

预算定额就是以分部分项工程为对象，规定其需要消耗的人工、材料和机械台班的数量标准。预算定额由国家主管部门或其授权机关组织编制、审批并颁发执行。在现阶段，预算定额是一种法令性指标，是对基本建设实行计划管理和有效监督的重要工具。各地区、各基本建设部门都必须严格执行，只有这样，才能保证全国的工程有一个统一的核算尺度，使国家对各地区、各部门工程设计、经济效果与施工管理水平进行统一的比较与核算。

按照表现形式可分为预算定额、单位估价表和单位估价汇总表三种。在现行预算定额中一般都列出基价，像这种既包括定额人工、材料和施工机械台班消耗量，又列有人工费、材料费、施工机械使用费和基价的预算定额，我们称它为"单位估价表"。这种预算定额可以满足企业管理中不同用途的需要，并可以按照基价计算工程费用，用途较广泛，是现行定额中的主要表现形式。其缺点是定额中的主要材料消耗量在括号内表示，其主要材料的价格未列入基价，称为未计价材料，在编制预算时需要将未计价材料编入预算，计算起来比较麻烦。单位估价汇总表简称为"单价"，它只表现"三费"，即人工费、材料费和施工机械使用费以及合计，因此可以大大减少定额的篇幅，给编制工程预算查阅单价带来方便。

按照综合程度，可分为预算定额和综合预算定额。综合预算定额是在预算定额基础上，对预算定额的项目进一步综合扩大，使定额项目减少，更为简便适用，可以简化编制工程预算的计算过程。

6. 施工定额

施工定额是施工企业管理工作的基础，是编制施工预算，实行内部经济核算的依据。

施工定额不同于劳动定额，也不同于工程建设预算定额，但近似预算定额。施工定额既考虑到预算定额的分部方法和内容，又考虑到劳动定额的分工种做法，施工定额有人工、材料和机械台班三部分。定额人工部分要比劳动定额粗略，步距大些，工作内容有适当的综合扩大。但施工定额要比预算定额详细，要考虑到劳动组合。主要是用于施工企业内部经济核算，编制施工预算、施工作业计划，组织劳动竞赛，节约人工劳动和物化劳动的消耗，实行计件、包工、签发施工任务书，限额领料，计算劳动报酬和奖励的依据，也是编制预算定额和补充单位估价表的基础。

施工定额能否得到广泛的使用，主要取决于定额的质量和水平的确定，以及项目的划分是否简明适用。施工定额的编制原则，基本上与预算定额相类似。

二、水暖工程概算

1. 编制依据

① 初步设计图纸及说明书、设备清单、材料表等设计资料。

② 标准设备与非标准设备价格资料。

③ 工资标准、材料预算价格、施工机械台班预算价格等价格资料。

④ 全国统一安装工程概算定额或各省、市、自治区现行的安装工程概算定额（或概算指标）。

⑤ 国家或各省、市、自治区现行的安装工程间接费定额和其他有关费用标准等费用文件。

2. 给排水工程概算的编制步骤和方法

① 收集编制依据中有关编制给排水工程概算的基础资料。

② 熟悉初步设计图纸及说明书、概算定额和其他各项费用文件。

③ 根据初步设计平面图计算各种卫生器具，对照系统图计算给水排水管道和各种附属配件工程量。

④ 选套概算定额，编制概算表。编制概算表时按下列顺序进行：

a. 卫生器具安装，以组或套为单位计算；

b. 给水管道、排水管道安装，以延长米为单位计算；

c. 附属配件安装，以个或组为单位计算；

d. 其他零星工程按占上述三项合计的百分比计算；

e. 统计直接费，按照各项费用计算程序计取间接费、其他费用、计划利润和税金，最后汇总给排水工程造价及确定技术经济指标。

3. 采暖工程概算的编制步骤和方法

① 收集编制依据中有关编制采暖工程概算的基础资料。

② 熟悉初步设计图纸及说明书、概算定额和各项费用标准文件。

③ 根据初步设计图纸和概算工程计算规则，计算采暖工程量。暖气片等的计算应以平面图为主，参照系统图；导管、立支管道和附属配件等对照系统图，结合平面图计算。

④ 选套概算定额，编制概算表。编制概算表时按下列顺序进行：

a. 散热器的组成及其安装，包括刷银粉在内，以 m² 或片为单位计算；

b. 导管和立支管道的安装，包括刷油漆、保温和金属支架在内，以延长米为单位计算；

c. 各种阀门及配件等安装，以个或组为单位计算；

d. 零星工程和费用，接占上述费用的比例（%）计算；

e. 统计直接费，并按各项费用计算程序计取间接费、其他费用和计划利润及税金，最后汇总给采暖工程造价及确定技术经济指标。

三、水暖工程施工图预算

1. 施工图预算的概念

施工图预算是根据施工图设计和预算定额编制工程造价的详细预算。在我国，施工图预算是建筑企业和建设单位签订承包合同及办理工程结算的依据，也是建筑企业编制计划，实行经济核算和考核经营成果的依据。在实行招标承包制的情况下，是建设单位确定标底和建筑企业投标报价的依据。施工图预算是关系建设单位和建筑企业经济利益的技术经济文件，如在执行过程中发生经济纠纷，应经仲裁机关仲裁，或按法律程序解决。

2. 施工图预算的内容

施工图预算包括单位工程预算、单项工程预算和建设项目总预算。单位工程预算是根据施工图设计文件、现行预算定额、费用定额以及人工、材料、设备、机械台班等预算价格资料，以一定方法，编制单位工程的施工图预算；然后汇总所有各单位工程施工图预算，成为单项工程施工图预算；再汇总各所有单项工程施工图预算，便是一个建设项目建筑安装工程的总预算。

① 工程项目（如工厂、学校等）总预算包含若干个单项工程（如车间、教室楼等）综合预算。

② 单项工程综合预算包含若干个单位工程（如土建工程、机械设备及安装工程）预算。

③ 总预算和综合预算由以下五项费用构成：建筑工程费、安装工程费、设备购置费、工器具购置费、其他工程和费用。

④ 单位工程预算由直接费、间接费、计划利润构成。

⑤ 设备及安装工程的单位工程预算还包括设备及其备件的购置费。

3. 施工图预算的作用

① 施工图预算是设计阶段控制工程造价的重要环节，是控制施工图设计不突破设计概算的重要措施。

② 施工图预算是编制或调整固定资产投资计划的依据。

③ 对于实行施工招标的工程不属于《清单规范》规定执行范围的，可用施工图预算作

为编制标底的依据，此时它是承包企业投标报价的基础。

④ 对于不宜实行招标而采用施工图预算加调整价结算的工程，施工图预算可作为确定合同价款的基础或作为审查施工企业提出的施工图预算的依据。

4. 施工图预算的编制方法

从总体上来讲，施工图预算一般采用单位估价法、实物估价法和分项工程完全单价计算法这三种方法来进行编制。在我国，都是采用单位估价法来编制施工图预算的。

（1）单位估价法　是利用分部分项工程单价计算工程造价的方法。计算程序是：

① 根据施工图计算分部分项工程量；

② 根据地区单位估价表或预算定额单价计算分部分项工程直接费，并汇总为单位工程直接费；

③ 计算间接费、计划利润，并与直接费汇总，得出单位工程预算造价；

④ 进一步汇总得出综合预算造价和总预算造价。

（2）实物估价法　是利用预算定额计算人工、材料、机械台班用量，进而计算工程造价的方法。计算程序是：

① 根据施工图计算分部分项工程量；

② 根据预算定额计算分部分项工程所需的人工、材料和机械台班消耗量，并按单位工程加以汇总；

③ 根据人工日工资标准、材料预算价格、机械台班费用单价等资料，计算单位工程直接费；

④ 计算间接费、计划利润，并与直接费汇总成单位工程预算造价，进一步汇总得出综合预算造价和总预算造价。

（3）分项工程完全单价计算法　分项工程完全单价计算法的特点是，以分项工程为对象计算工程造价，再将分项工程造价汇总成单价工程造价。该方法从形式上类似于工程量清单计价法，但又有本质上的区别。

第三章 建筑电气工程

▶▶▶

第一节 建筑电气施工图识读及解析

一、变配电工程图识读及解析

1. 变配电系统图的识读

（1）变配电系统图的组成

① 供电电源　在常见的用户变配电站中，供电电源一般由不同的电压线路供给，如380V、10kV和35kV等。对于某些重要的建筑物，其供电系统中常自备发电机组，如柴油发电机、小型汽轮发电机等。作为备用电源或临时电源，这些发电机多为三相同步发电机。

② 母线　在变配电系统图中，母线是电路中的一个节点，但在实际的电气系统中却是一组庞大的汇流排，它是电能汇集和分散的场所，即功率汇总的分配点，电压水平的控制点。母线系统一般分为三种形式，具体内容见表3-1。

表 3-1　母线系统的形式

名　称	内　容
单母线制	单母线制又分为单母线不分段接线、单母线分段接线、单母线带旁路接线等形式，具体形式如表3-2所示 单母线不分段接线方式灵活性较低，当母线发生故障时，母线功能完全丧失，使供电系统遭到破坏，用户供电全部中断。将母线分段后，其可靠性大为改善，当母线发生故障或线路检修时，可以保证系统具有50%的供电能力
双母线制	双母线制又可分为双母线不分段接线、双母线分段接线、双断路器双母线等，具体形式如表3-3所示
无母线制	无母线制又可分为线路变压器接线、桥形接线（分为内桥接线和外桥接线两种方式，一般应用于353kV以上的供电线路中）以及扩大单元接线等几种形式 在相对简单的电力系统中，多采用无母线接线方式，因为这种方式既具有简单、经济的特点，又可满足一定条件下的可靠性与灵活性的要求

表 3-2　单母线制中的不同形式

名　称	图　示
单母线不分段	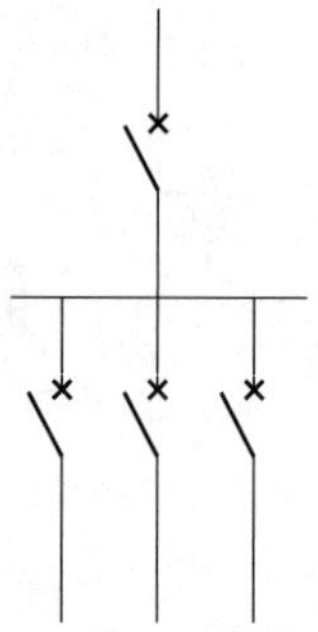
单母线分段	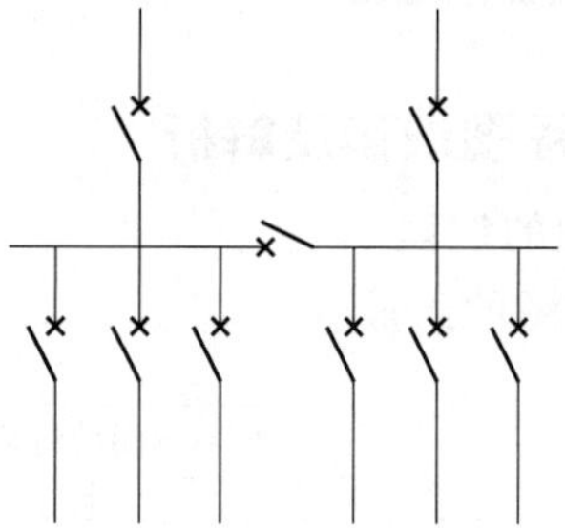
单母线带旁路接线	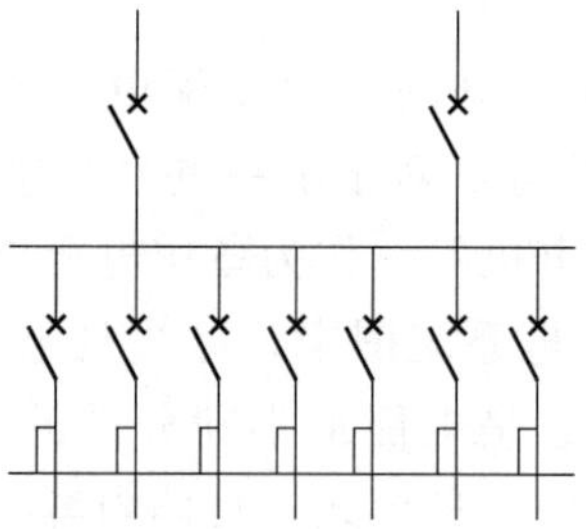

表 3-3　双母线制中的不同形式

名　称	图　示
双母线不分段接线	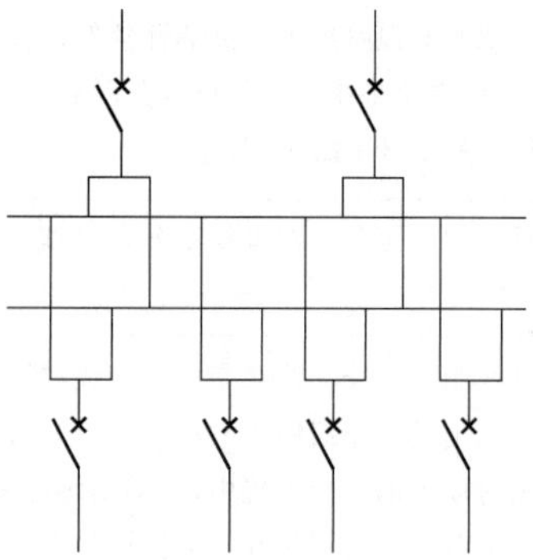

名　称	图　示
双母线分段接线	
双断路器双母线	

③ 电力变压器　电力变压器是用来变换电压等级的电气设备。建筑供配电中的配电变压器一般为三相电力变压器。通常三相电力变压器有油浸式和干式两种，油浸式变压器的型号多为 S 型或 SL 型，而干式变压器的型号为 SC 型。变压器型号的标注形式如图 3-1 所示。

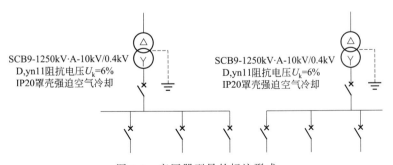

SCB9-1250kV·A-10kV/0.4kV
D,yn11阻抗电压U_k=6%
IP20罩壳强迫空气冷却

SCB9-1250kV·A-10kV/0.4kV
D,yn11阻抗电压U_k=6%
IP20罩壳强迫空气冷却

图 3-1　变压器型号的标注形式

④ 高压开关设备　高压开关设备主要包括高压隔离开关、高压负荷开关、高压断路器、高压开关柜等，其具体设备的组成见表 3-4。

⑤ 低压开关设备　低压开关设备的组成见表 3-5。

表 3-4　高压开关设备的组成

名　称	内　容	图　示
高压隔离开关(QS)	高压隔离开关的主要功能是隔离高压电源,以保证其他电气设备的安全检修。高压隔离开关应有明显的断开间隙,而且断开间隙的绝缘及相间绝缘都必须是绝对可靠的,能够充分保证人身和设备的安全,其型号表示见右图	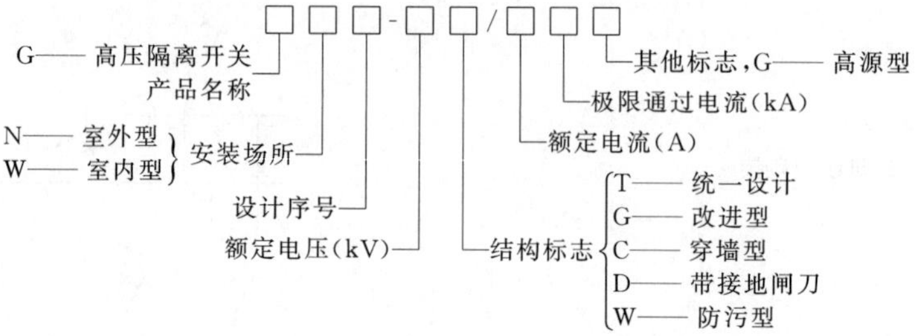 G——高压隔离开关产品名称 N——室外型 W——室内型 安装场所 设计序号 额定电压(kV) 结构标志 其他标志,G——高源型 极限通过电流(kA) 额定电流(A) T——统一设计 G——改进型 C——穿墙型 D——带接地闸刀 W——防污型
高压负荷开关(QL)	高压负荷开关和高压隔离开关类似,开关断开后具有明显的断开间隙,因此,也具有隔离电源、保证安全维修的功能。由于高压负荷开关具有简单的灭弧装置,因此能够通断一定负荷电流和过负荷电流,但不能断开短路电流,其型号表示见右图	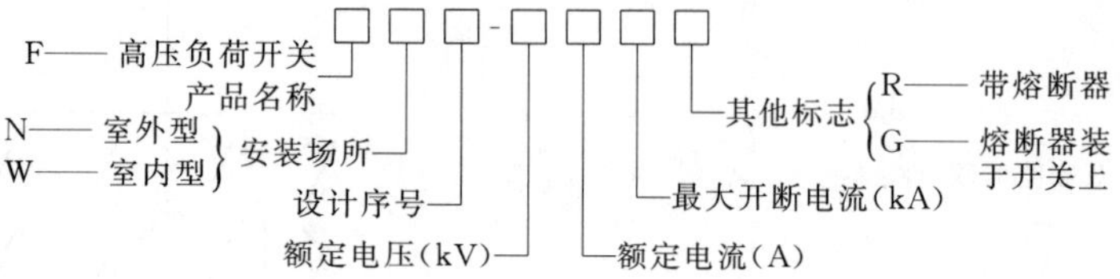 F——高压负荷开关产品名称 N——室外型 W——室内型 安装场所 设计序号 额定电压(kV) 额定电流(A) 最大开断电流(kA) 其他标志 R——带熔断器 G——熔断器装于开关上
高压断路器(QF)	高压断路器具有较为完善的灭火装置,不仅能够通断正常的负荷电流,而且能够承受一定时间的短路电流,并能在继电保护装置的作用下实现自动跳闸,排除短路故障,以保护电力系统和电气设备,其型号表示见右图	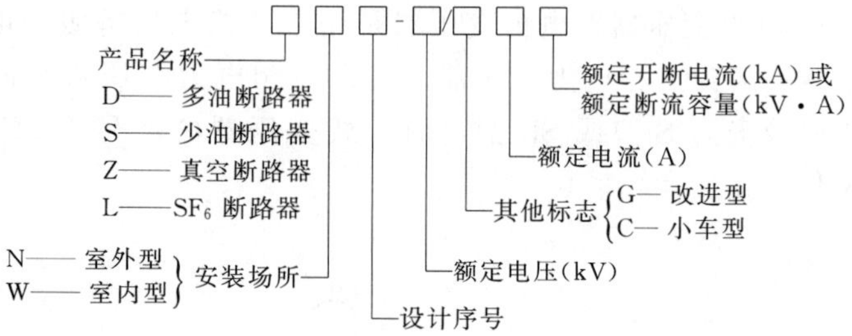 产品名称 D——多油断路器 S——少油断路器 Z——真空断路器 L——SF₆断路器 N——室外型 W——室内型 安装场所 设计序号 额定电压(kV) 其他标志 G——改进型 C——小车型 额定电流(A) 额定开断电流(kA)或额定断流容量(kV·A)
高压开关柜	高压开关柜是按一定的线路方案将一次、二次设备组装在一个柜体内而形成的一种高压成套配电装置。在配电站中,它用于控制和保护变压器及高压柜线路。柜上装有高压开关设备、保护设备、检查仪表和母线、绝缘等,其型号表示见右图	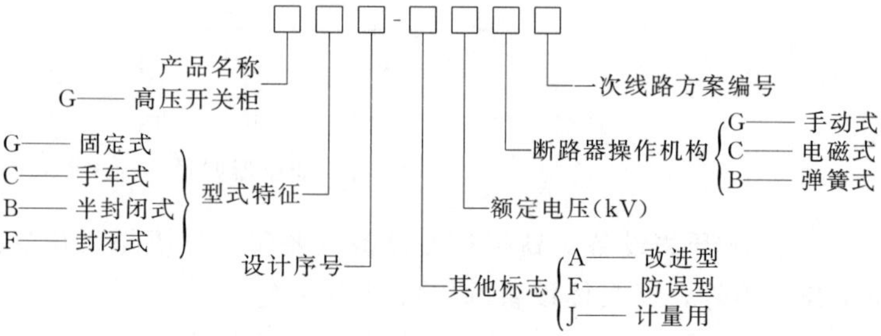 产品名称 G——高压开关柜 G——固定式 C——手车式 B——半封闭式 F——封闭式 型式特征 设计序号 额定电压(kV) 其他标志 A——改进型 F——防误型 J——计量用 断路器操作机构 G——手动式 C——电磁式 B——弹簧式 次线路方案编号

表 3-5 低压开关设备的组成

名 称	内 容
低压空气断路器	低压空气断路器又称为低压断路器、自动空气开关,具有灭弧装置,可以安全、带负荷通断电路,并具有过载、短路及失压保护功能。低压空气断路器的型号编写方式如图 3-2 所示
低压刀开关和刀熔开关	低压开关又称为刀闸开关,按照操作方式可以分为单投和双投;按照极数可以分为单极、二极和三极;按其灭弧结构可分为带灭弧罩式和不带灭火罩式两种,其具体型号编写方式如图 3-3所示
低压负荷开关	低压负荷开关由带灭弧装置的刀开关和熔断器串联组合而成,并加以绝缘外壳或金属壳。常见的有 HK 系列开启式负荷开关,又称磁底胶盖刀开关;HH 系列负荷开关,又称铁壳开关
低压熔断器	低压熔断器的基本功能与高压熔断器一样,对电力系统和电气设备起到过载及短路保护功能。低压熔断器主要有磁插式、螺旋式和密闭管式等

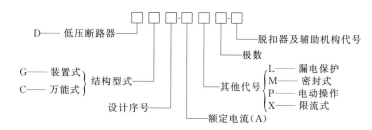

图 3-2 低压断路器的型号编写方式

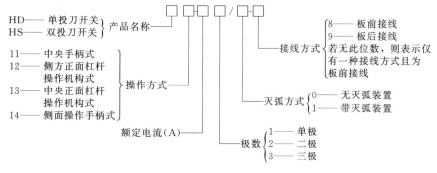

图 3-3 低压开关和刀熔开关的型号编写方式

⑥ 互感器 互感器是一种特殊的变压器,其组成见表 3-6。

表 3-6 互感器的组成

名 称	内 容
电压互感器	电压互感器的一次绕组匝数很多,二次匝数很少,其功能相当于降压变压器。应用时,将其一次绕组并联接入电力系统的一次接线回路中,而将其二次绕组与仪表、继电器等设备的电压线圈并联。由于设备的电压线圈的阻抗很大,因此,电压互感器在工作时,其二次绕组接近于空载状态。一般电压互感器二次绕组的额定电压为 100V
电流互感器	电流互感器的一次绕组匝数很少,且导线较粗,而二次绕组匝数很多,且导线较细。应用时,将其一次绕组与电力系统的主接线回路串联,而将其二次绕组与仪表、继电器等设备的电流线圈串联,形成闭合回路。由于电气设备电流线圈的阻抗很小,因此,电流互感器在工作时其二次回路相当于短路状态。一般电流互感器二次绕组的额定电流为 5A

⑦ 电力传输介质 在电力系统中,电能的传输必须依靠电力传输介质。目前,常用的电缆传输介质有裸导线、绝缘导线和电力电缆等,其具体内容见表 3-7。

表 3-7　常用的电缆传输介质

名　　称	内　　容
裸导线	裸导线的外面没有绝缘层,常用的裸导线有铜绞线(TJ)、铝绞线(LJ)和铜芯铝导线(LGJ)等,这类导线常用在 6kV 以上的架空线路上。配电装置中还常用到矩形铜母线(TMY)和矩形铝母线(LMY)等
绝缘导线	绝缘导线常用于低压供电线路和用电设备之间的连接。按照绝缘介质可以分为塑料绝缘导线和橡胶绝缘导线。线芯有单股和多股之分,以及铜芯和铝芯之分。常用符号含义如下:V——塑料绝缘;X——橡胶绝缘;L——铝芯(铜芯不表示);R——软导线(多股);B——布线用
电力电缆	电力电缆常用于 10kV 以下电气装置和电气设备之间的连接,可以直接埋入地下或电缆沟内,甚至在水中敷设。根据绝缘介质不同,可将电力电缆分为纸绝缘(Z)、橡胶绝缘(X)和塑料绝缘(V)三种

（2）变配电系统图的识读

① 6～10kV 变配电电气系统图识读　在用电量很大的企业、小区及其大型建筑物中，都设有 6～10kV 变配电所，根据符合的大小和重要程度，采用不同的配电方式。常见的 6～10kV 变配电系统图有单母线放射式配线、单母线分段放射式配线、双母线放射式配线、单回路树干式配线、双侧电源树干式和环式供电系统。10kV 变配电系统图如图 3-4 所示，它由两个电源供电。

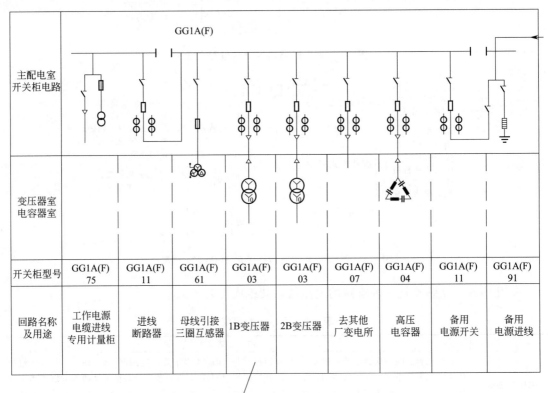

图 3-4　10kV 变配电系统图

经验指导：

①从图中可以看出，此变电系统有两回路 10kV 电源进线，一回路工作电源由市网供给，电缆引入，由图下方引至高压配电柜中。

②2# 高压配电柜为进线保护柜，当变配电系统母线出现短路和过载时，进线保护柜中的断路器自动跳闸。另一个电源为备用电源，架空引入由本企业变电所供给，电能计量一般以电源出线开关的电度表记录为准，或者通过协议解决计费问题。所以，只设了进线保护柜，同样是对母线的短路和过载进行保护。

② 6～10kV/0.4kV 配电变压器电气系统图识读

a. 当变压器容量小于 630kV·A 时，在周围环境较好的场所，可采用户外露天变电场所型式。如果变压器容量小于 250kV·A，还可采用杆上变电台型式。当变压器装在户外或杆上时，高压侧可采用户外跌落式带熔断器的开关控制，它可保护变压器的短路和过载电流，还可以通断一定容量的空载电流。

b. 当变压器安装在室内时，高压侧一般采用隔离开关、少油或真空断路器控制，隔离开关在检修变压器时起到隔离电源的作用，而断路器的作用是在变压器运行时保护变压器的短路和过载故障。若变压器容量为 630kV·A 时，高压侧也可采用隔离开关熔断控制。或变压器需要经常操作时，如每天至少一次，有时也采用隔离开关控制，它有明显的断开点，因此，在断开电后，它又具有隔离开关的作用，与高压断路器配合使用，可保护变压器的过电流和短路故障。

c. 变压器低压侧总电源开关往往采用低压断路器保护。低压断路器从结构上分为两种形式：一种是装置式，额定电流小于 600A；另一种是万能式，额定电流为 200～1000A。对于大容量万能式低压断路器，有两种操作形式，即手动或电动操作。无论何种形式，它都能带负荷操作，并且有短路过电流与失压等自动跳闸保护功能，操作简单方便，较为广泛使用。

③ 380V/220V 低压配电系统图识读　　380V/220V 低压配电系统是指从 6～10kV/0.4kV 变压器的低压侧或是从发电机母线引出至用电负荷低压配电箱的供电系统，其配电方式分别为放射式、树干式、混合式。

a. 放射式低压配电系统如图 3-5 所示。

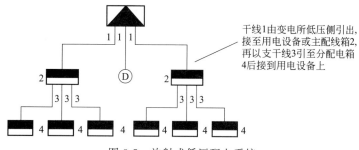

干线1由变电所低压侧引出，接至用电设备或主配线箱2，再以支干线3引至分配电箱4后接到用电设备上

图 3-5　放射式低压配电系统

b. 树干式低压配电系统如图 3-6 所示。

树干式低压配电系统不需在变电所内设配电盘，从变电所二次侧的引出线经空气开关或隔离开关直接引到车间内，这种方式结构简化，减少了电气设备数量

图 3-6　树干式低压配电系统

c. 混合式低压配电系统如图 3-7 所示。

低压配电系统一般由文字和图像符号两部分组成。文字通常表示设备的用途、设备型

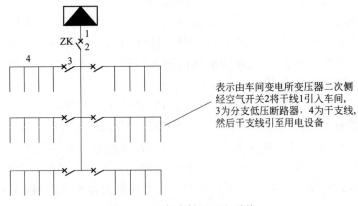

图 3-7　混合式低压配电系统

号、经过计算的电量参数，如系统计算容量、计算电流、需要系数等。常用文字含义的内容见表 3-8。

表 3-8　常用文字含义的内容

名　称	内　容
设备安装容量	安装容量是指某一配电系统或某一干线上所有安装用电设备(包括暂时不用的设备，但不包括备用设备)铭牌上所标定的额定容量之和，单位是 kW 或 kV·A。安装容量又称设备容量，用 P_S、S_S 表示
计算负荷	在配电系统中，运行的实际负荷不等于所有电气设备的额定负荷之和，这是因为所有的电气设备不可能同时运行，每台设备也不可能满载运行，各种电气设备的功率因数也不相同，所以在进行变配电系统设计时，必须确定一个假想负荷来代替运行中的实际负荷，从而进行电气设备和导体的选择。通常采用 30min 内最大负荷所产生的温度来选择电气设备
需要系数	需要系数是同时系数和负荷系数的乘积。同时系数考虑了电气设备同时使用的程度，需要系数是小于 1 的数值，用 K_X 表示，它的确定与行业性质、设备数量与设备效率有关

2. 变配电设备布置图的识读

（1）高低压配电室布置图识读

① 高压配电室中开关柜的布置有单列和双列之分，如图 3-8 所示。

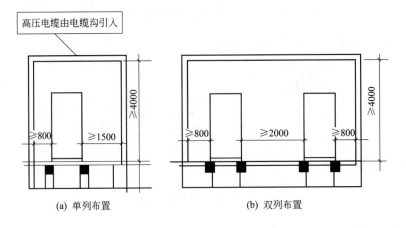

(a) 单列布置　　　　　　　　(b) 双列布置

图 3-8　高压配电室剖面图

② 低压配电室的基本内容如下。

a. 低压配电室主要放置低压配电柜，向用户（负载）输送、分配电能。常用的低压配电柜有固定式 GLK、GLL、GGD，以及 DOMINO 等系列。低压配电柜可单列布置或双列布置。为了维修方便，低压配电屏离墙不小于 0.8m，单列布置时操作通道应不小于 1.5m；双列布置时，操作通道应不小于 2.0m。

b. 低压配电室的高度应与变压器室综合考虑，以变压器低压出线。低压配电柜的进出线可上进上出，也可下进下出。进出线一般都采用母线槽和电缆。

（2）变配电布置图的识读 在低压供电中，为了提高供电的可靠性，一般都采用多台变压器并联运行，当负载增大时，变压器可全部投入，负载减少时，可切除一台变压器，提高变压器的运行效率，如图 3-9 所示为两台变压器的变配电所布置图。

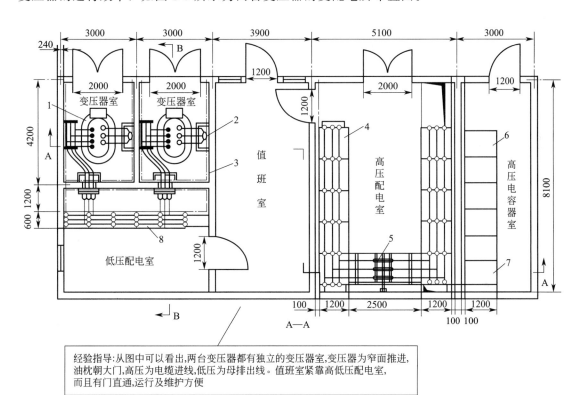

经验指导：从图中可以看出，两台变压器都有独立的变压器室，变压器为窄面推进，油枕朝大门，高压为电缆进线，低压为母排出线。值班室紧靠高低压配电室，而且有门直通，运行及维护方便

图 3-9　两台变压器的变配电所布置图

3. 二次回路接线图的识读

二次回路接线图的识读方法及步骤一般如下。

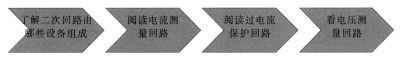

最后要强调说明一点，在阅读变配电所工程图时，既要熟读图面的内容，也不要忘掉未能在图纸中表达出来的内容，从而了解整个工程所包括的项目。要把系统图、平面图、二次回路电路图结合起来阅读，虽然平面图对安装施工特别重要，但阅读平面图只能熟悉其具体安装位置，而对设备本身技术参数及其接线等无从了解，必须通过系统图和电路图来弥补。所以几种图纸必须结合阅读，这样也能加快读图速度。

二、动力电气工程图识读及解析

1. 建筑动力系统概述

用可以将电能转换为机械能的电动机、拖动水泵、风机等机械设备运转，为整个建筑提供舒适、方便的生产、生活条件而设置的各种系统，统称为动力系统，如供暖、通风、供水、排水、热水供应、运输系统等。维持这些系统工作的机械设备，如鼓风机、引风机、除渣机、上煤机、给水泵、排水泵、电梯等，全部是靠电动机拖动的。因此可以说，建筑动力系统实质上就是向电动机配电，以及对电动机进行控制的系统。

2. 动力电气工程图识读

由发电厂的发电机、升压及降压变电设备、电力网及电能用户（用电设备）组成的系统统称为电力系统，如图 3-10 所示。

电源将高压 10kV 或低压 380V/220V 送入建筑物中称为供电。送入建筑物中的电能经配电装置分配给各个用电设备称为配电。供电和配电统称为供配电系统。

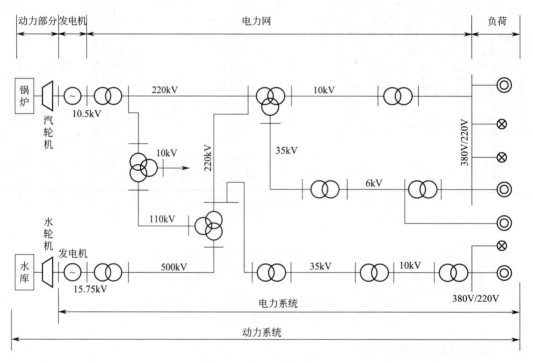

图 3-10　电力系统的组成

图 3-10 解析如下。

① 发电厂的作用是将其他形式的能源（如煤、水、风和原子能等）转换为电能（称二次能源），并向外输出电能；为降低发电成本，发电厂常建在远离城市的一次能源丰富的地区附近。受材料绝缘性能和设备制造成本的限制，所发电压不能太高，通常只有 6kV、10kV 和 15kV 几种。

② 电力网的作用是将发电厂输出的电能送到用电户所在区域，即进行远距离输电。为减少输送过程中的电压损失和电能损耗，要求用高压输电。通过升压变压站把发电厂所发

6kV、10kV或者15kV的电能，变为110kV、220kV或者500kV以上的高电压，经输电线路（多采用架空敷设的钢芯铝绞线）送到用电区。为方便用户用电，要求低压配电。通过降压变压站，把110kV、220kV或者500kV以上的高压降为3kV、6kV或者10kV，再供给用户使用。

③ 用电户常以引入线（通常为高压断路器）和电力网分界。建筑用电就属于动力系统末梢的成千上万的用电户之一。

三、电气照明工程图识读及解析

1. 建筑照明系统图识读

照明配电系统图是用图形符号和文字符号绘制的，用以表示建筑照明配电系统供电方式、配电回路分布及相互联系的建筑电气工程图，能集中反映照明的安装容量，计算容量，计算电流，配电方式，导线或电缆的型号、规格、数量、敷设方式及穿管管径，开关及熔断器的规格型号等。通过照明配电系统图，可以了解建筑物内部电气照明配电系统的全貌，它也是进行电气安装调试的主要图纸之一。

照明配电系统图主要包括以下内容。

① 电源进户线、各级照明配电箱和供电回路，表示其相互连接形式。

② 配电箱型号或编号，总照明配电箱及分照明配电箱所选用计量装置、开关和熔断器等器件的型号、规格。

③ 各供电回路的编号，导线型号、根数、截面和线管直径，以及敷设导线长度等。

④ 照明器具等用电设备或供电回路的型号、名称、计算容量和计算电流等。

⑤ 照明配电系统图的识读以图 3-11 为例进行解读。

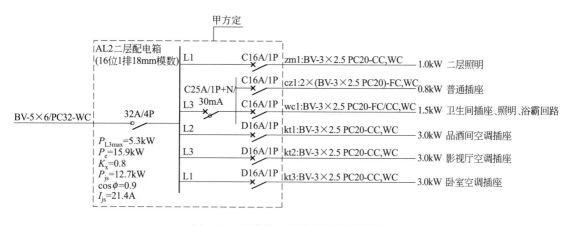

图 3-11 某建筑二层照明配电系统图

图 3-11 解析：本图为二层照明配电系统图，图中标明了每个房间插座、照明电缆的根数和直径等内容。

2. 建筑照明线路图识读

（1）线路敷设方式 根据线路敷设方式选配的导线型号见表 3-9。

（2）照明器具的控制线路

① 照明灯具接线及根数如图 3-12 所示。

表 3-9　根据线路敷设方式选配的导线型号

线路类别	线路敷设方式	导线型号	额定电压/kV	产　品　名　称	最小截面/mm²	附注
交直流配电线路	吊灯用软线	RVS	0.25	铜芯聚氯乙烯绝缘绞型软线	0.5	
		RFS		铜芯丁腈聚氯乙烯复合物绝缘软线		
	室内配线;穿管、线槽、塑料线夹、瓷瓶	BV	0.45/0.75	铜芯聚氯乙烯绝缘电线	1.5	
		BLV		铝芯聚氯乙烯绝缘电线	2.5	
		BX		铜芯橡胶绝缘电线	1.5	
		BLX		铝芯橡胶绝缘电线	2.5	
		BXF		铜芯氯丁橡胶绝缘电线	1.5	
		BLXF		铝芯氯丁橡胶绝缘电线	2.5	
	架空进户线	BV	0.45/0.75	铜芯聚氯乙烯绝缘电线	10	距离应不超过25m
		BLV		铝芯聚氯乙烯绝缘电线		
		BXF		铜芯氯丁橡胶绝缘电线		
		BLXF		铝芯氯丁橡胶绝缘电线		
	架空线	JKLY	0.6/1	辐照交联聚乙烯绝缘架空电缆	16(25)	居民小区不小于35mm²
		JKLYJ	10	辐照交联聚乙烯绝缘架空电缆	25(35)	
		LJ		铝芯绞线		
		LGJ		钢芯铝绞线		

② 两地控制同一照明灯具接线关系如图 3-13 所示,主要用于楼梯间或上下楼之间的照明控制。

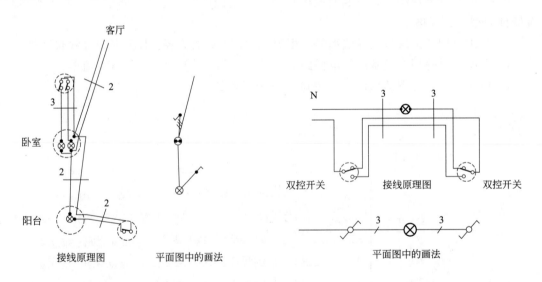

图 3-12　照明灯具接线及根数
2—2 根电缆;3—3 根电缆

图 3-13　两地控制同一灯具接线关系
3—3 根电缆

③ 一个开关控制一盏灯的线路图如图 3-14 所示。

④ 一个开关控制两盏灯的线路图如图 3-15 所示。

⑤ 单相三极暗插座的接线如图 3-16 所示:上孔接保护地线 PE;左孔接零线 N;右孔接相线 L。

3. 建筑照明平面图识读

照明平面图是主要说明线路和照明器具的平面布置情况、室内电气平面图。通过电气平面图的识读,可以了解以下内容。

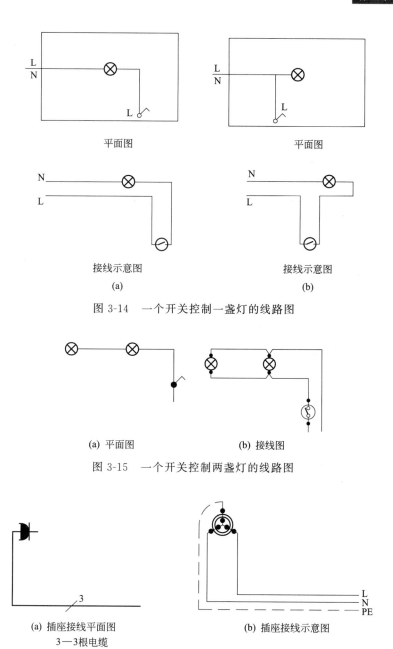

平面图　　　　　　　　　　　　平面图

接线示意图　　　　　　　　　　接线示意图

(a)　　　　　　　　　　　　　　(b)

图 3-14　一个开关控制一盏灯的线路图

(a) 平面图　　　　　　(b) 接线图

图 3-15　一个开关控制两盏灯的线路图

(a) 插座接线平面图　　　　　　(b) 插座接线示意图

3—3根电缆

图 3-16　插座接线图

① 建筑物的平面布置、各轴线分布、尺寸以及图纸比例。

② 各种变、配电设备的编号、名称，各用电设备的名称、型号以及它们在平面图上的比例。

③ 各配电线路的起点和终点、敷设方式、型号、规格、根数以及在建筑物中的走向、平面和垂直位置，如图 3-17 所示。

图 3-17 解析：经验指导：从图中可以看出入户配电箱共有 8 条支线，其中第一条是照明回路，第二至第八条是插座回路。从图上看出空调插座单独一个回路，厨房插座单独一个回路，这是因为空调、厨房的用电量大，这也是规范要求的。一般图纸是将插座、照明画在同一平面图中，在图上看不出的是线路的敷设。

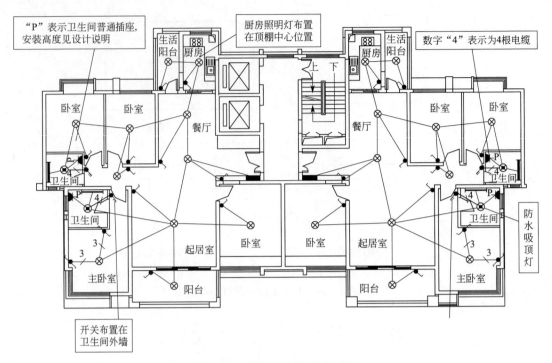

图 3-17　某住宅楼照明平面图

3—3 根电缆

四、防雷接地工程图识读及解析

避雷平面图一般分为屋顶避雷平面图、接地平面图、等电位平面图，也有的把三张平面图画在一张平面图中，具体内容见表 3-10。

表 3-10　避雷平面图的内容

名　称	内　容
屋顶避雷平面图	屋顶避雷平面图中表明避雷网所用的材料及规格、避雷网格的大小、避雷网敷设的位置及方式、避雷引下线的间距、屋顶其他设施与避雷网的连接等
接地平面图	接地平面图中主要是看接地装置的类型(是利用基础钢筋做自然接地还是人工接地)、接地装置与建筑物的距离、接地装置之间的距离、避雷测试点的设置、接地装置的材料及规格、接地装置的埋设深度等
等电位平面图	等电位平面图主要是把建筑物内可导电的金属设备和管道通过避雷母线与避雷系统连接成一个整体,防止漏电电流对人体造成伤害。设置部位是管道井、电梯井、配电间、设备间、卫生间等

① 如图 3-18 所示为某住宅楼的屋顶防雷平面图。

图 3-18 解析：从图中可知，避雷网沿屋面四周及水箱顶四周敷设，中间设一条均压带；避雷网分别向下引出 12 条引下线。避雷带和均压带采用直径为 12mm 的镀锌圆钢，引下线利用柱内主筋引下。

② 如图 3-19 所示为某住宅楼的等电位连接平面图。

图 3-19 解析：由于整个连接体都与作为接地体的基础钢筋网相连，可以满足重复接地的要求，故没有另外再做重复接地。大部分做法采用标准图集，图中给出了标准图集的名称和页数。

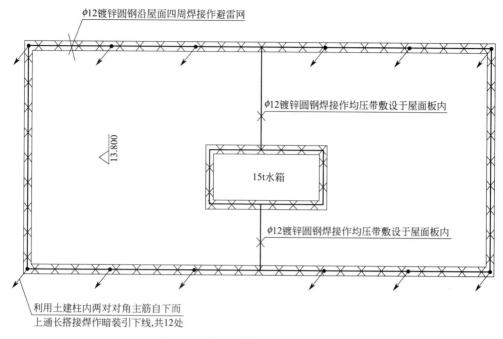

图 3-18 某住宅楼的屋顶防雷平面图

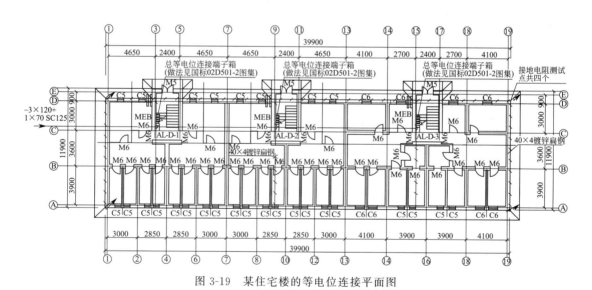

图 3-19 某住宅楼的等电位连接平面图

③ 如图 3-20 所示为某住宅楼的避雷接地平面图。

图 3-20 解析：该建筑采用人工接地体和自然接地体相结合，自然接地体利用基础钢筋可靠焊接，分别从建筑物四角引出—40×4 的镀锌扁钢与人工接地体可靠连接，并在室外地面上 0.5m 处设测试卡子。设总等电位连接端子箱与自然接地体可靠焊接。

五、弱电系统工程图识读及解析

1. 有线电视、电话施工图识读

（1）有线电视、电话施工图的基本内容

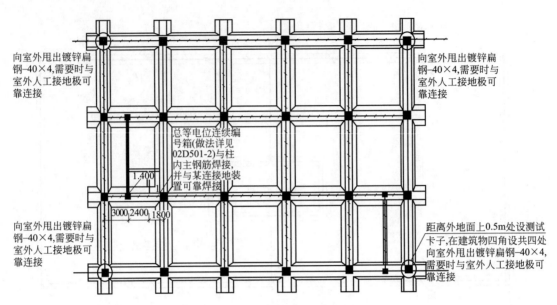

向室外甩出镀锌扁钢-40×4,需要时与室外人工接地极可靠连接

向室外甩出镀锌扁钢-40×4,需要时与室外人工接地极可靠连接

总等电位连续编号箱(做法详见02D501-2)与柱内主钢筋焊接,并与某连接地装置可靠焊接

1.400

3000 2400 1800

向室外甩出镀锌扁钢-40×4,需要时与室外人工接地极可靠连接

距离外地面上0.5m处设测试卡子,在建筑物四角设共四处向室外甩出镀锌扁钢-40×4,需要时与室外人工接地极可靠连接

图 3-20　某住宅楼的避雷接地平面图

① 有线电视系统的特点　见表 3-11。

表 3-11　有线电视系统的特点

序　号	内　容
有线电视系统的分类	我国有线电视系统分为共用天线电视系统(CATV系统)和有线电视邻频系统。共用天线电视系统是以接收开路信号为主的小型系统,功能较少,其传输距离一般在 1km 以内,适用于一栋或几栋楼宇;有线电视邻频系统由于采用了自动电平控制技术,干线放大器的输出电平是稳定的,传输距离可达 15km 以上,适用于大、中、小各种系统。习惯上,人们称有线电视系统为共用天线电视系统
有线电视系统的组成	有线电视系统的组成,与接收地区的场强、楼房密集程度和分布、配接电视机的多少、接收和传送电视频道的数目等因素有关。其基本组成有天线及前端设备、信号传输分配网络和用户终端三部分

有线电视的组成如图 3-21 所示。

有线电视系统图以图 3-22 为例进行识读。

② 通信系统的基本构成　电话通信系统最基本的功能是可以使两个相隔两地的人实现实时交流。交流的内容可以是语音,也可以是图像。由图 3-23 可知,组成两个人的语音通信系统最基本的元件有送话器、受话器和传输电缆。送话器类似于我们常用的麦克风,它是将语音信号变换为电信号的器件。受话器类似于我们常用的扬声器,它是将电信号还原成声音信号的器件。它们统称为电声变换器件。送话器输出的电信号能量很小,无法实现远距离传输。实际的电话传输系统中还需要电源、放大器 (中继器) 等,有了这些器件就可以实现相隔千里的语音通信了。

（2）有线电视、电话施工图的识读方法　有线电视、电话施工图包括系统图和平面图。有线电视、电话施工图以图 3-24 和图 3-25 为例进行识读。

图 3-24 解析：从图中可以看出,电话及有线电视均采用电缆埋地引入后在地下层暗敷再穿管引至各单元的电话组线箱和电视分配器箱。而电视及电话设备的安装一般由电视台及电信部门的专业人员来完成。

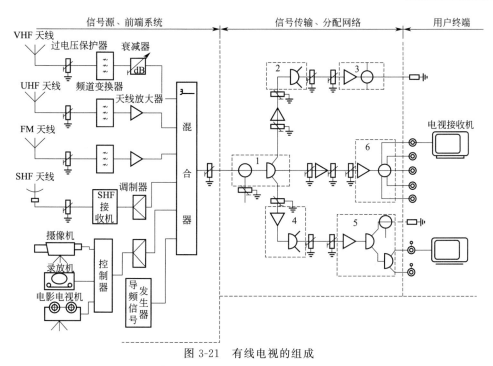

图 3-21　有线电视的组成

图中数字 1~6 代表楼号，高频避雷器应安装在架空线的出楼和进楼前

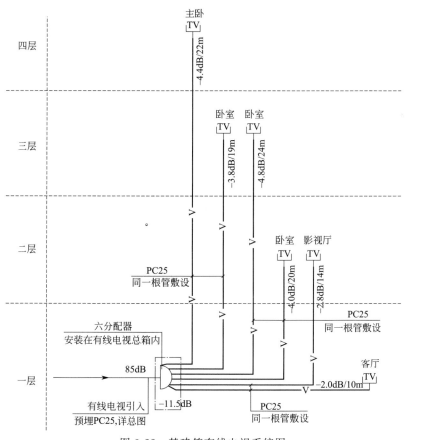

图 3-22　某建筑有线电视系统图

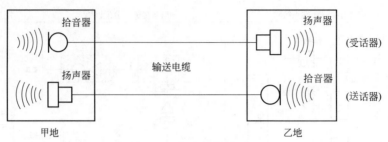

图 3-23　通信系统的基本模型

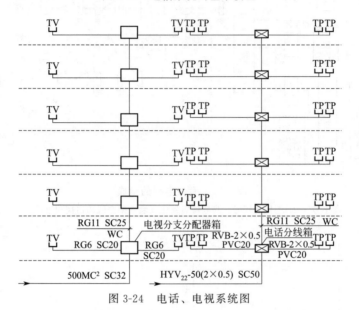

图 3-24　电话、电视系统图

图 3-25 解析：从图中可看出在楼梯间设了主线箱及分配器箱，客厅和主卧室各设一个

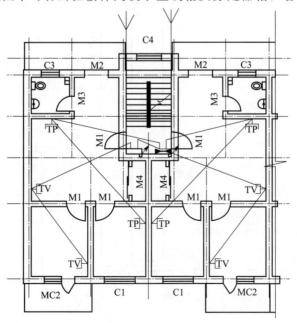

图 3-25　电话、电视平面图

电视插座，电话系统采用传统布线方式，每户考虑两对线。图中的 TV 为电视插座，TP 为电话插座。

2. 住宅智能化系统施工图识读

（1）智能建筑的特点　见表 3-12。

表 3-12　智能建筑的特点

名　称	内　容
系统高度集成	从技术角度看,智能建筑与传统建筑最大的区别就是智能建筑各智能化系统的高度集成。智能建筑系统集成,就是将智能建筑中分离的设备、子系统、功能、信息,通过计算机网络集成为一个相互关联的、统一协调的系统,实现信息、资源、任务的重组和共享。智能建筑安全、舒适、便利、节能、节省人工费用的特点必须依赖集成化的建筑智能化系统才能得以实现
节能	以现代化商厦为例,其空调与照明系统的能耗很大,约占大厦总能耗的70%。在满足使用者对环境要求的前提下,智能大厦应通过其"智能",尽可能利用自然光和大气冷量(或热量)来调节室内环境,以最大限度地减少能源消耗。按事先在日历上确定的程序,区分"工作"与"非工作"时间,对室内环境实施不同标准的自动控制,下班后自动降低室内照度与温湿度控制标准,已成为智能大厦的基本功能。利用空调与控制等行业的最新技术,最大限度地节省能源是智能建筑的主要特点之一,其经济性也是该类建筑得以迅速推广的重要原因
节省运行维护的人工费用	根据美国大楼协会统计,一座大厦的生命周期为60年,启用后60年内的维护及营运费用约为建造成本的3倍。再依据日本的统计,大厦的管理费、水电费、燃气费、机械设备及升降梯的维护费,占整个大厦营运费用支出的60%左右,且其费用还将以每年4%的速度增加。所以依赖智能化系统的智能化管理功能,可发挥其作用来降低机电设备的维护成本,同时由于系统的高度集成,系统的操作和管理也高度集中,人员安排更合理,使得人工成本降到最低
安全、舒适和便捷的环境	智能建筑首先确保人、财、物的高度安全以及具有对灾害和突发事件的快速反应能力。智能建筑提供室内适宜的温度、湿度和新风以及多媒体音像系统、装饰照明、公共环境背景音乐等,可大大提高人们的工作、学习和生活质量。智能建筑通过建筑内外四通八达的电话、电视、计算机局域网、互联网等现代通信手段和各种基于网络的业务办公自动化系统,为人们提供一个高效便捷的工作、学习和生活环境

（2）住宅智能化系统图的识读方法　智能化系统图以图 3-26～图 3-28 为例进行识读。

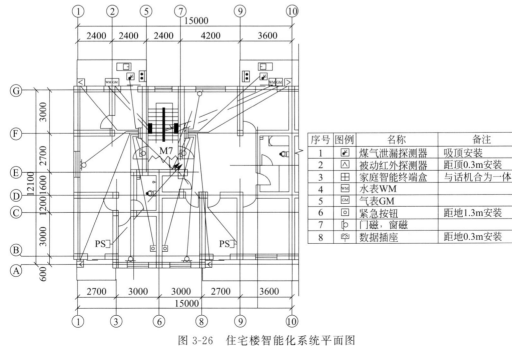

序号	图例	名称	备注
1		煤气泄漏探测器	吸顶安装
2		被动红外探测器	距顶0.3m安装
3		家庭智能终端盒	与话机合为一体
4	WM	水表WM	
5	GM	气表GM	
6		紧急按钮	距地1.3m安装
7		门磁、窗磁	
8	PS	数据插座	距地0.3m安装

图 3-26　住宅楼智能化系统平面图

图 3-26 解析：图中绘出了燃气泄漏探测器，被动红外探测器，水、气表传感器，门磁、窗磁、紧急按钮等器件的安放位置及安装的高度要求，但平面图中的线路敷设、管径大小、

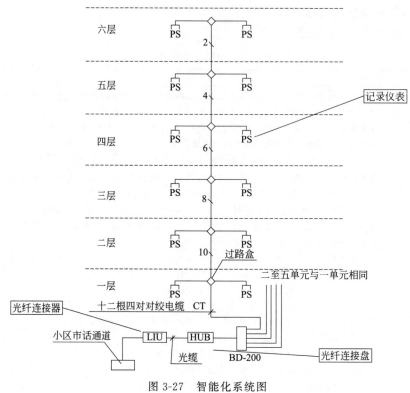

图 3-27　智能化系统图

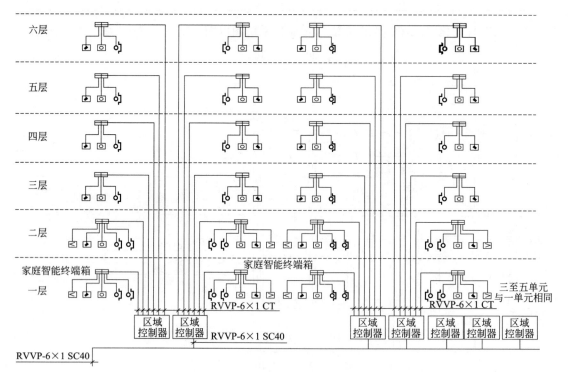

图 3-28　住宅楼智能化系统图

线路的数量没标明，这些在系统图中绘制。

图 3-27 解析：每个单元设置两个区域控制器，从区域控制器向每个用户的智能线路通过电缆桥架敷设。

图 3-28 解析：户内设智能终端盒，分别控制煤气、门磁、窗磁、紧急按钮、被动红外探测器等。数据插座是通过室外光缆引来的，通过桥架用 12 根两对对绞电缆引入用户。

第二节　建筑电气工程量计算原则及步骤

一、工程量计算的原则

为了准确地计算工程量，必须做到以下几点。

1. 口径必须一致

在计算工程量时，首先按预算定额中的有关分部分项划分项目（项目中包括规定的工作内容和范围）；按预算定额的分项计算工程量，同时计算出的工程量与预算定额的分项所规定的口径一致，才能准确地套用预算定额中的预算单价。例如，预算定额中的某些工程项目已经包括安装费用，计算工程量时即包括安装费，不应另列项目重复计算，像薄钢板风管制作安装项目中已包括了管道支架制作和安装就不能再另列项计算。这就要求在计算工程量时，除必须熟悉有关施工图外，还必须熟悉预算定额中每个工程细目所包括的工作范围和内容。

2. 计量单位必须一致

计算工程量时，根据施工图列出的工程细目的计量单位，必须与预算定额中相应的工程细目的计量单位相一致，才能准确地套用预算定额单价。例如，有些项目用"m"，有些项目用"10m""m"，有些用"个""台"等，这些都应该注意分清，以免由于弄错计量单位而影响工程量计算能准确性。

3. 计算规则必须一致

计算工程量时，必须与预算定额中规定的工程量计算规则和计算方法相一致，才能符合工程预算编制的要求。

二、工程量计算的依据

（1）施工图纸及规定选用的标准图　这是计算工程量的主要依据。

（2）施工图技术交底记录及设计变更　预算人员要参加设计单位的图纸交底会，以进一步了解图纸的详细内容。交底记录及以后在施工过程中出现的设计变更通知单，同样具有施工图的作用，也是编制施工图预算的依据。

（3）施工方案或施工组织设计　施工方案是单位工程施工组织设计的核心内容。一个单位工程有了安装图以后，就有了施工的依据，但是这个工程采取什么施工方法和选择哪些机械施工，则是由施工单位确定的，这样确定的结果，对于某些工程细目的预算价格有直接的影响。所以在编制施工图预算时，对于该工程项目的施工方案必须充分了解。

（4）技术文献　设备安装有关资料及手册。

（5）预算定额的规定　预算定额规定的工程量计算原则，上级有关部门的有关文件等。

三、工程量计算的步骤

1. 列出工程细目

为了便于计算和审核，在计算工程量时，首先应按分部工程的每一个项目列出工程细目。在普通民用建筑中，通风安装可以划作为一个分部工程。作为分部工程的通风安装又可划分若干分项工程和工程细目。

如通风管道制作与安装，调节阀制作与安装，风口制作与安装等都可列为分项工程。在每一分项工程中，又须根据定额的内容确定下一层次的细目（有时称为子项），如薄铜板通风管道制作与安装又确定划分为镀锌薄钢板圆形风管、镀锌薄钢板矩形风管等细目。

通风安装工程细目的划分和排列顺序，全国各地区虽然因具体情况不同而略有差别，但总的层次划分和内容基本上是相同的，均可参照国家有关部门制定的建筑安装工程统一项目的规定要求。

列出工程细目时，其名称、先后顺序和所采用的定额编号都必须与所使用的预算定额完全一致，以便于查找核对。

2. 列出计算式

根据预算定额的编号顺序列出工程项目（这对于初学编制工程预算的人员尤为重要）后，要按照施工图的系统规律，循着一定的顺序，依次列出计算公式。这样既可节省看图时间，加快计算速度，又可以避免漏算和重复计算。根据通风安装工程平面图、系统图和剖面图，对进风系统的风管进行计算，可从风机出口开始，由干管、支管到送风口，然后再计算吸入口部分、从室外进风或回风总管开始到风管吸入口，逐一列出计算式，将列出的计算式抄于工程量计算表，如表 3-13 所示。

表 3-13　工程量计算表

项目名称	工程量名称	单位	工程量
	电线		
	水平管内/裸线的长度	m	1636.421
	垂直管内/裸线的长度	m	940.5
-BV10	管内线缆小计	m	2576.921
	线预留长度	m	542.3
	线/缆合计	m	3119.221

3. 进行计算

计算式列出后，就可以进行计算。计算时一定要按顺序进行，并将计算结果记入数量栏内。工程数量的计算一般要保留小数点后的两位，从第 3 位起四舍五入，但钢（以"t"为计量单位）、木材（以"m³"为单位）要取 3 位小数。

4. 调整计量单位

经过以上计算的工程量，都是以 m、m²、m³ 为计量单位，但在预算定额中，往往以 100m、100m² 或 10m²、10m³ 等为计量单位。这时，要将计算出来的工程量，按照预算定额中相应工程细目规定的计量单位，进行一次调整，即把小数点向前移动两位或一位，从而使计算出来的工程量的计量单位与预算定额中相应的工程细目的计量单位取得一致。

第三节　建筑电气工程量计算实例

一、一层电气工程量计算

1. 一层配电干线平面图识读

一层配电干线平面图以图 3-29 为例进行识读。

识读要点：从图中可以看出共 2 条进户线，分别在⑦轴和㉘轴附近，4×95 SC100/FC 表示进户电缆尺寸 4mm×95mm，穿直径 100mm 焊接钢管，暗敷在地下，电缆埋深距室外地坪−0.8m 处；从图中还可看出管线、消火栓和配电箱的布置情况，如 BV 5×10 FPC40 WC/CC 表示管线穿 FPC40mm 管，暗敷在顶棚内。

2. 一层配电干线实例计算

根据图 3-29 中的基本数据信息，使用这些数据在广联达软件中计算其工程量。

（1）电线工程量计算

① 一层商服 BV10 电线计算

$$水平管内/裸线的长度(m)=35.848+36.249+42.031+2.645+\cdots+4.978+15.809=$$
$$427.937(m)$$

注：由于这些数据是在广联达软件中画图时得到的，因为每个人的画图习惯不一样，所以在画图中一根管线可以分很多点画成（总长度不变），在这里对中间的部分进行了省略。

$$垂直管内/裸线的长度(m)=9.000+9.000+9.000+9.000+7.500+7.500+7.500+$$
$$7.500+7.500+9.000+9.000=91.5(m)$$

$$管内线缆小计(m)=9.000+35.848+36.249+42.031+2.645+\cdots+15.809=$$
$$519.437(m)$$

$$线预留长度(m)=3.500+3.500+3.500+3.500+5.500+5.500+5.500+$$
$$5.500+5.500+3.500+3.500=48.5(m)$$

$$线/缆合计(m)=12.500+35.848+36.249+42.031+2.645+\cdots+1.500+$$
$$6.993+4.978+15.809=567.937(m)$$

② 一层卫生间电线 BV6 计算

$$水平管内/裸线的长度(m)=16.108+7.774+13.407+96.812=134.101(m)$$
$$垂直管内/裸线的长度(m)=7.500+9.000=16.5(m)$$

$$管内线缆小计(m)=16.108+7.774+7.500+9.000+13.407+96.812=$$
$$150.601(m)$$

$$线预留长度(m)=5.500+3.500=9(m)$$

$$线/缆合计(m)=16.108+7.774+13.000+12.500+13.407+96.812=$$
$$159.601(m)$$

（2）配管工程量计算

① 一层商服 FPC-40 配管计算

$$长度(m)=0.253+0.534+0.252+0.137+0.137+\cdots+3.284=103.887(m)$$

② 一层卫生间 FPC-25 配管计算

$$长度(m)=1.500+1.555+3.222+19.362+1.800+2.681=30.12(m)$$

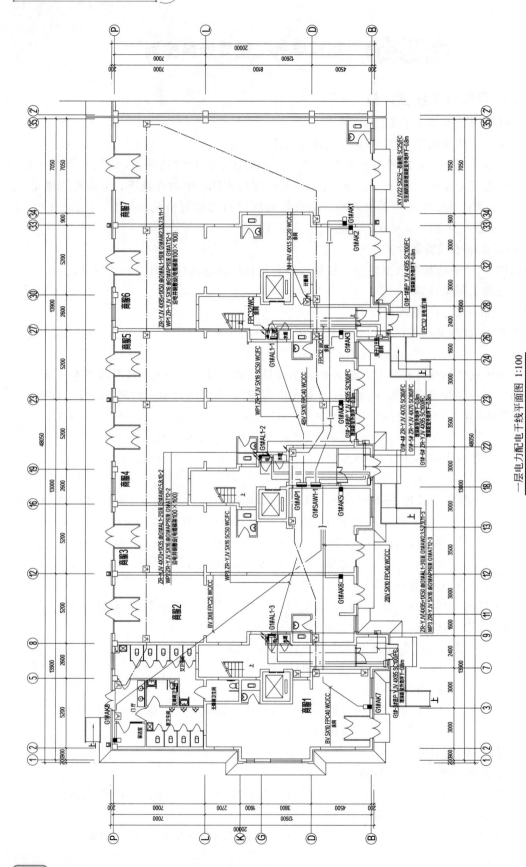

图 3-29 一层配电干线平面图

（3）一层消防系统电线工程量计算

① 户内开关箱-W3-NH-BV2.5 电线计算

水平管内/裸线的长度（m）＝5.295＋3.342＋3.787＋5.295＋3.342＋⋯＋26.538＋
26.511＝447.479(m)

垂直管内/裸线的长度（m）＝7.500＋7.500＋5.400＋3.300＋⋯＋7.500＋3.300＝363.3(m)

管内线缆小计（m）＝5.295＋7.500＋7.500＋3.342＋3.787＋5.400＋⋯＋
3.300＝810.779(m)

线预留长度（m）＝2.100＋2.100＋2.100＋2.100＋2.100＋2.100＋2.100＋
2.100＋2.100＋2.100＋2.100＝23.1(m)

线/缆合计（m）＝5.295＋7.500＋7.500＋3.342＋3.787＋⋯＋7.500＋
3.300＝833.879（m）

② 一层插座-N1-BV4 电线工程量计算

水平管内/裸线的长度（m）＝22.646＋4.180＋3.714＋9.266＋7.039＋⋯＋15.262＋
23.370＝483.214（m）

垂直管内/裸线的长度（m）＝1.500＋1.500＋5.400＋5.400＋1.500＋⋯＋1.500＝99.9(m)

管内线缆小计（m）＝1.500＋1.500＋22.646＋4.180＋3.714＋9.266＋⋯＋
1.500＋23.370＝583.144(m)

线预留长度（m）＝2.100＋2.100＋2.100＋2.100＋2.100＋2.100＝12.6(m)

线/缆合计（m）＝1.500＋1.500＋22.646＋4.180＋3.714＋⋯＋1.500＋
23.370＝595.714(m)

（4）一层消防系统配管工程量计算

FPC-20 长度（m）＝0.500＋0.500＋0.500＋0.500＋1.100＋7.141＋⋯＋1.100＝
269.377(m)

一层插座-N1-FPC-20 长度（m）＝10.193＋0.500＋0.500＋4.921＋0.500＋0.500＋⋯＋
7.640＝194.371(m)

3. 一层配电干线工程计价

把图 3-29 工程量计算得出的数据代入表 3-14 中，即可得到该部分工程量的价格。

表 3-14　一层配电干线工程计价表

项目编码	名称	项目特征描述	计量单位	工程量	金额/元		
					综合单价	合价	暂估价
030411004012	一层商服BV10电线	(1)名称:铜芯绝缘导线 (2)配线形式:管内穿动力线 (3)型号:BV-10 (4)压铜接线端子	m	567.937	6.81	3867.65	—
030411004011	一层卫生间电线 BV6	(1)名称:铜芯绝缘导线 (2)配线形式:管内穿动力线 (3)型号:BV-6	m	159.601	3.54	564.99	—
030411001013	一层商服FPC-40 配管	(1)名称:半硬塑料管 (2)规格:FPC40 (3)配置形式:砖混结构暗配	m	103.887	17.65	1833.61	—

项目编码	名称	项目特征描述	计量单位	工程量	金额/元		
					综合单价	合价	暂估价
030411001006	一层卫生间FPC-25配管	(1)名称:半硬塑料管 (2)规格:FPC25 (3)配置形式:砖混结构暗配	m	30.12	13.14	395.78	—
030411004014	户内开关箱-W3-NH-BV2.5电线	(1)名称:铜芯绝缘导线 (2)配线形式:管内穿照明线 (3)型号:BV-2.5	m	833.879	2.41	2009.65	—
030411004015	一层插座-N1-BV4电线	(1)名称:铜芯绝缘导线 (2)配线形式:管内穿照明线 (3)型号:BV-4	m	595.714	2.83	1685.87	—
030411001014	一层消防系统配管FPC-20	(1)名称:半硬塑料管 (2)规格:FPC20 (3)配置形式:砖混结构暗配	m	194.371	10.19	1980.64	—

注:1. 表中的工程量是图3-29中工程量计算得出的数据。

2. 表中的综合单价是根据《2010年黑龙江省建设工程计价依据》得出的,在计算过程中可根据该工程所使用的定额计算出综合单价。

二、二层电气工程量计算

1. 二层配电干线平面图识读

二层配电干线平面图以图3-30为例进行识读。

本层的配电干线均由一层配电干线引入,由于每单元的配电情况大致相同,下面以三单元配电情况为例进行识读。本单元共分为三户,每一户都装有分户配电箱和对讲室内机,其配电箱和室内对讲机的安装方法及安装高度见设计说明或施工总说明。

2. 二层配电干线实例计算

(1) 电线工程量计算

① 二层BV2.5和NH-BV1.5电线计算

a.BV2.5电线工程量计算

$$垂直管内/裸线的长度(m)=8.700+8.700+8.700=26.1(m)$$

$$管内线缆小计(m)=8.700+8.700+8.700=26.1(m)$$

$$线/缆合计(m)=8.700+8.700+8.700=26.1(m)$$

b.NH-BV1.5电线工程量计算

$$水平管内/裸线的长度(m)=3.925m$$

$$垂直管内/裸线的长度(m)=11.600+11.600+6.000+11.600=40.8(m)$$

$$管内线缆小计(m)=11.600+11.600+6.000+3.925+11.600=47.725(m)$$

$$线/缆合计(m)=11.600+11.600+6.000+3.925+11.600=47.725(m)$$

② 二层住宅箱-N1-BV10电线工程量计算

$$水平管内/裸线的长度(m)=1.205+7.131+3.258+\cdots+4.701+12.019=120.256(m)$$

$$垂直管内/裸线的长度(m)=5.400+5.400+6.000+6.000+\cdots+5.400=91.2(m)$$

$$管内线缆小计(m)=1.205+5.400+7.131+5.400+\cdots+12.019+5.400=211.456(m)$$

$$线预留长度(m)=2.100+2.100+4.800+4.800+4.800+\cdots+2.100+4.800+4.800+2.100+2.100=50.4(m)$$

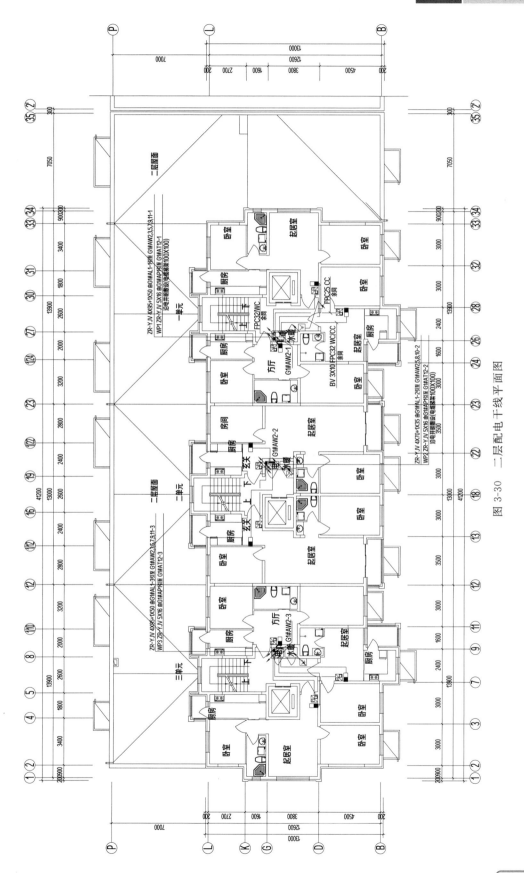

图 3-30 二层配电干线平面图

$$线/缆合计（m）=1.205+7.500+7.131+7.500+\cdots+12.019+7.500=$$
$$261.856（m）$$

（2）配管工程量计算

① FPC-20 和 FPC-32 配管计算

$$FPC-20 长度（m）=2.900+2.900+2.900=8.7（m）$$
$$FPC-32 长度（m）=2.900+2.900+2.900=8.7（m）$$

② SC-20 配管计算

$$SC-20 长度（m）=1.500+2.900+2.900+0.981+2.900=11.181（m）$$

③ 住宅箱 FPC-25 配管计算

$$FPC-25 长度（m）=0.400+0.063+1.534+1.792+0.400+\cdots+0.063=44.544（m）$$

（3）二层消火栓按钮工程量计算　NH-BV1.5 电线工程量计算。

$$水平管内/裸线的长度（m）=7.980+2.461=10.441（m）$$
$$垂直管内/裸线的长度（m）=6（m）$$
$$管内线缆小计（m）=7.980+2.461+6.000=16.441（m）$$

消火栓按钮-N1 配管工程量计算。

$$SC-20 长度（m）=1.500+1.995+0.615=4.11（m）$$

3. 二层配电干线工程计价

把图 3-30 工程量计算得出的数据代入表 3-15 中，即可得到该部分工程量的价格。

表 3-15　二层配电干线工程计价表

项目编码	名称	项目特征描述	计量单位	工程量	金额/元		
					综合单价	合价	其中暂估价
030411004013	BV2.5 电线	(1)名称:铜芯绝缘导线 (2)配线形式:管内穿照明线 (3)型号:NH-BV-2.5	m	26.1	2.62	68.382	—
030411004001	NH-BV-1.5 电线	(1)名称:铜芯绝缘导线 (2)配线形式:管内穿照明线 (3)型号:NH-BV-1.5	m	47.725	2.2	104.99	—
030411001013	N1-BV10 电线	(1)名称:半硬塑料管 (2)规格:N1-BV10	m	261.856	6.81	1783.24	—
030411001014	FPC-20	(1)名称:半硬塑料管 (2)规格:FPC20 (3)配置形式:砖混结构暗配	m	8.7	10.19	88.65	—
030411001005	FPC-32	(1)名称:半硬塑料管 (2)规格:FPC32 (3)配置形式:砖混结构暗配	m	8.7	15.47	134.59	—
030411001007	SC-20	(1)名称:镀锌钢管 (2)规格:SC20 (3)配置形式:砖混结构暗配	m	11.181	14.63	163.58	—
030411001006	FPC-25	(1)名称:半硬塑料管 (2)规格:FPC25 (3)配置形式:砖混结构暗配	m	44.544	13.14	585.31	—

项目编码	名称	项目特征描述	计量单位	工程量	综合单价	合价	其中暂估价
030411004001	NH-BV1.5	(1)名称:铜芯绝缘导线 (2)配线形式:管内穿照明线 (3)型号:NH-BV-1.5	m	16.441	2.2	36.17	—
030411001007	SC-20	(1)名称:镀锌钢管 (2)规格:SC20 (3)配置形式:砖混结构暗配	m	14.63	4.11	60.13	—

注：1. 表中的工程量是图 3-30 中工程量计算得出的数据。

2. 表中的综合单价是根据《2010 年黑龙江省建设工程计价依据》得出的，在计算过程中可根据该工程所使用的定额计算出综合单价。

三、三至十一层电气工程量计算

1. 三至十一层配电干线平面图识读

三至十一层配电干线平面图以图 3-31 为例进行识读。

由于每单元的配电情况大致相同，下面以一单元的配电情况为例进行解读。一单元的入户线共三条，分别由下一层的配电箱引入，FPC32/WC 表示入户管线穿 FPC32mm 的管子暗敷在楼梯间墙内。一单元共三户，每一户都装有配电箱和室内对讲机，安装方法和高度见设计说明。

2. 三至十一层配电干线实例计算

（1）电线工程量计算

① 三至十一层 BV2.5 和 NH-BV1.5 工程量计算

a. BV2.5 电线工程量计算

$$垂直管内/裸线的长度(m)=78.300+78.300+78.300=234.9(m)$$
$$管内线缆小计(m)=78.300+78.300+78.300=234.9(m)$$
$$线/缆合计(m)=78.300+78.300+78.300=234.9(m)$$

b. NH-BV1.5 电线工程量计算

$$垂直管内/裸线的长度(m)=104.400+104.400+104.400=313.2(m)$$
$$管内线缆小计(m)=104.400+104.400+104.400=313.2(m)$$
$$线/缆合计(m)=104.400+104.400+104.400=313.2(m)$$

② 三至十一层住宅箱-N1-BV10 工程量计算

$$水平管内/裸线的长度(m)=64.183+0.944+29.321+\cdots+23.457+42.310+58.712+$$
$$108.168=1066.131(m)$$

$$垂直管内/裸线的长度(m)=48.600+48.600+54.000+\cdots+48.600+48.600=712.8(m)$$

$$管内线缆小计(m)=64.183+0.944+29.321+80.037+\cdots+48.600+48.600=$$
$$1778.931(m)$$

$$线预留长度(m)=18.900+18.900+43.200+\cdots+18.900+18.900=410.4(m)$$

$$线/缆合计(m)=64.183+0.944+29.321+80.037+128.856+\cdots+67.500=$$
$$2189.331(m)$$

（2）配管工程量计算

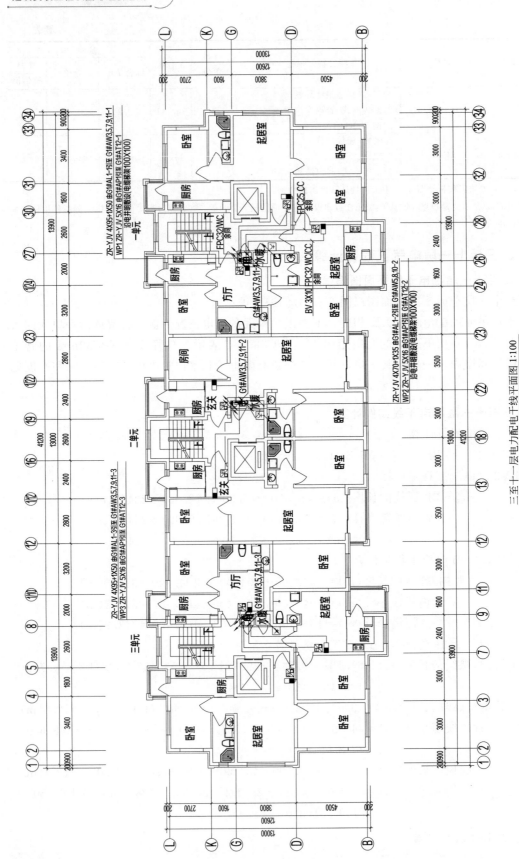

图 3-31 三至十一层配电干线平面图

60

$$\text{FPC-20 长度(m)}=26.100+26.100+26.100=78.3(m)$$
$$\text{FPC-32 长度(m)}=26.100+26.100+26.100=78.3(m)$$
$$\text{SC-20 长度(m)}=26.100+26.100+26.100=78.3(m)$$
$$\text{住宅箱-N1-FPC-32}=13.344+0.369+4.003+3.899+\cdots+42.952=$$
$$592.977(m)$$

3. 三至十一层配电干线工程计价

把图 3-31 工程量计算得出的数据代入表 3-16 中，即可得到该部分工程量的价格。

表 3-16　三至十一层配电干线工程计价表

项目编码	名称	项目特征描述	计量单位	工程量	金额/元		
					综合单价	合价	暂估价
030411004014	BV2.5	(1)名称:铜芯绝缘导线 (2)配线形式:管内穿照明线 (3)型号:BV-2.5	m	234.9	2.41	566.11	—
030411004013	NH-BV1.5	(1)名称:铜芯绝缘导线 (2)配线形式:管内穿照明线 (3)型号:NH-BV-2.5	m	313.2	2.62	820.58	—
030411004012	N1-BV10	(1)名称:铜芯绝缘导线 (2)配线形式:管内穿动力线 (3)型号:BV-10 (4)压铜接线端子	m	2189.331	6.81	14909.34	—
030411001014	FPC-20	(1)名称:半硬塑料管 (2)规格:FPC20 (3)配置形式:砖混结构暗配	m	78.3	10.19	797.88	—
030411001005	FPC-32	(1)名称:半硬塑料管 (2)规格:FPC32 (3)配置形式:砖混结构暗配	m	78.3	15.47	1211.30	—
030411001007	SC-20	(1)名称:镀锌钢管 (2)规格:SC20 (3)配置形式:砖混结构暗配	m	78.3	14.63	1145.53	—

注：1. 表中的工程量是图 3-31 中工程量计算得出的数据。

2. 表中的综合单价是根据《2010 年黑龙江省建设工程计价依据》得出的，在计算过程中可根据该工程所使用的定额计算出综合单价。

四、机房层电气工程量计算

1. 机房层配电干线平面图识读

机房层配电干线平面图以图 3-32 为例进行识读。

图中可以看出总配电箱、照明配电箱、控制箱、机房插座的布置情况等内容，以及每条线路的布置情况，如插座安装在距地 1.5m 处，BV 5×10 SC32/FC 表示 5×10mm 电线穿 32mm 焊接套管暗敷在地面内。

2. 机房层配电干线实例计算

（1）电线工程量计算

① BV2.5 电线工程量计算

$$\text{垂直管内/裸线的长度(m)}=114.750+114.750+114.750=344.25(m)$$
$$\text{管内线缆小计(m)}=114.750+114.750+114.750=344.25(m)$$

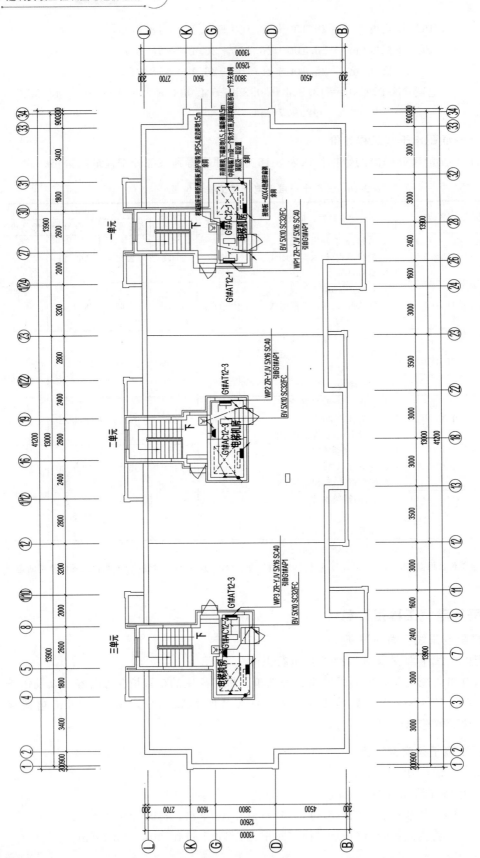

机房层电力配电干线平面图 1:100

图 3-32　机房层配电干线平面图

线/缆合计(m)＝114.750＋114.750＋114.750＝344.25(m)

② NH-BV1.5 电线工程量计算

垂直管内/裸线的长度(m)＝9.811(m)

管内线缆小计(m)＝16.000＋16.000＋16.000＋10.400＝58.4(m)

线/缆合计(m)＝16.000＋16.000＋16.000＋10.400＋9.811

＝68.211(m)

③ NH-BV2.5 电线工程量计算

垂直管内/裸线的长度(m)＝114.750＋114.750＋114.750＝344.25(m)

管内线缆小计(m)＝114.750＋114.750＋114.750＝344.25(m)

线/缆合计(m)＝114.750＋114.750＋114.750＝344.25(m)

（2）配管工程量计算

FPC-20 长度(m)＝26.100＋26.100＋26.100＝78.39(m)

FPC-32 长度(m)＝26.100＋26.100＋26.100＝78.3(m)

SC-20 长度(m)＝26.100＋26.100＋26.100＝78.3(m)

3. 机房层配电干线工程计价

把图 3-32 工程量计算得出的数据代入表 3-17 中，即可得到该部分工程量的价格。

表 3-17　机房层配电干线工程计价表

项目编码	名称	项目特征描述	计量单位	工程量	金额/元		
					综合单价	合价	暂估价
030411004014	BV2.5	(1)名称:铜芯绝缘导线 (2)配线形式:管内穿照明线 (3)型号:BV-2.5	m	344.25	2.41	829.64	—
030411004013	NH-BV1.5	(1)名称:铜芯绝缘导线 (2)配线形式:管内穿照明线 (3)型号:NH-BV-2.5	m	68.211	2.62	178.71	—
030411001014	FPC-20	(1)名称:半硬塑料管 (2)规格:FPC20 (3)配置形式:砖混结构暗配	m	78.3	10.19	797.88	—
030411001005	FPC-32	(1)名称:半硬塑料管 (2)规格:FPC32 (3)配置形式:砖混结构暗配	m	78.3	15.47	1211.30	—
030411001007	SC-20	(1)名称:镀锌钢管 (2)规格:SC20 (3)配置形式:砖混结构暗配	m	78.3	14.63	1145.53	—

注：1. 表中的工程量是图 3-32 中工程量计算得出的数据。

2. 表中的综合单价是根据《2010 年黑龙江省建设工程计价依据》得出的，在计算过程中可根据该工程所使用的定额计算出综合单价。

第四节　建筑电气工程量清单项目解析

一、工程量清单计价的特点

1. 竞争的需要

招投标过程本身就是一个竞争的过程，招标人给出工程量清单，投标人去填单价（此单价中一般包括成本、利润风险），填高了中不了标，填低了又要赔本，这时候就体现出了企业技术、管理水平的重要，形成企业整体实力的竞争。

2. 提供了一个平等的竞争条件

采用施工图预算来投标报价，由于设计图纸的缺陷，不同投标企业的人员理解不一，计算出的工程量也有不同，报价相差甚远，容易产生纠纷。而工程量清单报价则为投标者提供了一个平等的竞争的条件，相同的工程量，由企业根据自身的实力来填报单价，符合商品交换的一般性原则。

3. 有利于工程款的拨付和工程造价的最终确定

中标后，业主要与中标施工企业签订施工合同，工程量清单报价基础上的中标报价就成了合同价的基础。投标清单上的单价也就成了拨付工程款的依据。业主根据施工企业完成的工程量，可以很容易地确定进度款的拨付额。工程竣工后，再根据设计变更、工程量的增减乘以相应单价，业主也很容易确定工程的最终造价。

4. 有利于实现风险的合理分担

采用工程量清单报价方式后，投标单位只对自己所报的成本、单价等负责，而对工程量清单的变更或计算错误等不负责任；相应地，对于这一部分风险则应由业主承担，这种格局符合风险合理分担于责、权、利关系对等的一般原则。

5. 有利于业主对投资的控制

采用现在的施工图预算形式，业主对因涉及变更、工程量的增减所引起的工程造价变化不敏感，往往等竣工结算时才知道这些对项目投资的影响有多大，但此时常常为时已晚，而采用工程量清单计价的方式则一目了然，再要进行设计变更时，能马上知道它对工程造价的影响，这样业主就能根据投资情况来决定是否变更或进行方案比较，以决定最恰当的处理方法。

二、工程量清单计价的费用构成与计算

1. 工程量清单计价模式下的费用构成

工程量清单计价模式的费用构成包括分部分项工程费、措施项目费、其他项目费、规费和税金。

（1）分部分项工程费　分部分项工程费是指完成在工程量清单列出的各分部分项清单工程量所需的费用，包括人工费、材料费（消耗的材料费总和）、机械使用费、管理费、利润以及风险费。

（2）措施项目费　措施项目费是由"措施项目一览表"确定的工程措施项目金额的总和，包括人工费、材料费、机械使用费、管理费、利润以及风险费。

（3）其他项目费　其他项目费是指预留金、材料购置费（仅指由招标人购置的材料费）、总承包服务费、零星工作项目费的估算金额等的总和。

（4）规费　规费是指政府和有关部门规定必须缴纳的费用的总和。

（5）税金　税金是指国家税法规定的应计入建筑安装工程造价内的营业税、城市维护建设税及教育费附加费用等的总和。

工程量清单计价模式下的建筑安装工程费用构成如图3-33所示。

工程量清单计价应采用综合单价计价形式。综合单价是指完成工程量清单中一个规定的

计量单位项目所需的人工费、材料费、机械使用费、管理费和利润，并考虑风险因素。

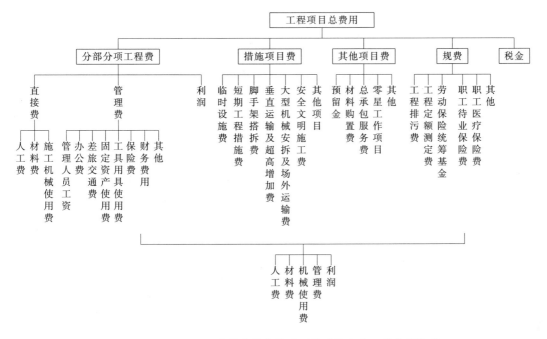

图 3-33 工程量清单费计价模式下的建筑安装工程费用构成

综合单价计价应包括完成规定计量单位、合格产品所需的全部费用。考虑我国的现实情况，综合单价包括除规费和税金以外的全部费用，它不但适用于分部分项工程量清单，也适用于措施项目清单、其他项目清单等。这不同于现行定额工料单价计价形式，从而达到简化计价程序，实现与国际接轨。

2. 分部分项工程费的计算

分部分项工程费的组成包括直接工程费、管理费等项目，清单费用的计算方法如下述。

（1）直接工程费的组成与计算　直接工程费是指在工程施工过程中直接耗费的构成工程实体和有助于工程实体形成的各项费用，它包括人工费、材料费和施工机械使用费。直接工程费是构成工程量清单中"分部分项工程费"的主体费用，其共有两种计算模式：利用现行的概预算定额计价模式和动态的计价模式。

① 人工费的组成与计算

a. 人工费的组成　人工费是指直接从事于建筑安装工程施工的生产工人开支的各项费用。人工费由以下几项组成：

ⓐ 生产工人的基本工资；

ⓑ 工资性补贴；

ⓒ 生产工人的辅助工资；

ⓓ 职工福利；

ⓔ 生产工人劳动保护费；

ⓕ 住房公积金；

ⓖ 劳动保险费、医疗保险费；

ⓗ 危险作业意外伤害保险；

ⓗ 工会费用；

ⓘ 职工教育经费。

人工费中不包括管理人员（管理人员一般包括项目经理、施工队长、工程师、技术员、财会人员、预算人员、机械师等）、辅助服务人员（一般包括生活管理员、炊事员、医务人员、翻译人员、小车司机和勤杂人员等）、现场保安等的开支费用。

b. 人工费的计算　人工费的计算根据工程量清单"彻底放开价格"和"企业自主报价"的特点，结合当前我国建筑市场的状况以及现今各投标企业的投标策略，主要有以下两种计算模式。

ⓐ 利用现行的概、预算定额计价模式　根据工程量清单提供的清单工程量，利用现行的概、预算定额，计算出完成各个分部分项工程量清单的人工费，并根据本企业的实力及投标策略，对各个分部分项工程量清单的人工费进行调整，然后汇总计算出整个投标工程的人工费，其计算公式为

$$人工费＝\sum[\Delta(概预算定额中人工工日消耗量×相应等级的日工资综合单价)]$$

这种方法是当前我国大多数投标企业所采用的人工费计算方法，具有简单、易操作、速度快及有配套软件支持的特点。其缺点是竞争力弱，不能充分发挥企业的特长。

ⓑ 动态的计价模式　这种计价模式适用于实力雄厚、竞争力强的企业，也是国际上比较流行的一种报价模式。

动态的人工计价模式费的计算方法是：首先根据工程量清单提供的清单工程量，结合本企业的人工效率和企业定额，计算出投标工程消耗的工日数；其次根据现阶段企业的经济、人力、资源状况和工程所在地的实际生活水平以及工程的特点，计算工日单价；然后根据劳动力来源及人员比例，计算综合工日单价；最后计算人工费，其计算公式为

$$人工费＝\sum(人工工日消耗量×综合工日单价)$$

② 材料费的计算　工程直接费中的材料费是指施工过程中耗用的构成工程实体的各类原材料、零配件、成品及半成品等主要材料的费用，以及工程中耗费的虽不构成工程实体，但有利于工程实体形成的各类消耗性材料费用的总和。

主要材料一般有钢材、管材、线材、阀门、管件、电缆电线、油漆、螺栓、水泥、砂石等，其费用占材料费的 85%～95%。

消耗材料一般有：砂纸、纱布、锯条、砂轮片、氧气、乙炔气、水、电等，费用一般占到材料费的 5%～15%。

以往人们一般习惯把概、预算定额中的"辅材费"称为消耗材料，而把单独计价的"主材"称为主要材料，这种叫法是十分不准确、不科学的。因为"辅材费"中的许多材料，如钢材、管材、垫铁、螺栓、管件、油漆、焊条等，都是构成工程实体的材料，这些材料都是主要材料。因此，"辅材费"的准确称谓应当是"定额计价材料费"。

现今的建筑市场中，许多外商投资的国内建设招标工程以及国际招标工程，要求投标人要把主要材料和消耗材料分别计价，有的还要求列出工程消耗的主要材料和消耗材料明细表，因此弄清主要材料和消耗材料划分的界限，对工程投标具有十分重要的意义。

在投标报价的过程中，材料费的计算是一个至关重要的问题。因为对于建筑安装工程来说，材料费占整个建筑安装工程费用的 60%～70%。处理好材料费用，对一个投标人在投标过程中能否取得主动，以致最终能否一举中标都至关重要。

③ 施工机械使用费的计算　施工机械使用费是指使用施工机械作业所产生的机械使用

费以及机械安、拆和进出场费。工机械不包括为管理人员配置的小车以及用于通勤任务的车辆等不参与施工生产的机械设备的台班费。施工机械使用费的计算公式是

$$施工机械使用费＝\sum（工程施工中消耗的施工机械台班量×机械台班综合单价）＋施工机械进出场费及安拆费（不包括大型机械）$$

机械台班单价由以下七项费用组成。

a. 折旧费 指施工机械在规定的使用年限内，陆续收回其原值及购置资金的时间价值。

b. 大修理费 指施工机械按规定的大修理间隔台班进行必要的大修理，以恢复其正常功能所需的费用。

c. 经常修理费 指施工机械除大修理以外的各级保养和临时故障排除所需的费用，包括为使故障机械正常运转所需替换设备与随机配备工具附具的摊销和维护费用，机械运转及日常保养所需润滑与擦拭的材料费用，机械停止期间的维护和保养费用等。

d. 安、拆费及场外运输费 安、拆费是施工机械在现场进行安装与拆卸所需的人工、材料、机械费用和试运转费，以及机械辅助设施的折旧、搭设、拆除等费用，场外运输费是指施工机械整体或分体自停放地点运至施工现场或由一个施工地点运至另一个施工地点的运输、装卸、辅助材料及架线等费用。

e. 机上人工费 机上人工费是指机上司机（司炉）和其他操作人员的工作日人工费及上述人员在施工机械规定的年工作台班以外的人工费。

f. 燃料动力费 燃料动力费是指施工机械在运转作业中所消耗的固体燃料（煤，木炭）、液体燃料（汽油、柴油）及水、电等的费用。

g. 其他费用 其他费用是指施工机械按照国家规定和有关部门规定应缴纳的养路费、车船使用税、保险费及年检费等。

（2）管理费的组成及计算

① 管理费的组成 管理费是指组织施工生产和经营管理所需的费用，内容如下。

a. 工作人员的工资 工作人员是指管理人员和辅助服务人员，其工资包括基本工资、工资性补贴、职工福利费、劳动保护费、住房公积金、劳动保险费、危险作业意外伤害保险费、工会费用、职工教育经费等。

b. 办公费 办公费是指企业办公用的文具、纸张、账表、印刷、邮电、书报、会议、水电以及取暖等费用。

c. 差旅交通费 此项费用是指企业管理人员因公出差和调动工作的差旅费、住勤补助费、市内交通费和误餐补助费、探亲路费、劳动力招募费、离退休职工一次性路费、工伤人员就医路费、工地转移费，以及管理部门使用的交通工具的油料燃料费和养路费及牌照费。

d. 固定资产使用费 此项费用是指管理和试验部门及附属生产单位使用的属于固定资产的房屋，设备仪器的折旧、大修理、维修或租赁费。

e. 工具用具使用费 此项费用是指管理使用的不属于固定资产的生产工具、器具、家具、交通工具和检验、试验、测绘、消防用具等的购置、维修和摊销费。

f. 保险费 保险费是指施工管理用财产、车辆保险费。

g. 税金 税金是指企业按规定缴纳的房产税、车船使用税、土地使用税、印花税等。

h. 财务费用 此项费用是指企业为筹集资金而发生的各种费用，包括企业经营期间发生的短期贷款利息支出、汇兑净损失、调剂外汇手续费、金融机构手续费，以及企业筹集资金而发生的其他财务费用。

i. 其他费用 其他费用包括技术转让费、技术开发费、业务招待费、绿化费、广告费、公证费、法律顾问费、审计费、咨询费等。

现场管理费的高低在很大程度上取决于管理人员的多少。管理人员的多少，不仅反映了管理水平的高低，影响到管理费，而且还影响临设费用和调遣费用（如果招标书中无调遣费一项，这笔费用应该计算到人工费单价中）。

由管理费开支的工作人员包括管理人员、辅助服务人员和现场保安人员。

管理人员一般包括项目经理、施工队长、工程师、技术员、财会人员、预算人员、机械师等。

辅助服务人员一般包括生活管理员、炊事员、医务员、翻译员、小车司机和勤杂人员等。为了有效地控制管理费开支，降低管理费标准，增强企业的竞争力，在投标初期就应严格控制管理人员和辅助服务人员的数量，同时合理确定其他管理费开支项目的水平。

② 管理费的计算

a. 公式计算法 利用公式计算管理费的方法比较简单，也是投标人经常采用的一种计算方法，其计算公式为

$$管理费＝计算基数×施工管理费率（\%）$$

因计算基数不同，管理费率的计算分为三种。

ⓐ 以直接工程费为计算基础

$$管理费率（\%）＝\frac{生产工人年平均管理费}{年有效施工天数×人工单价}×人工费占直接工程费比例（\%）$$

或其等效式

$$管理费率（\%）＝\frac{生产工人年平均管理费}{建筑安装生产工人年均直接费}×100\%$$

ⓑ 以人工费为计算基础

$$管理费率（\%）＝\frac{生产工人年平均管理费}{年有效施工天数×人工单价}×100\%$$

或其等效式

$$管理费率（\%）＝\frac{生产工人年平均管理费}{建筑安装生产工人年均直接费×人工费占直接工程费比例（\%）}×100\%$$

ⓒ 以人工费和机械费合计为计算基础

$$管理费率（\%）＝\frac{生产工人年平均管理费}{年有效施工天数×（人工单价＋每个工日机械使用费）}×100\%$$

b. 费用分析法 用费用分析法计算管理费，就是根据管理费的构成，结合具体的工程项目，确定各项费用的发生额，计算公式为

$$管理费＝管理人员及辅助服务人员的工资＋办公费＋差旅交通费＋固定资产使用费＋工具用具使用费＋保险费＋税金＋财务费用＋其他费用$$

在计算管理费之前，应确定以下基础数据，这些数据是通过计算直接工程费和编制施工组织设计及施工方案取得的，这些数据包括：生产工人的平均人数；施工高峰期生产工人人数；管理人员及辅助服务人员总数；施工现场平均职工人数；施工高峰期施工现场职工人数；施工工期。

其中管理人员及辅助服务人员总数的确定，应根据工程规模、工程特点、生产工人人数、施工机具的配置和数量，以及企业的管理水平进行确定。

ⓐ 管理人员及辅助服务人员的工资　其计算公式为

管理人员及辅助服务人员的工资＝管理人员及辅助服务人员数×综合人工工日单价×工期（日）

其中综合人工工日单价可采用直接费中生产工人的综合工日单价，也可参照其计算方法另行确定。

ⓑ 办公费　按每名管理人员每月办公费消耗标准乘以管理人员人数，再乘以施工工期（月）。

管理人员每月办公费消耗标准可以从以往完成的施工项目的财务报表中分析取得。

ⓒ 差旅交通费

ⅰ. 因公出差、调动工作的差旅费和住勤补助费、市内交通费和误餐补助费、探亲路费、劳动力招募费、离退休职工一次性路费、工伤人员就医路费、工地转移费的计算可按"办公费"的计算方法确定。

ⅱ. 管理部门使用的交通工具的油料燃料费、养路费及牌照费。

油料燃料费＝机械台班动力消耗×动力单价×工期（天）×综合利用率（％）

养路费及牌照费按当地政府规定的月收费标准乘以施工工期（月）。

ⓓ 固定资产使用费　根据固定资产的性质、来源、资产原值、新旧程度以及工程结束后的处理方式确定固定资产使用费。

ⓔ 工具用具使用费　其计算公式为

工具用具使用费＝年人均使用额×施工现场平均人数×工期（年）

工具用具年人均使用额可以从以往完成的施工项目的财务报表中分析取得。

ⓕ 保险费　通过保险咨询，确定施工期间要投保的施工管理用财产和车辆应缴纳的保险费用。

ⓖ 税金　税金是指企业按规定缴纳的房产税、车船使用税、土地使用税、印花税等。税金可以根据国家规定的有关税种和税率逐项计算，也可以根据以往工程的财务数据推算取得。

ⓗ 财务费　财务费是指企业为筹集资金而产生的各种费用，包括企业经营期间产生的短期贷款利息支出、汇兑净损失、调剂外汇手续费、金融机构手续费，以及企业筹集资金而产生的其他财务费用。

财务费计算按下列公式执行。

财务费＝计算基数×财务费费率（％）

财务费费率依据下列公式计算。

ⅰ. 以直接工程费为计算基础

$$财务费费率（％）＝\frac{年均存贷款利息净支出＋年均其他财务费用}{全年产值×直接工程费占总造价比例（％）}$$

ⅱ. 以人工费为计算基础

$$财务费费率（％）＝\frac{年均存贷款利息净支出＋年均其他财务费用}{全年产值×人工费占总造价比例（％）}$$

ⅲ. 以人工费和机械费合计为计算基础

$$财务费费率（％）＝\frac{年均存贷款利息净支出＋年均其他财务费用}{全年产值×人工费和机械费之和占总造价比例（％）}$$

另外,财务费用还可以从以往的财务报表及工程资料中,通过分析平衡估算取得。

① 其他费用　可根据以往工程的经验估算。

管理费对不同的工程以及不同的施工单位是不一样的,这样使不同的投标单位具有不同的竞争实力。

(3)利润的组成及计算　利润是指施工企业完成所承包工程应收回的酬金。从理论上讲,企业全部劳动成员的劳动,除掉因支付劳动力按劳动力价格所得的报酬以外,还创造了一部分新增的价值,这部分价值包含在工程产品之中,这部分价值的价格形态就是企业的利润。

在工程量清单计价模式下,利润不单独体现,而是被分别计入分部分项工程费、措施项目费和其他项目费当中。具体计算方法可以以"人工费"或"人工费加机械费"或"直接费"为基础乘以利润率。利润的计算公式为

$$利润＝计算基础×利润率(\%)$$

利润是企业最终的追求目标,企业的一切生产经营活动都是围绕着创造利润进行的。利润是企业扩大再生产、增添机械设备的基础,也是企业实行经济核算,使企业成为独立经营、自负盈亏的市场竞争主体的前提和保证。因此,合理地确定利润水平(利润率)对企业的生存和发展是至关重要的。在投标报价时,要根据企业的实力、投标策略,以发展的眼光来确定各种费用水平,包括利润水平,使本企业的投标报价既具有竞争力,又能保证其他各方面的利益的实现。

3. 措施费用的组成及计算

措施费用是指工程量清单中,除工程量清单项目费用以外,为保证工程顺利进行,按照国家现行有关建设工程施工质量验收规范、规程要求,必须配套完成的工程内容所需的费用。

(1)实体措施费的计算　实体措施费是指工程量清单中,为保证某类工程实体项目顺利进行,按照国家现行有关建设工程施工及验收规范、规程要求,必须配套完成的工程内容所需的费用。实体措施费计算方法有两种。

① 系数计算法　系数计算法是用与措施项目有直接关系的工程项目直接工程费(或人工费或人工费与机械费之和)合计作为计算基数,乘以实体措施费用系数。实体措施费用系数是根据以往有代表性工程的资料,通过分析计算取得的。

② 方案分析法　方案分析法是通过编制具体的措施实施方案,对方案所涉及的各种经济技术参数进行计算后,确定实体措施费用。

(2)配套措施费的计算　配套措施费不是为某类实体项目,而是为保证整个工程项目顺利进行,按照国家现行有关建设工程施工及验收规范、规程要求,必须配套完成的工程内容所需的费用。

配套措施费计算方法也包括系数计算法和方案分析法两种。

① 系数计算法　系数计算法是用整体工程项目直接工程费(或人工费,或人工费与机械费之和)合计作为计算基数,乘以配套措施费用系数。配套措施费用系数是根据以往有代表性工程的资料,通过分析计算取得的。

② 方案分析法　方案分析法是通过编制具体的措施实施方案,对方案所涉及的各种经济技术参数进行计算后,确定配套措施费用。

4. 其他项目费用的构成及计算

其他项目费是指预留金、材料购置费（仅指由招标人购置的材料费）、总承包服务费、零星工作项目费等估算金额的总和，包括：人工费、材料费、机械使用费、管理费、利润以及风险费。

其他项目清单由招标人部分和投标人部分两部分内容组成。

（1）招标人部分

① 预留金　主要考虑可能发生的工程量变化和费用增加而预留的金额。引起工程量变化和费用增加的原因很多，一般主要有以下几方面：

a. 清单编制人员在统计工程量及变更工程量清单时发生的漏算、错算等引起的工程量增加；

b. 设计深度不够、设计质量低造成的设计变更引起的工程量增加；

c. 在现场施工过程中，应业主要求，并由设计或监理工程师出具的工程变更增加的工程量；

d. 其他原因引起的，且应由业主承担的费用增加，如风险费用及索赔费用。

此处提出的工程量的变更主要是指工程量清单漏项或有误引起的工程量的增加和施工中的设计变更引起标准提高或工程量的增加等。

预留金由清单编制人根据业主意图和拟建工程实况计算出金额填制表格。其计算应根据设计文件的深度、设计质量的高低、拟建工程的成熟程度及工程风险的性质来确定其额度。设计深度深，设计质量高，已经成熟的工程设计，一般预留工程总造价的 $3\% \sim 5\%$ 即可。在初步设计阶段，工程设计不成熟的，最少要预留工程总造价的 $10\% \sim 15\%$。

预留金作为工程造价费用的组成部分计入工程造价，但预留金的支付与否、支付额度以及用途，都必须通过（监理）工程师的批准。

② 材料购置费　是指业主出于特殊目的或要求，对工程消耗的某类或某几类材料，在招标文件中规定，由招标人采购的拟建工程材料费。

③ 其他　是指招标人部分可增加的新列项。例如指定分包工程费，由于某分项工程或单位工程专业性较强，必须由专业队伍施工，即可增加这项费用，费用金额应通过向专业队伍询价（或招标）取得。

（2）投标人部分　计价规范中列举了总承包服务费、零星工作项目费两项内容。如果招标文件对承包商的工作范围还有其他要求，也应对其要求列项。例如设备的厂外运输，设备的接、保、检，为业主代培技术工人等。

投标人部分的清单内容设置，除总承包服务费仅需简单列项外，其余内容应该量化的必须量化描述。如设备厂外运输，需要标明设备的台数、每台的规格质量、运距等。零星工作项目表要标明各类人工、材料、机械的消耗量。

零星工作项目中的工料机计量，应根据工程的复杂程度、工程设计质量的优劣，以及工程项目设计的成熟程度等因素来确定其数量。一般工程以人工计量为基础，按人工消耗总量的 1% 取值即可。材料消耗主要是辅助材料消耗，按不同专业工人消耗材料类别列项，按工人日消耗量计入。机械列项和计量，除了考虑人工因素外，还要参考各单位工程机械消耗的种类，可按机械消耗总量的 1% 取值。

5. 规费的构成及计算

规费是指政府和有关部门规定必须缴纳的费用，简称规费。规费包括以下项目。

① 工程排污费　是指施工现场按规定缴纳的排污费用。

② 工程定额测定费　是指按规定支付工程造价（定额）管理部门的定额测定费。

③ 养老保险统筹基金　是指企业按规定向社会保障主管部门缴纳的职工基本养老保险（社会统筹部分）。

④ 待业保险费　是指企业按照国家规定缴纳的待业保险金。

⑤ 医疗保险费　是指企业按规定向社会保障主管部门缴纳的职工基本医疗保险费。

规费的计算比较简单，一般按下列步骤进行。

（1）计算规费费率

① 根据本地区典型工程发承包价的分析资料综合取定规费计算中所需数据。

a. 每万元发承包价中人工费含量和机械费含量。

b. 人工费占直接工程费的比例。

c. 每万元发承包价中所含规费缴纳标准的各项基数。

② 规费费率的计算公式。

a. 以直接工程费为计算基础

$$规费费率(\%)=\frac{\Sigma 规费缴纳标准\times 每万元发承包价计算基数}{每万元承发包价中的人工费含量}\times 人工费占直接工程费比例(\%)$$

b. 以人工费为计算基础

$$规费费率(\%)=\frac{\Sigma 规费缴纳标准\times 每万元发承包价计算基数}{每万元承发包价中的人工费含量}\times 100\%$$

c. 以人工费和机械费合计为计算基础

$$规费费率(\%)=\frac{\Sigma 规费缴纳标准\times 每万元发承包价计算基数}{每万元承发包价中的人工费和机械费含量}\times 100\%$$

规费费率一般以当地政府或有关部门制定的费率标准执行。

（2）规费计算　规费计算按下列公式执行。

$$规费=计算基数\times 规费费率(\%)$$

投标人在投标报价时，规费一般按国家及有关部门规定的计算公式及费率标准计算。

6. 税金的构成及计算

税金是指国家税法规定的应计入建筑安装工程造价内的营业税、城市维护建设税及教育费附加。税金计算公式为

$$税金=(税前造价+利润)\times 税率(\%)$$

投标人在投标报价时，税金一般按国家及有关部门规定的计算公式及税率标准计算。

三、工程量清单报价策略

1. 不平衡报价策略

工程量清单报价策略，就是保证在标价具有竞争力的条件下，获取尽可能大的经济效益。常用的一种工程量清单报价策略是不平衡报价，即在总报价固定不变的前提下，提高某些分部分项工程的单价，同时降低另外一些分部分项工程的单价。采用不平衡报价策略无外乎是为了两个方面的目的：一是为了尽早地获得工程款；二是尽可能多地获得工程款。通常的做法有以下方面。

① 适当提高早期施工的分部分项工程单价，如土方工程、基础工程的单价，降低后期施工分部分项工程的单价。

②　对图纸不明确或者有错误，估计今后工程量会有增加的项目，单价可以适当报高一些；对应的，对工程内容说明不清楚，估计今后工程量会取消或者减少的项目，单价可以报得低一些，而且有利于将来索赔。

③　对于只填单价而无工程量的项目，单价可以适当提高，因为它不影响投标总价，然后项目一旦实施，利润则是非常可观的。

④　对暂定工程，估计今后会发生的工程项目，单价可以适当提高；相对应的，估计暂定项目今后发生的可能性比较小，单价应该适当下调。

⑤　对常见的分部分项工程项目，如钢筋混凝土、砖墙、粉刷等项目的单价可以报得低一些，对不常见的分部分项工程项目，如刺网、围墙等项目的单价可以适当提高一些。

⑥　如招标文件要求某些分部分项工程报"单价分析表"，可以将单位分析表中的人工费及机械设备费报得高一些，而将材料费报得低一些。

⑦　对于工程量较小的分部分项工程，可以将单价报低一些，让招标人感觉清单上的单价大幅下降，体现让利的诚意，而这部分费用对于总的报价影响并不大。

2. 多方案报价法

对于一些招标文件，如果发现工程范围不很明确，条款不清楚或很不公正，或技术规范要求过于苛刻时，则要在充分估计投标风险的基础上，按多方案报价法处理。即是按原招标文件报一个价，然后再提出，如某某条款做某些变动，报价可降低多少，由此可报出一个较低的价。这样可以降低总价，吸引招标人。

3. 计日工单价的报价

如果是单纯报计日工单价，而且不计入总价中，可以报高些，以便在招标人额外用工或使用施工机械时可多盈利；但如果计日工工单价要计入总报价时，则需具体分析是否报高价，以免抬高总报价。总之，要分析招标人在开工后可能使用的计日工数量，再来确定报价方针。

4. 低价格投标策略

先低价投标，而后赢得机会创造第二期工程中的竞争优势，并在以后的实施中盈利；某些施工企业其投标的目的不在于从当前的工程上获利，而是着眼于长远的发展；较长时期内，投标人没有在建的工程项目，如果再不得标，就难以维持生存。因此，虽然本工程无利可图，只要能有一定的管理费维持公司的日常运转，就可设法渡过暂时的困难，再图发展。

第五节　建筑电气工程清单工程量和定额工程量计算的比较

建筑电气工程清单工程量和定额工程量计算比较见表 3-18。

表 3-18　建筑电气工程清单工程量和定额工程量计算比较

	名称	内容
相同点	电气配管	电气配管工程量按设计图示尺寸以延长米计算,不扣除管路中间的接线箱、灯头盒、开关盒所占长度
	电气配线	电气配线工程量按设计图示尺寸以单线延长米计算
	干式变压器安装	干式变压器安装工程量按设计图示数量计算
	低压开关柜安装	低压开关柜安装工程量按设计图示数量计算

	名称	内容
相同点	配电箱安装	配电箱安装工程量按设计图示数量计算
	控制开关安装	控制开关安装工程量按设计图示数量计算
	低压熔断器安装	低压熔断器安装工程量按设计图示数量计算
	小电器安装	小电器安装工程量按设计图示数量计算
	接地装置	接地装置工程量按设计图示系统计算
	电力电缆安装	电力电缆安装工程量按单根以延长米计算
	控制电缆安装	控制电缆安装工程量按单根以延长米计算
	电缆保护管安装	电缆保护管安装工程量按设计图示尺寸以长度计算
	电缆支架安装	电缆支架安装工程量按设计图示质量计算
	电杆组立	电杆组立工程量按设计图示数量计算
	导线架设	导线架设工程量按设计图示尺寸乘以长度计算
	电力变压器系统	电力变压器系统调试工程量按设计图示数量计算
	送配电装置系统	送配电装置系统调试工程量按设计图示数量计算
	特殊保护装置	特殊保护装置系统调试工程量按设计图示数量计算
	名称	内容
不同点	接地装置安装	清单工程量计算规则:按设计图示尺寸以长度计算(含附加长度)
		定额工程量计算规则:接地极制作安装以"根"为计量单位,其长度按设计长度计算。设计无规定时,每根长度按2.5m计算。若设计有管帽时,管帽另按加工件计算
		接地母线敷设,按设计长度以"m"为计量单位工程量。截面母线、避雷线敷设,均按延长米计算,其长度按施工图设计水平和垂直规定长度另加3.9%的附加长度计算。计算主材费时应另增加规定的损耗率
		接地跨接线按"处"计算,户外配电装置构架均需接地,每副构架按"处"计算
	组合软母线安装	清单工程量计算规则:按设计图示尺寸以单相长度计算(含预留长度)
		定额工程量计算规则:组合软母线安装,按三相为一组计算。跨距是以45m以内考虑,跨度的长与短不得调整。导线、绝缘子、线夹、金具按施工图设计用量加定额规定的损耗率计算

第四章 通风空调工程

第一节 通风空调施工图识读及解析

一、通风空调施工图的组成

通风空调施工图通常是由两部分组成：文字部分和图纸部分。文字部分包括图纸目录、设计总说明和主要设备材料表三个部分。图纸部分包括基础图和详图两部分。基本图是指通风空调系统平面图、剖面图、系统图、立管图和原理图，详图是指通风空调系统中某些局部构造和部件的发大图及加工图等。

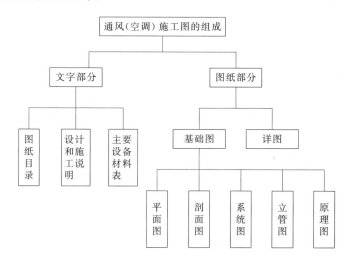

1. 图纸目录

图纸目录和书籍的目录功能相似，是通风空调系统安装工程施工图纸的总索引。其主要用途是方便使用者迅速查找到自己所需的图纸。在图纸目录中完整地列出了空调工程施工图所有设计图纸的名称、图号和工程编号等，有时也包含图纸的图幅和备注。

2. 设计和施工说明

（1）设计说明　主要介绍通风空调系统的室内设计气象参数、冷热源情况、空调冷热负荷、通风空调系统的划分与组成、通风空调系统的使用操作要点等内容。

（2）施工说明　主要介绍设计中使用的材料和附件、系统压力和试压要求、管道与设备的施工要求、支架与吊架的制作和安装要求、涂料施工要求、调试方法与步骤以及施工规范等。

3. 主要设备材料表

主要设备材料表是用来罗列通风空调系统中所使用的设备和主要材料的图表，内容包括设备和主要材料的名称、型号规格、单位、数量、生产厂家以及备注等。不同的设计单位可能有不同形式的表格，内容也可能也有细小的差别。当数量较少时，有时也可归纳到设计与施工说明中。

4. 平面图

通风空调安装工程施工图中的平面图主要是用来描述通风空调系统的各种设备、风管、水管以及其他部件等在建筑物中的平面布置情况，主要包括通风空调平面图、空调制冷机房平面图等。

5. 剖面图

通风空调安装工程施工图中的剖面图一般伴随着平面图一起出现，主要用来表达在平面图中无法表达清楚的内容，例如垂直管道的布置等。剖面图包括通风空调剖面图和通风空调机房剖面图。

6. 系统图

通风空调安装工程施工图中的系统图的作用是从总体上表明通风空调系统的设备和管道的空间布置情况。系统图可采用单线或双线进行绘制，虽然双线绘制的系统图更加直观，但难度较大，因此通常所见的系统图均为单线图。

7. 立管图

通风空调安装工程施工图中的立管图主要用以说明管道的竖向布置情况。

8. 原理图

通风空调系统的原理图用于描述通风空调系统工作原理，主要包括系统的原理和流程、空调房间的设计参数、冷热源空气处理和输送方式、控制系统之间的相互关系、系统中的主要设备和仪表等内容。

9. 详图

详图通常用来表达以上图纸无法表达但应该表达清楚的内容。在通风空调系统施工图中详图的数量较多，主要包括设备、管道的安装详图，设备、管道的加工详图，设备、部件的结构详图等。

二、通风空调施工图的识读步骤

通风空调施工图的识读步骤如下所示。

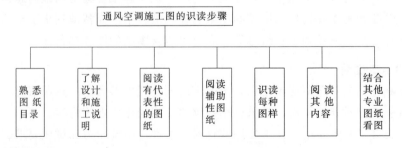

1. 熟悉图纸目录

从图纸目录中可以知道图样的种类和数量，包括所选用的标准图或其他图样，从而可粗略地了解工程的概况。

2. 了解设计和施工说明

① 通风（空调）系统的形式、划分及编号。

② 统一图例和自用图例符号的含义。

③ 图中未标注或不够明确而需要特别说明的一些内容。

④ 统一做法的说明和技术要求。

3. 阅读有代表性的图纸

确定代表该工程特点的图纸，根据图纸目录，确定这些图纸的编号，并找出这些图纸进行阅读。

4. 阅读辅助性图纸

对于平面图上没有表达清楚的地方，就要根据平面图上的提示（如剖面位置）和图纸目录找出该平面图的辅助图纸进行阅读。

5. 识读每种图样

均要按照通风系统和空气流向顺序识读，逐步弄清楚每个系统的全部流程和几个系统之间的关系，同时按照图中设备及部件编号与材料明细表对照阅读。

6. 阅读其他内容

在读懂整个通风（空调）系统的前提下，再进一步阅读施工说明与设备及主要材料表，了解通风空调系统的详细安装情况，同时参考加工、安装详图，从而完全掌握图纸的全部内容。

7. 结合其他专业图纸看图

在识读通风空调施工图的时候，也需要相应了解主要的土建图纸和相关的设备图纸，尤其要注意与设备安装和管道敷设相关的技术要求，如预留孔洞、管沟、预埋管件等。

三、通风空调施工图的识读方法

通风空调施工图的识读一般是按照平面图-剖面图-系统图-详图的顺序依次识读，并随时相互对照核实。

1. 室内平面图识读

读图时先识读底层平面图，然后识读各层平面图。识读底层平面图时，先识读机房设备和各种空调设备等，再识读水管路系统进水管和出水管、凝结水管，连接冷却塔的冷却水进水管和出水管，最后识读通风系统的送风管、排风排烟管。

2. 通风空调剖面图识读

通风空调剖面图主要表示管道及设备在高度方向的布置情况，其主要内容与平面图基本相同，所不同的只是在表达风管及设备的位置尺寸时，会明确地标出它们的标高。圆管注明管中心标高，管底保持水平的变截面矩形管，注明底标高。

3. 空调系统图识读

读图时先将空调系统流程图与平面图对照，找出系统图中与平面图中相同编号的引管和立管，然后按引入管及立、干、支管顺序识读。

4. 通风系统图识读

读图时先将通风系统流程图与平面图对照，找出系统流程图中与平面图中相同编号的排风排烟管、进风管，然后按支、干、立管及排出管顺序识读。

5. 通风空调详图识读

表示一组设备的配管或一组管配件组合安装的详图。详图的特点是用双线图表示，对物体有真实感，并对组装体各部位详细尺寸都做了注记。系统的各种设备及零部件施工安装，应注明采用的标准图、通用图的图名图号，如果没有现成图纸，且需要给出设计意图时，均需绘制详图。

四、通风空调平面图、剖面图、系统图实例解析

通风空调平面图、剖面图、系统图以图 4-1～图 4-3 为例进行识读。

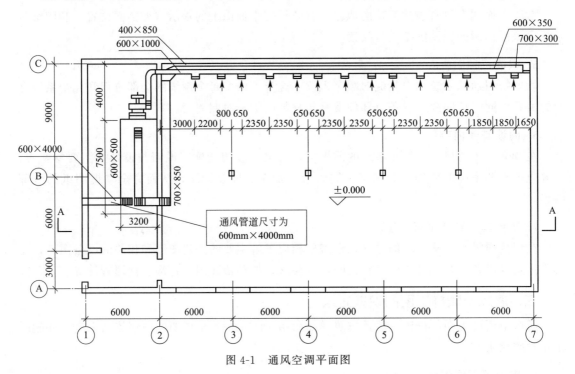

图 4-1　通风空调平面图

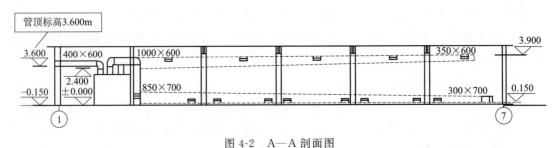

图 4-2　A—A 剖面图

从图 4-1～图 4-3 中可以得出以下信息。

① 该通风系统为空调系统。

② 该系统由设在室外墙上端的进风口吸入空气，经新风管从上方送入空气处理室，然

后经处理后的空气从处理室箱体后部由通风机送出。

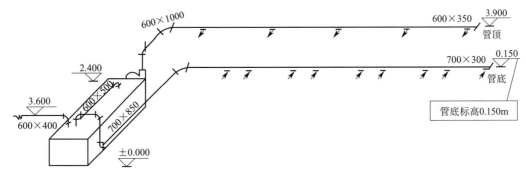

图 4-3 通风空调系统图

③ 送风管经两次转弯后进入室内,在顶棚下沿车间长度方向暗装于隔断墙内,其上均匀分布五个送风口(500mm×250mm),装在隔断墙上露出墙面,由此向室内送出处理过、达到要求的空气。

④ 送风管高度是变化的,从处理室接出时是 600mm×1000mm,向末端逐步减小到 600mm×350mm,管顶上表面保持水平,安装在标高 3.900m 处,管底下表面倾斜,送风口与风管顶部平齐。

⑤ 回风管平行室内长度方向暗装于隔断墙内的地面之上 0.15m 处,其上均匀分布着九个回风口(500mm×200mm)露出于隔断墙面,由此将室内的污浊空气汇集于回风管,经三次转弯,由上部进入空调机房,然后转弯向下进入空气处理室。

⑥ 回风管截面高度尺寸也是变化的,从起始端的 700mm×300mm 逐步增加为 700mm×850mm,管底保持水平,顶部倾斜,回风口与风管底部平齐。

⑦ 当回风进入空气处理室时,分两部分循环使用:

a. 一部分与室外新风混合在处理室内进行处理;

b. 另一部分通过跨越连通管与处理室后部喷水后的空气混合,然后再送入室内。

第二节 通风空调工程量计算规则及解析

一、各种风管及风管上的附件制作安装工程量计算规则

① 制作安装工程量均按施工图示的不同规格,以展开面积计算,不扣除检查孔、测定孔、送风口、吸风口等所占面积。

$$矩形风管面积 \quad F = XL$$
$$圆形风管面积 \quad F = \pi DL$$

② 计算风管长度时,一律按施工图示中心线,主管与支管按两中心线交点划分,三通、弯头、变径管、天圆地方等管件包括在内,但不含部件长度。直径和周长以图示尺寸为准展开,咬口重叠部分已包括在定额内,不得另行增加。

③ 风管导流叶片制作安装按图示叶片面积计算。

④ 设计采用渐缩管均匀送风的系统,圆形风管以平均直径计算,矩形风管以平均周长计算。

⑤ 塑料风管、复合材料风管制作安装定额所列直径为内径,周长为内周长。

⑥ 柔性软风管安装按图示管道中心线长度以"m"为计量单位，柔性软风管阀门安装以"个"为计量单位。

⑦ 软管（帆布接口）制作安装，按图示尺寸以"m²"为计量单位。

⑧ 风管检查孔重量按《通风与空调工程施工质量验收规范》（GB 50243—2002）中附录二"国标通风部件标准重量表"计算。

⑨ 风管测定孔制作安装，按其型号以"个"为计量单位。

⑩ 钢板通风管道、净化通风管道、玻璃钢通风管道、复合材料风管的制作安装中已包括法兰、加固框和吊托架，不得另行计算。

⑪ 不锈钢通风管道、铝板通风管道的制作安装中不包括法兰和吊托架，可按相应定额以"kg"为计量单位另行计算。

⑫ 塑料通风管制作安装不包括吊托架，可按相应定额以"kg"为计量单位计算。

二、通风、空调设备安装工程量计算规则

① 风机安装按不同型号以"台"为计量单位计算工程量。

② 整体式空调机组、空调器按其不同重量和安装方式以"台"为计量单位计算其安装工程量；分段组装式空调器按重量计算其安装工程量。

③ 风机盘管安装，按其安装方式不同以"台"为单位计算工程量。

④ 空气加热器、除尘设备安装，按不同重量以"台"为计量单位计算工程量。

⑤ 设备支架的制作安装工程量，依据图纸按重量计算，执行第三册《静置设备与工艺金属结构制作安装工程》定额相应项目和工程量计算规则。

⑥ 电加热器外壳制作安装工程量，按图示尺寸以"kg"为计量单位。

⑦ 风机减震台座制作安装执行设备支架定额，定额内不包括减震器，应按设计规定另行计算。

⑧ 高、中、低效过滤器、净化工作台安装以"台"为单位计算工程量，风淋室安装按不同重量以"台"为单位计算工程量。

⑨ 洁净室安装工程量按重量计算。

第三节 通风空调工程量计算实例

一、通风空调主要设备材料表识读

通风空调主要设备材料表以图4-4为例进行识读。

图4-4识读解析：从中我们可以看出消防/平时风机的设备型号、功能以及一些性能参数，从多联机空调设备表中可看出设备的名称和制冷、制热量等参数。

二、地下车库通风空调施工图识读

地下车库通风空调施工图以图4-5为例进行识读。

图4-5中清楚地标注出了通风管道、送风口、排风口的走向及布置情况，以及排烟机房内排烟口和管道的布置情况，其设备型号、尺寸和管道标高、尺寸见设计说明。图4-5中送风管的管径是不断变化的，如㉖轴的管径从320mm×200mm到交Ⓑ轴处逐渐变为630mm×250mm，其中这段管道共设4个通风口。

消防／平时风机

设备名称	设备型式	功能	参考型号	风量/(m³/h)	全压/Pa	转速/(r/min)	电机功率/kW	电源/(V-∅-Hz)	单位风量耗功率 W/(m³/h)	消防电源	叶片结构形式	进/出风方向	出风口噪声/dB(A)	减震方式	台数	服务区域	备注
CBF-B1-1	消防型离心风机箱	消防补风兼做平时送风	YFICK-800B-B-15-S	56000	520	1018	15.0	380-3-50		是	后倾		79	橡胶减震	1	防火分区(一)	
CBF-B1-2	消防型离心风机箱	消防补风兼做平时送风	YFICK-800B-B-15-S	56000	520	1018	15.0	380-3-50		是	后倾		82	橡胶减震	1	防火分区(二)	
CBF-B1-3	消防型离心风机箱	消防补风兼做平时送风	YFICK-800B-B-15-S	56000	520	1018	15.0	380-3-50		是	后倾		78	橡胶减震	1	防火分区(三)	
CBF-B1-4	消防型离心风机箱	消防补风兼做平时送风	YFICK-800B-B-15-S	51000	520	965	15.0	380-3-50		是	后倾		78	橡胶减震	1	防火分区(四)	
CBF-B1-5	消防型离心风机箱	消防补风兼做平时送风	YFICK-800B-B-15-S	51000	520	965	15.0	380-3-50		是	后倾		78	橡胶减震	1	防火分区(五)	
CBF-B1-6	消防型离心风机箱	消防补风兼做平时送风	YFICK-710B-B-15-S	39000	520	1071	11.0	380-3-50		是	后倾		78	橡胶减震	1	防火分区(六)	
CBF-B1-7	消防型离心风机箱	消防补风兼做平时送风	YFICK-800B-B-15-S	45000	520	904	11.0	380-3-50		是	后倾		78	橡胶减震	1	防火分区(七)	
CBF-B1-8	消防型离心风机箱	消防补风兼做平时送风	YFICK-800B-B-15-S	50000	520	944	15.0	380-3-50		是	后倾		78	橡胶减震	1	防火分区(八)	
CBF-B1-9	消防型离心风机箱	消防补风兼做平时送风	YFICK-800B-B-15-S	56641	520	1029	15.0	380-3-50		是	后倾		78	橡胶减震	1	防火分区(九)	
BF-B1-1	高效全混流风机	消防补风	YFIMF-500D4-1.1-GT	6500	400	1400	1.1	380-3-50		是			78	橡胶减震	1	防火分区(十)	
BF-B1-2	消防型离心风机箱	消防补风	YFICK-630B-B-11-S	30000	520	1194	11	380-3-50		是	后倾		78	橡胶减震	1	连廊1	
BF-B1-3	消防型离心风机箱	消防补风	YFICK-630B-B-11-S	30000	520	1194	11	380-3-50		是	后倾		78	橡胶减震	2	连廊2	
PYF-B1-1	消防型离心风机箱	消防排烟兼做平时排风	YFICK-800B-B-15-S	55500	720	1090	18.5	380-3-50		是	后倾		82	橡胶减震	2	防火分区(一)	
PYF-B1-2	消防型离心风机箱	消防排烟兼做平时排风	YFICK-800B-B-15-S	55500	720	1084	18.5	380-3-50		是	后倾		81	橡胶减震	2	防火分区(二)	
PYF-B1-3	消防型离心风机箱	消防排烟兼做平时排风	YFICK-800B-B-15-S	55500	720	1084	18.5	380-3-50		是	后倾		81	橡胶减震	2	防火分区(三)	
PYF-B1-4	消防型离心风机箱	消防排烟兼做平时排风	YFICK-800B-B-15-S	50034	720	1033	15	380-3-50		是	后倾		81	橡胶减震	2	防火分区(四)	
PYF-B1-5	消防型离心风机箱	消防排烟兼做平时排风	YFICK-800B-B-15-S	50000	720	1033	15	380-3-50		是	后倾		81	橡胶减震	2	防火分区(五)	
PYF-B1-6	消防型离心风机箱	消防排烟兼做平时排风	YFICK-710B-B-15-S	38334	720	1149	15	380-3-50		是	后倾		81	橡胶减震	2	防火分区(六)	
PYF-B1-7	消防型离心风机箱	消防排烟兼做平时排风	YFICK-710B-B-15-S	44148	720	971	15	380-3-50		是	后倾		81	橡胶减震	2	防火分区(七)	
PYF-B1-8	消防型离心风机箱	消防排烟兼做平时排风	YFICK-800B-B-15-S	49139	720	1024	15	380-3-50		是	后倾		81	橡胶减震	2	防火分区(八)	
PYF-B1-9	消防型离心风机箱	消防排烟兼做平时排风	YFICK-800B-B-15-S	55500	720	1084	18.5	380-3-50		是	后倾		81	橡胶减震	2	防火分区(九)	
PY-B1-1	高效全混流风机	消防排烟	YFIMF-630D4-2.2-GT	9000	550	1420	2.2	380-3-50		是			81	减震吊架	1	防火分区(九)	
PY-B1-2	消防型离心风机箱	消防排烟	YFICK-710B-B-15-S	40000	720	1174	15	380-3-50		是	后倾		81	橡胶减震	1	连廊1	
PY-B1-3	消防型离心风机箱	消防排烟	YFICK-710B-B-15-S	40000	720	1174	15	380-3-50		是	后倾		81	橡胶减震	1	连廊2	
SF-B1-1	斜流管道风机	平时送风	GXF5.5-A	8523	206	1450	1.5	380-3-50		否				减震吊架	1	变电所平时排风、气体灭火后排风	
PF-B1-1	斜流管道风机	平时排风	GXF5.5-A	9664	231	1450	1.5	380-3-50		否				减震吊架	1	变电所送风	

图 4-4

多联机空调设备表

序号	设备名称	型号规格	制冷量	制热量	额定制冷功率	质量	水流量	水压降	水侧承压能力	单位	数量	备注
1	室外机	MDVS-280(10)W/DSN1-8S1(G)	28.0kW	31.5kW	6.1kW	148kg	6m³/h	40kPa	1.98MPa	台	2	
2	室外机	MDVS-560(20)W/DSN1-8S1(G)	56.0kW	63.0kW	12.2kW	296kg	12m³/h	40kPa	1.98MPa	台	3	
序号	设备名称	型号规格	制冷量	制热量	额定制冷功率	质量	标准风量	出风静压		单位	数量	备注
4	室内机新风机室内机	MDV-D560T1/XFSYN1	56.0kW	39.0kW	1.7kW	115kg	2800m³	220Pa		台	3	输出一组无线通讯信号，设备安装高度不高于3.5m
5	室内机新风机室内机	MDV-D280T1/XFSYN1	28.0kW	18.0kW	0.88kW	232kg	5000m³	300Pa		台	2	

诱导风机

参考型号	风量/(m³/h)	喷口数	喷口口径/mm	出口风速/(m/s)	全压/Pa	电源/V-∅-Hz	功率/kW	转速/(r/min)	噪声/dB(A)
FYA-3B-Z	800	3	80	14.7	250	220-1-50	0.15	1000	50

电热风幕

设备名称	型号规格	散热量/kW	出风温度/℃	风量/(m³/h)	功率/kW	CO感受器 探测范围/×10⁻⁶	温差感测 探测范围/℃	温差感测 时间/s	单位	数量	合数/台	备注
电热风幕	DRFM	24	56	1500	0.27	1~100	1~10	1~60	台	6	170	

图4-4 通风空调主要设备材料表

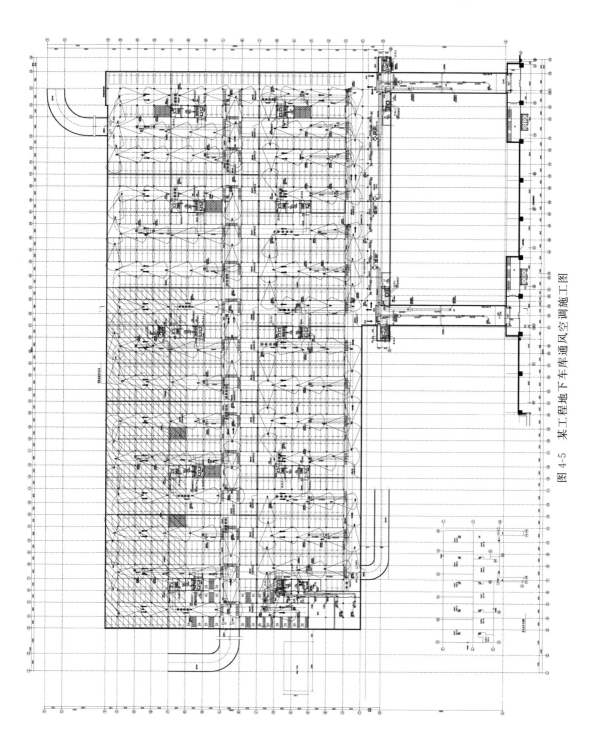

图 4-5 某工程地下车库通风空调施工图

三、地下车库通风空调工程量计算

1. 管道工程量计算

管道工程量计算见表 4-1。

表 4-1 管道工程量计算

序号	名称	管径/mm	长度/mm
1	氟里昂管道铜管	$\phi 22$	36.1
2	氟里昂管道铜管	$\phi 9.5$	36.1
3	氟里昂管道铜管	$\phi 28.6$	151.67
4	氟里昂管道铜管	$\phi 15.9$	151.67
5	冷凝水管	De25	36.1
6	冷凝水管	De32	201.67

2. 管道工程计价

把表 4-1 中工程量计算得出的数据代入表 4-2，即可得到该部分工程量的价格。

表 4-2 管道工程计价表

项目编码	名称	工作内容	项目特征描述	计量单位	工程量	金额/元		
						综合单价	合价	暂估价
030801014003	氟里昂管道（铜管）	(1)安装 (2)压力试验 (3)吹扫、清洗	(1)材质：去磷无缝紫铜管（R410A 专用铜管） (2)规格：$\phi 22$mm (3)焊接方法：钎焊 (4)压力试验、吹扫与清洗设计要求：气密性试验，真空干燥	m	36.1	59.4	2144.34	—
030801014001	氟里昂管道（铜管）	(1)安装 (2)压力试验 (3)吹扫、清洗 (4)脱脂	(1)材质：去磷无缝紫铜管（R410A 专用铜管） (2)规格：$\phi 9.5$mm (3)焊接方法：钎焊 (4)压力试验、吹扫与清洗设计要求：气密性试验，真空干燥	m	36.1	29.46	1063.51	—
030801014004	氟里昂管道（铜管）	(1)安装 (2)压力试验 (3)吹扫、清洗 (4)脱脂	(1)材质：去磷无缝紫铜管（R410A 专用铜管） (2)规格：$\phi 28.6$mm (3)焊接方法：钎焊 (4)压力试验、吹扫与清洗设计要求：气密性试验，真空干燥	m	151.67	71.4	10831.38	—
030801014002	氟里昂管道（铜管）	(1)安装 (2)压力试验 (3)吹扫、清洗 (4)脱脂	(1)材质：去磷无缝紫铜管（R410A 专用铜管） (2)规格：$\phi 15.9$mm (3)焊接方法：钎焊 (4)压力试验、吹扫与清洗设计要求：气密性试验，真空干燥	m	151.67	44.16	6743.23	—
031001006001	冷凝水管 De25mm	(1)管道安装 (2)管件安装 (3)塑料卡固定 (4)压力试验 (5)吹扫、冲洗 (6)警示带铺设	(1)安装部位：室内 (2)介质：空调冷凝水 (3)材质、规格：PP-R 塑料管 De25 (4)连接形式：热熔连接	m	36.1	39.41	1422.7	

续表

项目编码	名称	工作内容	项目特征描述	计量单位	工程量	综合单价	合价	暂估价
031001006002	冷凝水管 De32mm	(1)管道安装 (2)管件安装 (3)塑料卡固定 (4)压力试验 (5)吹扫、冲洗 (6)警示带铺设	(1)安装部位:室内 (2)介质:空调冷凝水 (3)材质、规格:PP-R 塑料管 De32mm (4)连接形式:热熔连接	m	201.67	50.65	10214.59	—

注:1. 表中的工程量是表 4-1 中工程量计算得出的数据。

2. 表中的综合单价是根据《2010 年黑龙江省建设工程计价依据》得出的,在计算过程中可根据该工程所使用的定额计算出综合单价。

3. 通风阀工程量计算

通风阀工程量计算见表 4-3。

表 4-3 通风阀工程量

序号	名称	规格	数量	单位	备注
1	防火阀	280°,2500mm×500mm	24	个	
2	防火阀	280°,3000mm×500mm	15	个	
3	防火阀	280°,2500mm×400mm	20	个	
4	远控排烟防火阀	280°,1000mm×250mm	5	个	
5	远控排烟防火阀	280°,1600mm×320mm	5	个	
6	远控排烟防火阀	280°,2000mm×320mm	3	个	
7	远控排烟防火阀	280°,1000mm×320mm	1	个	
8	远控排烟防火阀	280°,1600mm×250mm	3	个	
9	远控排烟防火阀	280°,630mm×320mm	1	个	
10	远控排烟防火阀	280°,2500mm×400mm	1	个	
11	排烟防火阀	630mm×320mm	2	个	
12	排烟防火阀	2000mm×320mm	1	个	
13	防火阀	70°,250mm×200mm	4	个	
14	防火阀	70°,直径 550mm	2	个	
15	防火阀	70°,直径 500mm	2	个	
16	防火阀	70°,直径 630mm	1	个	
17	防火阀	70°,1600mm×320mm	6	个	
18	防火阀	70°,1600mm×250mm	4	个	
19	防火阀	70°,200mm×320mm	4	个	
20	防火阀	70°,1250mm×250mm	2	个	
21	防火阀	70°,2500mm×400mm	4	个	
22	防火阀	70°,800mm×320mm	4	个	
23	对开多叶调节阀	直径 550mm	1	个	
24	对开多叶调节阀	直径 500mm	1	个	
25	对开多叶调节阀	250mm×200mm	1	个	
26	对开多叶调节阀	3000mm×500mm	15	个	
27	对开多叶调节阀	1250mm×250mm	6	个	
28	对开多叶调节阀	2500mm×400mm	3	个	
29	对开多叶调节阀	1250mm×320mm	3	个	
30	对开多叶调节阀	2000mm×320mm	3	个	
31	对开多叶调节阀	630mm×250mm	10	个	
32	软连接		73.4	m²	
33	远程板式排烟口	800mm×800mm	4	个	

序号	名称	规格	数量	单位	备注
34	散流器	400mm×400mm	12	个	
35	散流器	320mm×320mm	4	个	
36	单层格栅风口	1000mm×1000mm	57	个	
37	单层格栅风口	1000mm×800mm	1	个	
38	单层格栅风口	800mm×800mm	5	个	
39	单层格栅风口	800mm×630mm	7	个	
40	单层格栅风口	630mm×630mm	8	个	
41	双层格栅风口	1000mm×1000mm	30	个	
42	双层格栅风口	1600mm×1600mm	1	个	
43	双层格栅风口	1250mm×1000mm	6	个	
44	消声联箱	4500mm×3500mm×1000mm	6	个	18133.5
45	消声联箱	2000mm×1500mm×1000mm	1	个	706.5

4. 通风阀工程计价

把表 4-3 中工程量计算得出的数据代入表 4-4，即可得到该部分工程量的价格。

表 4-4　管道工程计价表

项目编码	名称	工程内容	项目特征描述	计量单位	工程量	综合单价	合价	暂估价
030703001001	防火阀280°	(1)阀体安装 (2)支架制作、安装	(1)名称:防火阀 (2)型号:280°,矩形 (3)规格:2500mm×500mm	个	24	2088.68	50128.32	—
030703001002	防火阀280°	(1)阀体安装 (2)支架制作、安装	(1)名称:防火阀 (2)型号:280°,矩形 (3)规格:3000mm×500mm	个	15	2417.63	36264.45	—
030703001003	防火阀280°	(1)阀体安装 (2)支架制作、安装	(1)名称:防火阀 (2)型号:280°,矩形 (3)规格:2500mm×400mm	个	20	1887.23	37744.6	—
030703001004	远控排烟防火阀280°	(1)阀体安装 (2)支架制作、安装	(1)名称:远控排烟防火阀 (2)型号:280°,矩形 (3)规格:2500mm×400mm	个	1	2087.23	2087.23	—
030703001005	远控排烟防火阀280°	(1)阀体安装 (2)支架制作、安装	(1)名称:远控排烟防火阀 (2)型号:280°,矩形 (3)规格:2000mm×320mm	个	3	1812.03	5436.09	—
030703001006	远控排烟防火阀280°	(1)阀体安装 (2)支架制作、安装	(1)名称:远控排烟防火阀 (2)型号:280°,矩形 (3)规格:1600mm×320mm	个	5	1398.93	6994.65	—
030703001007	远控排烟防火阀280°	(1)阀体安装 (2)支架制作、安装	(1)名称:远控排烟防火阀 (2)型号:280°,矩形 (3)规格:1600mm×250mm	个	3	1362.63	4087.89	—
030703001008	远控排烟防火阀280°	(1)阀体安装 (2)支架制作、安装	(1)名称:远控排烟防火阀 (2)型号:280°,矩形 (3)规格:1000mm×320mm	个	1	1133.35	1133.35	—
030703001009	远控排烟防火阀280°	(1)阀体安装 (2)支架制作、安装	(1)名称:远控排烟防火阀 (2)型号:280°,矩形 (3)规格:1000mm×250mm	个	5	1035.82	5179.1	—
030703001010	远控排烟防火阀280°	(1)阀体安装 (2)支架制作、安装	(1)名称:远控排烟防火阀 (2)型号:280°,矩形 (3)规格:630mm×320mm	个	1	784.05	784.05	—

项目编码	名称	工程内容	项目特征描述	计量单位	工程量	金额/元		
						综合单价	合价	暂估价
030703001011	排烟防火阀	(1)阀体安装 (2)支架制作、安装	(1)名称:排烟防火阀 (2)型号:矩形 (3)规格:630mm×320mm	个	2	378.53	757.06	—
030703001012	排烟防火阀	(1)阀体安装 (2)支架制作、安装	(1)名称:排烟防火阀 (2)型号:矩形 (3)规格:2000mm×320mm	个	1	837.99	837.99	—
030703001013	防火阀	(1)阀体安装 (2)支架制作、安装	(1)名称:防火阀 (2)型号:70°,矩形 (3)规格:2500mm×400mm	个	4	1887.23	7548.92	—
030703001014	防火阀	阀体安装	(1)名称:防火阀 (2)型号:70°,矩形 (3)规格:1600mm×320mm	个	6	1174.2	7045.2	—
030703001015	防火阀	(1)阀体安装 (2)支架制作、安装	(1)名称:防火阀 (2)型号:70°,矩形 (3)规格:1600mm×250mm	个	4	1141.84	4567.36	—
030703001016	防火阀	(1)阀体安装 (2)支架制作、安装	(1)名称:防火阀 (2)型号:70°,矩形 (3)规格:1250mm×250mm	个	2	949.71	1899.42	—
030703001017	防火阀	(1)阀体安装 (2)支架制作、安装	(1)名称:防火阀 (2)型号:70°,矩形 (3)规格:800mm×320mm	个	4	754.13	3016.52	—
030703001018	防火阀	(1)阀体安装 (2)支架制作、安装	(1)名称:防火阀 (2)型号:70°,矩形 (3)规格:250mm×200mm	个	4	381.77	1527.08	—
030703001019	防火阀	(1)阀体安装 (2)支架制作、安装	(1)名称:防火阀 (2)型号:70°,矩形 (3)规格:200mm×320mm	个	4	461.74	1846.96	—
030703001020	防火阀	(1)阀体安装 (2)支架制作、安装	(1)名称:防火阀 (2)型号:70°,圆形 (3)规格:直径550mm	个	2	860.64	1721.28	—
030703001021	防火阀	(1)阀体安装 (2)支架制作、安装	(1)名称:防火阀 (2)型号:70°,圆形 (3)规格:直径500mm	个	2	835.64	1671.28	—
030703001022	防火阀	(1)阀体安装 (2)支架制作、安装	(1)名称:防火阀 (2)型号:70°,圆形 (3)规格:直径630mm	个	1	1012.99	1012.99	—
030703001023	对开多叶调节阀	对开多叶调节阀安装	(1)名称:对开多叶调节阀 (2)型号:矩形 (3)规格:3000mm×500mm	个	15	(1)名称:防火阀 (2)规格:直径500mm	21043.2	—
030703001024	对开多叶调节阀	对开多叶调节阀安装	(1)名称:对开多叶调节阀 (2)型号:矩形 (3)规格:2500mm×400mm	个	3	992.19	2976.57	—
030703001025	对开多叶调节阀	对开多叶调节阀安装	(1)名称:对开多叶调节阀 (2)型号:矩形 (3)规格:2000mm×320mm	个	3	709.45	2128.35	—
030703001026	对开多叶调节阀	对开多叶调节阀安装	(1)名称:对开多叶调节阀 (2)型号:矩形 (3)规格:1250mm×320mm	个	3	527.37	1582.11	—

项目编码	名称	工程内容	项目特征描述	计量单位	工程量	金额/元		
						综合单价	合价	暂估价
030703001027	对开多叶调节阀	对开多叶调节阀安装	(1)名称:对开多叶调节阀 (2)型号:矩形 (3)规格:1250mm×250mm	个	6	487.74	2926.44	—
030703001028	对开多叶调节阀	对开多叶调节阀安装	(1)名称:对开多叶调节阀 (2)型号:矩形 (3)规格:630mm×250mm	个	10	343.72	3437.2	—
030703001029	对开多叶调节阀	对开多叶调节阀安装	(1)名称:对开多叶调节阀 (2)型号:矩形 (3)规格:250mm×200mm	个	1	242.11	242.11	—
030703001030	对开多叶调节阀	对开多叶调节阀安装	(1)名称:防火阀 (2)规格:直径550mm	个	1	735.64	735.64	—
030703001031	对开多叶调节阀	对开多叶调节阀安装	(1)名称:防火阀 (2)规格:直径500mm	个	1	705.64	705.64	—
030703007001	远程板式排烟口	远程板式排烟口安装	(1)名称:远程板式排烟口 (2)型号:矩形 (3)规格:800mm×800mm	个	4	1318.39	5273.56	—
030703007002	散流器	散流器安装	(1)名称:散流器 (2)型号:方形 (3)规格:400mm×400mm	个	12	207.96	2495.52	—
030703007003	散流器	散流器安装	(1)名称:散流器 (2)型号:方形 (3)规格:320mm×320mm	个	4	148.06	592.24	—
030703007004	单层格栅风口	单层格栅风口安装	(1)名称:单层格栅风口 (2)型号:矩形 (3)规格:1000mm×1000mm	个	57	504.34	28747.38	—
030703007005	单层格栅风口	单层格栅风口安装	(1)名称:单层格栅风口 (2)型号:矩形 (3)规格:1000mm×800mm	个	1	424.9	424.9	—
030703007006	单层格栅风口	单层格栅风口安装	(1)名称:单层格栅风口 (2)型号:矩形 (3)规格:800mm×800mm	个	5	361.35	1806.75	—
030703007007	单层格栅风口	单层格栅风口安装	(1)名称:单层格栅风口 (2)型号:矩形 (3)规格:800mm×630mm	个	7	307.33	2151.31	—
030703007008	单层格栅风口	单层格栅风口安装	(1)名称:单层格栅风口 (2)型号:矩形 (3)规格:630mm×630mm	个	8	264.79	2118.32	—
030703007009	单层格栅风口	单层格栅风口安装	(1)名称:双层格栅风口 (2)型号:矩形 (3)规格:1000mm×1000mm	个	30	604.34	18130.2	—
030703007010	单层格栅风口	单层格栅风口安装	(1)名称:双层格栅风口 (2)型号:矩形 (3)规格:1250mm×1000mm	个	6	728.64	4371.84	—
030703007011	单层格栅风口	单层格栅风口安装	(1)名称:双层格栅风口 (2)型号:矩形 (3)规格:1600mm×1600mm	个	1	1379.97	1379.97	—

项目编码	名称	工程内容	项目特征描述	计量单位	工程量	金额/元		
						综合单价	合价	暂估价
030703021001	消声联箱	消声联箱安装	(1)名称:消声联箱 (2)规格:4500mm×3500mm×1000mm	个	6	45806.08	274836.48	—
030703021002	消声联箱	消声联箱安装	(1)名称:消声联箱 (2)规格:2000mm×1500mm×1000mm	个	1	11531.43	11531.43	—

注:1. 表中的工程量是表 4-3 中工程量计算得出的数据。

2. 表中的综合单价是根据《2010 年黑龙江省建设工程计价依据》得出的,在计算过程中可根据该工程所使用的定额计算出综合单价。

5. 风道工程量计算

风道工程量计算见表 4-5。

表 4-5 风道工程量计算

序号	名称	风道宽/m	风道高/m	周长/m	长度/m	面积/m²
1	镀锌风道	1.25	1	4.5	2.72	12.24
2	镀锌风道	1.25	1	4.5	4.47	20.115
3	镀锌风道	1.25	1	4.5	1.14	5.13
4	镀锌风道	1.25	1	4.5	15	67.5
5	镀锌风道	1.25	1	4.5	9.4	42.3
6	镀锌风道	1.25	1	4.5	18	81
7	镀锌风道	1.25	1	4.5	8.56	38.52
8	镀锌风道	1.25	1	4.5	18	81
9	镀锌风道	1.25	1	4.5	3.46	15.57
10	镀锌风道	1.25	1	4.5	12	54
11	镀锌风道	1.25	1	4.5	3.46	15.57
12	镀锌风道	1.25	1	4.5	3	13.5
13	镀锌风道	1.25	1	4.5	2.6	11.7
14	镀锌风道	1.25	1	4.5	3	13.5
15	镀锌风道	1.25	1	4.5	6	27
16	镀锌风道	1.25	1	4.5	2.4	10.8
17	镀锌风道	1.25	1	4.5	6	27
18	镀锌风道	1.25	1	4.5	2.72	12.24
19	镀锌风道	1.25	1	4.5	6	27
20	镀锌风道	2.5	0.5	6	106.6	639.6
21	镀锌风道	2.5	0.5	6	45.47	272.82
22	镀锌风道	2.5	0.5	6	57.73	346.38
23	镀锌风道	2.5	0.5	6	43.32	259.92
24	镀锌风道	2.5	0.5	6	52.87	317.22
25	镀锌风道	3	0.5	7	41.56	290.92
26	镀锌风道	3	0.5	7	12.56	87.92
27	镀锌风道	1.6	0.32	3.84	51	195.84
28	镀锌风道	1.6	0.32	3.84	40.2	154.368
29	镀锌风道	1.6	0.32	3.84	32.5	124.8
30	镀锌风道	2.5	0.4	5.8	57.1	331.18
31	镀锌风道	2.5	0.4	5.8	44.4	257.52
32	镀锌风道	2.5	0.4	5.8	69.8	404.84
33	镀锌风道	1	0.25	2.5	47.43	118.575
34	镀锌风道	1.6	0.4	4	16.7	66.8

序号	名称	风道宽/m	风道高/m	周长/m	长度/m	面积/m²
35	镀锌风道	0.8	1	3.6	4.2	15.12
36	镀锌风道	0.63	0.32	1.9	62.6	118.94
37	镀锌风道	1	0.25	2.5	44.4	111
38	镀锌风道	0.8	0.32	2.24	15.4	34.496
39	镀锌风道	1.25	0.32	3.14	23.4	73.476
40	镀锌风道	0.25	0.2	0.9	4.8	4.32
41	镀锌风道	0.2	0.2	0.8	5.7	4.56
42	镀锌风道	1.6	0.25	3.7	43.3	160.21
43	镀锌风道	2	0.4	4.8	30.3	145.44
44	镀锌风道	1.25	0.32	3.14	16.5	51.81
45	镀锌风道	0.8	0.32	2.24	81.2	181.888
46	镀锌风道	1	1	4	11.8	47.2
47	镀锌风道	1.2	0.4	3.2	5.2	16.64
48	镀锌风道	1	0.32	2.64	26.4	69.696
49	镀锌风道	0.5	0.25	1.5	41.2	61.8
50	镀锌风道	0.4	0.25	1.3	40.8	53.04
51	镀锌风道	1	0.32	2.64	5.3	13.992
52	镀锌风道	0.63	0.32	1.9	9.9	18.81
53	镀锌风道	0.63	0.25	1.76	20.9	36.784
54	镀锌风道	0.5	0.2	1.4	33.7	47.18
55	镀锌风道	0.4	0.2	1.2	16.8	20.16
56	镀锌风道	0.32	0.2	1.04	18.4	19.136
57	合计	周长 4m 以上				4647.717
58		周长 4m 以下				1645.261
59		周长 2m 以下				381.154
60		周长 0.8m 以下				4.56

6. 风道工程计价

把表 4-5 中工程量计算得出的数据代入表 4-6，即可得到该部分工程量的价格。

表 4-6　风道工程计价表（部分计价）

项目编码	名称	项目特征描述	计量单位	工程量	金额/元		
					综合单价	合价	暂估价
030702001001	碳钢通风管道	(1)名称:风道 (2)材质:镀锌钢板 (3)形状:矩形 (4)规格:周长800mm以下 (5)板材厚度:0.75mm (6)接口形式:咬口	m²	4.56	177.51	809.45	—
030702001002	碳钢通风管道	(1)名称:风道 (2)材质:镀锌薄钢板 (3)形状:矩形 (4)规格:周长2000mm以下 (5)板材厚度:0.75mm (6)接口形式:咬口	m²	381.2	61.03	23264.64	—

续表

项目编码	名称	项目特征描述	计量单位	工程量	金额/元		
					综合单价	合价	暂估价
030702001003	碳钢通风管道	(1)名称:风道 (2)材质:镀锌薄钢板 (3)形状:矩形 (4)规格:周长4000mm以下 (5)板材厚度:1mm (6)接口形式:咬口	m²	1645.3	120.02	197468.91	—

注:1. 表中的工程量是表4-5中工程量计算得出的数据。

2. 表中的综合单价是根据《2010年黑龙江省建设工程计价依据》得出的,在计算过程中可根据该工程所使用的定额计算出综合单价。

第四节 通风空调工程清单工程量与定额工程量计算的比较

通风空调工程清单工程量和定额工程量计算比较见表4-7。

表4-7 通风空调工程工程清单工程量和定额工程量计算比较

	名称	内　容
相同点	静压箱	静压箱制作安装工程量按设计图示面积计算
	碳钢罩	碳钢罩类制作安装工程量按设计图示质量计算
	柔性软分管	柔性软风管的工程量按设计图示中心线长度计算,包括弯头、三通、变径管等管件的长度,但不包括部件所占的长度
	风管	风管制作安装的工程量按设计图示以展开面积计算,不扣除检查孔、测定孔、送风口、吸风口等所占面积。风管长度一律以设计图示中心线长度为准,包括弯头、三通、变径管等管件的长度,但不包括部件所占的长度。直径和周长按图示为准展开
	风淋室	风淋室的工程量按设计图示数量计算,单位"台"
	净化工作台	净化工作台的工程量按设计图示数量计算,单位"台"
	过滤器	过滤器的工程量按设计图示数量计算,单位"台"
	挡水板	挡水板制作安装的工程量按设计图示数量计算,单位"m²"
	密闭门	密闭门制作安装的工程量按设计图示数量计算,单位"个"
	风机盘管	分级盘管的工程量按设计图示数量计算,单位"台"
	空调机	空调机的工程量按设计图示数量计算,单位"台"
	除尘设备	除尘设备的工程量按设计图示数量计算,单位"台"
	通风机	通风机的工程量按设计图示数量计算,单位"台"
	名称	内　容
不同点	清洁室	清单工程量计算规则:按设计图示数量计算,单位"台" 定额工程量计算规则:按质量计算。单位"kg"
	碳钢调节阀	清单工程量计算规则:按设计图示数量计算,若调节阀为成品时,制作不再计算,单位"个" 定额工程量计算规则:制作按质量计算,单位"100kg";安装按数量计算,单位"个"
	塑料风管阀门	清单工程量计算规则:按设计图示数量计算 定额工程量计算规则:制作按质量计算,单位"100kg";安装按数量计算,单位"个"
	碳钢风口、散流器	清单工程量计算规则:按设计图示数量计算;百叶窗按设计图示以框面积计算;风管插板风口制作已包括安装内容;若风口、分布器、散热器、百叶窗为成品时,制作不再计算,单位"个" 定额工程量计算:制作按质量计算,单位"100kg";安装按数量计算,单位"个"
	碳钢风帽	清单工程量计算规则:按设计图示数量计算;若风帽为成品时,制作不再计算;单位"个" 定额工程量计算:按质量计算,单位"100kg"

第五章 给排水、采暖工程

一、给水工程施工图识读

1. 建筑给水系统的组成

某建筑给水系统（图 5-1）的组成见表 5-1。

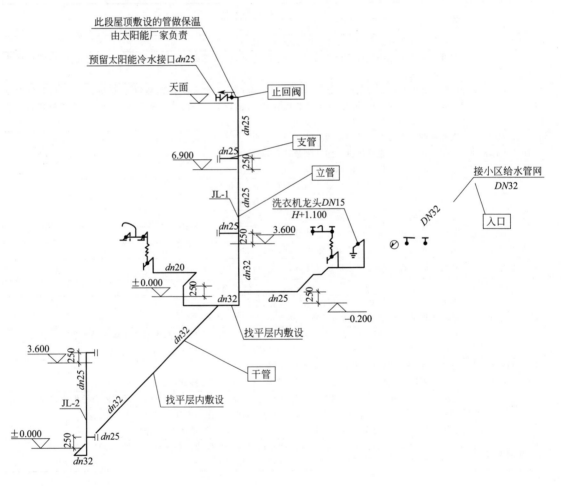

图 5-1 某建筑给水系统

表 5-1 某建筑给水系统的组成

序号	主要内容
入口	引入管(进户管)
节点	水表节点,如图 5-2 所示
系统	管道系统(水平干管、立管、横支管)
附件	给水附件(控制附件和配水附件)
给水设备	升压和贮水设备(水泵、水箱、气压给水设备、水池),水箱的组成如图 5-3 所示
消防设备	室内消防设备(消火栓和自动喷洒消防设备)

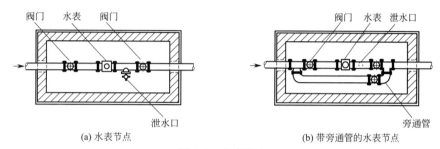

(a) 水表节点   (b) 带旁通管的水表节点

图 5-2 水表节点

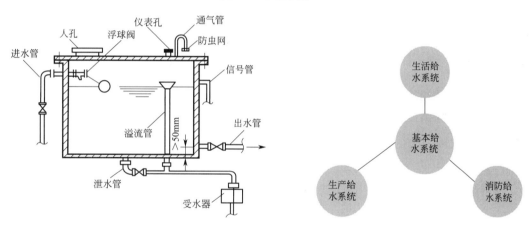

图 5-3 水箱的组成   图 5-4 给水系统划分结构图

2. 建筑给水系统的划分

① 给水系统应根据用户对水质、水压、水量和水温的要求,并结合外部给水系统的具体情况来划分,如图 5-4 所示。

② 根据用途的不同要求,各种给水系统可划分为以下内容(表 5-2)。

表 5-2 给水系统根据用途划分

名 称	内 容
生活给水系统划分	生活给水系统、生活饮用水系统、杂用水系统、生活洁净水系统等
生产给水系统划分	生产给水系统、直流给水系统、循环给水系统、复用水给水系统、软化水给水系统、纯水给水系统等
消防给水系统划分	消防给水系统划分为:消火栓给水系统、喷淋给水系统、泡沫灭火给水系统(低泡、中泡、高泡灭火系统)和蒸汽灭火系统等

③ 根据具体情况,经过技术经济的综合比较,可采用合理的共用系统,如生活生产给水系统,生活消防给水系统,生产消防给水系统、生活、生产和消防给水系统。

3. 给水平面图解读

图 5-5 所示为某办公楼卫生间的给水平面图。

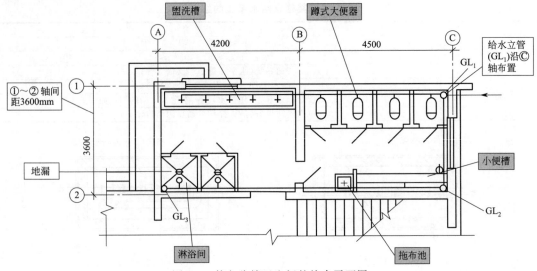

图 5-5　某办公楼卫生间的给水平面图

图 5-5 解析：给水管自房屋轴线①和轴线ⓒ相交处的墙角北面入口，通过底层水平干管分三路送到用水出，第一路通过立管 GL_1 送入大便器和盥洗槽；第二路通过立管 GL_2 送入小便槽和拖布池；第三路通过立管 GL_3 送入淋浴间的淋浴喷头。

4. 给水系统图解读

图 5-6 所示为某办公楼的给水系统图。

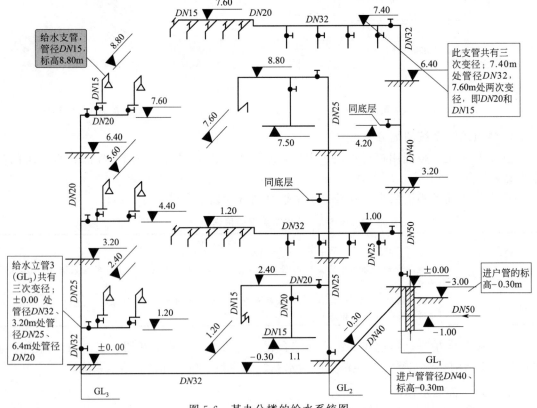

图 5-6　某办公楼的给水系统图

图 5-6 解析如下。

① 该房屋采用的是下行上给直接供水方式。

② 给水进户管 $DN50$ 上装一个闸阀，管中心标高 $-1.000m$，沿轴线①由东向西穿过外墙Ⓒ进入室内，然后上升至标高 $-0.300m$ 处，通过水平干管分为三路。

③ 立管 GL_1（$DN50$）在标高 $1.000m$ 处，分出第一层用户支管 $DN32$，立管变径为 $DN32$；在标高 $4.200m$ 处，分出第二层用户支管 $DN32$，立管变径为 $DN32$；在标高 $7.400m$ 处，立管水平折向北，成为第三层用户支管。各条支管的始端均安装有控制阀门。

④ GL_3 分出支管 $DN20$，向上装淋浴喷头，标高为 $8.800m$。

图 5-7 所示为某住宅楼的给水系统图。

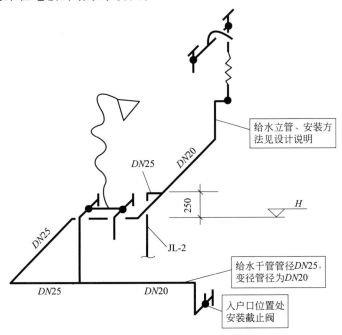

图 5-7 某住宅楼的给水系统图

二、排水施工图识读

1. 排水系统的组成及分类

（1）建筑排水系统的组成　如图 5-8 所示。

排水系统组成中的主要作用见表 5-3。

表 5-3　排水系统组成中的主要作用

名称	主　要　作　用
卫生器具	用来满足日常生活和生产过程中各种卫生要求，收集和排除污废水的设备，包括：便溺器具，盥洗器具、沐浴器具、洗涤器具、地漏
排水管道	排水管道包括：器具排水管、排水横支管、立管、埋地干管和排出管
通气管道	建筑内部排水管是气水两相流，为防止因气压波动造成的水封破坏，使有毒有害气体进入室内，需设置通气系统
清通设备	疏通建筑内部排水管道，保障排水通畅，常用的清通设备有清扫口，检查口和检查井等
污水局部处理构筑物	当建筑内部污水未经处理不允许直接排入市政排水管网或水体时，须设污水局部处理构筑物，包括隔油井、化粪池、沉砂池和降温池等

（2）排水系统的分类　排水系统可按排除的污水性质分类，具体见表 5-4。

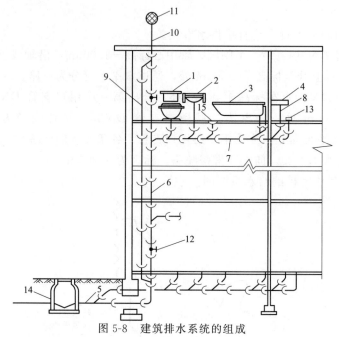

图 5-8 建筑排水系统的组成

1—坐便器；2—洗脸盆；3—浴盆；4—洗涤盆；5—排出管；6—立管；7—横支管；8—存水弯；9—通气立管；
10—通气管；11—铅丝网罩（通气口）；12—检查口；13—清扫口；14—检查井；15—地漏

表 5-4 排水系统按排除的污水性质分类

类别	作　用
粪便污水排水系统	排除大、小便器(槽)以及与此相似的卫生设备排出的污水
生活废水排水系统	排除洗涤设备、淋浴设备、盥洗设备及厨房等废水
生活污水排水系统	排除粪便污水与生活废水的合流污水
雨水排水系统	排除屋面的雨雪水
工业废水排水系统	排除生产污水和生产废水

2. 排水平面图和系统图识读

（1）排水平面图识读

图 5-9 所示为某办公楼卫生间的排水平面图。

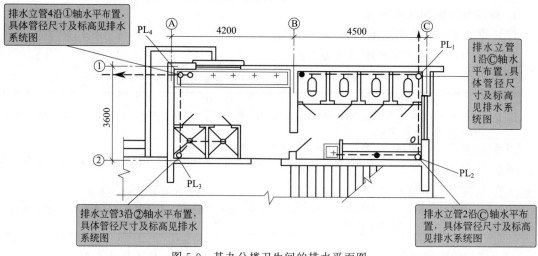

图 5-9 某办公楼卫生间的排水平面图

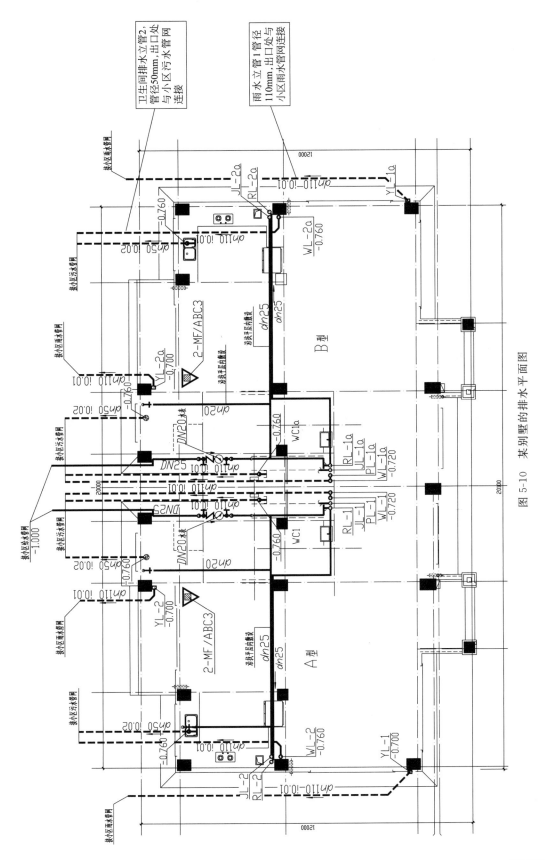

图 5-10 某别墅的排水平面图

图 5-9 解析如下。

① 排水出户管布置在西北角，靠近室外排水管道，与给水进户管平行设置。

② 为了便于粪便处理，将其排出管布置在房屋的前墙面，直接排到室外排水管道，从而将粪便排出管与淋浴、盥洗排出管分开。

③ 也可将粪便排出管先排到室外雨水沟，再由雨水沟排入室外排水管道。

图 5-10 所示为某别墅的排水平面图。

（2）排水系统图识读　图 5-11 所示为某办公楼卫生间的排水系统图。

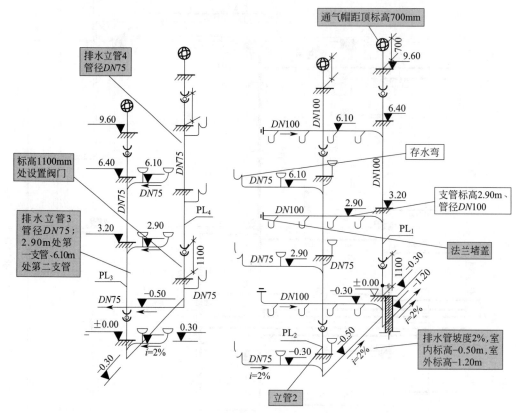

图 5-11　某办公楼卫生间排水系统图

图 5-11 图纸解析：结合排水平面图可以得知以下内容。

① 立管 PL_1 位于厕所间的东北角，即①与轴线ⓒ相交处。清扫口和大便器的污水流入横管，再排向立管 PL_1。

② 立管 PL_2 位于厕所间的东南角，即②与轴线ⓒ相交处。拖布池和小便槽内的废水通过 S 形存水弯（水封）排入横管，再排向立管 PL_2。

③ 立管 PL_3 位于盥洗间的西南角，即②与轴线Ⓐ相交处。淋浴间的污水通过地漏（设存水弯）流向横管，然后排向立管 PL_3。

④ 立管 PL_4 位于盥洗间的西北角，即①与轴线Ⓐ相交处。盥洗槽的污水通过地漏（设存水弯）流向横管，然后排向立管 PL_4。

⑤ 立管 PL_1 的管径为 $DN100$，通气管穿过屋面标高 9.600m，顶端超出屋面 700mm，设有通气帽。立管的下端标高 -1.200m 处接出户管 $DN100$，通向检查井。

图 5-12 所示为某建筑污水管道系统图。

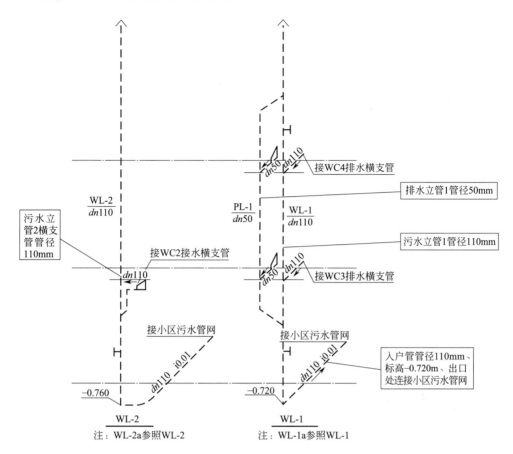

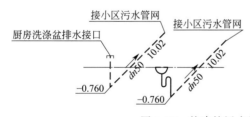

图 5-12　某建筑污水管道系统图

图 5-13 所示为某建筑雨水管道系统图。

三、采暖施工图识读

1. 采暖施工图的组成

室内采暖施工图包括设计总说明、采暖工程平面图、采暖工程系统图、详图、设备及主要材料表等几部分。

（1）设计总说明　设计总说明（图 5-14）是用文字对在施工图样上无法表示出来而又必须要让施工人员知道的内容予以说明，如建筑物的采暖面积、热源种类、热媒参数、系统总热负荷、系统形式、进出口压力差、散热器形式和安装方式、管道敷设方式以及防腐、保温、水压试验的做法及要求等。此外，还应说明需要参看的有关专业的施工图号（或采用的标准图号）以及设计上对施工的特殊要求等。

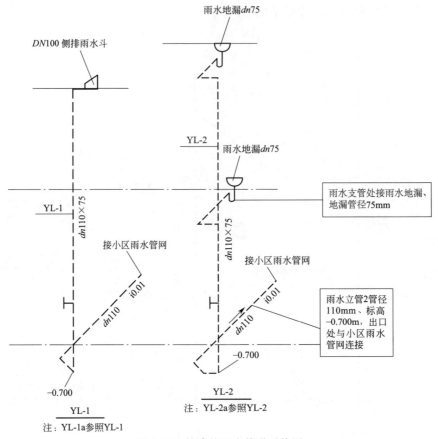

图 5-13　某建筑雨水管道系统图

（2）平面图　采暖工程平面图主要表示建筑物各层供暖管道和采暖设备在平面上的分布以及管道的走向、排列和各部分的尺寸。视水平主管敷设位置的不同，采暖施工图应分层表示。平面图常用的比例有 1∶100、1∶00 和 1∶50，在图中均有注明。平面图主要反映以下内容，见表 5-5。

表 5-5　平面图主要反映的内容

名　　称	主　　要　　内　　容
房间名称、编号、散热器类型	各层房间的名称、编号,散热器的类型、安装位置、规格、片数(尺寸)及安装方式等
管道编号	供热引入口的位置、管径、坡度及采用的标准号、系统编号及立管编号
管道位置及走向	供水总管、供水干管、立管和支管的位置、管径、管道坡度及走向等
补偿器的型号及位置	补偿器的型号、位置以及固定支架的位置
室内地沟的布置	室内地沟(包括过门管沟)的位置、走向、尺寸
膨胀水箱、集气管的布置	供水供暖系统中还标明膨胀水箱、集气罐等设备的位置及其连接管,且注明其型号
蒸汽供暖系统布置	蒸汽供暖系统中还标明管线间及管线末端疏水装置的位置、型号及规格

（3）系统图　采暖工程系统图能反映出采暖系统的组成及管线的空间走向和实际位置，其主要内容包括采暖系统中干管、立管和支管的编号、管径、标高、坡度，散热器的型号与数量，膨胀水箱、集气罐和阀件的型号、规格、安装位置及形式，节点详图的编号等。

（4）详图　采暖详图包括标准图和非标准图。标准图的内容包括采暖系统及散热器的安装，疏水器、减压阀和调压板的安装，膨胀水箱的制作和安装，集气罐的制作和安装等；非标准图的节点和做法要画出另外的详图。

（5）设备、材料表　设备、材料表（见图 5-15）是用表格的形式反映采暖工程所需的主要设备、各类管道、管件、阀门以及其他材料的名称、规格、型号和数量。

图例

名称	图例
供暖供水管	
供暖回水管	
管道固定支架	
锁闭调节阀	
锁闭阀	
分集供水器	GL-X
供暖供水立管	HL-X
供暖回水立管	
管道坡向	i=0.003
自动放气阀	
过滤器	
热量表	
调节阀	
电热执行差控制阀	
压力表	
温度计	
球阀	
蝶阀	
闸阀	
伸缩缝	
泄水丝堵	

供暖标准图集目录

序号	标准图集名称	图号
1	热水供暖系统入口装置	04K502
2	供暖立管穿楼板详图	01R409
3	单管吊架安装装置图	04K502
4	单管吊架安装图	05R417-1
5	单卡、支架及吊架安装详图	05R417-1
6	单立管安装详图	04K502
7	管道及设备保温	08R418
8	集气制作作及安装	94K402-1
9	新型散热器的选用及安装	12K404
10	新型散热器的选用及安装	05K405
11	12 系列河北建筑标准设计图集 DBJT02-81-2013	12N1

供暖、空调通风设计及施工说明

一、工程尺寸

本工程位于××××市，建筑面积为 4403.46m²，地上 9 层，建筑总高度 26.1m。室内冬季采用低温热水地板辐射供暖。

二、本设计采用的供暖及通风设计号，如图表一。

三、设计模拟及基础资料

1. 已批准的初步设计文件、建设单位的供热资料和《民用建筑供暖通风与空气调节设计规范》（GB 50736—2012）。

四、空调、通风设计

五、供暖施工运算

六、地面辐射供暖

注：地热盘管距离不小于 250 时，转弯处做此图。

图 5-14 采暖设计及施工说明

编号	负荷/kW	阻力/kPa	编号	负荷/kW	阻力/kPa
R1	66.92	43	R2	66.88	43

附录二　户用一体化热量表技术数据表

公称流量/(mL/h)	0.6	1.0/1.5	2.5	3.5
公称口径/mm	DN15	DN20	DN20	DN25/DN32
工作压力/MPa	1.6	1.6	1.6	1.6
压力损失/kPa	8.5	7.5	10.0	4.4
最大流量/(mL/h)	1.2	2/3	5	7
最小流量/(mL/h)	0.006	0.01/0.006	0.01	0.035
温度范围	5~130℃			
工作压力	3.0V(锂电池,寿命12年)			
温度传感器	两线式 Pt100 铂电阻			

附表一　供暖系统入口处总热量表技术数据表

公称流量/(mL/h)	3.5	6	10	15	25	40
公称口径/mm	DN25	DN25	DN40	DN50	DN65	DN80
工作压力/MPa	2.5	2.5	2.5	2.5	2.5	2.5
压力损失/kPa	4	7	5	6	7	10
最大流量/(mL/h)	7	9	20	30	50	80
最小流量/(mL/h)	0.035	0.06	0.1	0.15	0.25	0.4
温度范围	20~150℃					
工作压力	3.0V(锂电池,寿命12年)					
温度传感器	两线式 Pt100 铂电阻					

附表四　供暖主干管活动支架间的最大间距

公称直径/mm	32	40	50	65	80	100	125	150	200	250	300
支架的最大间距/m 保温	2.0	2.3	3.0	3.0	3.0	3.0	6.0	6.0	6.0	6.0	6.0
支架的最大间距/m 不保温	3.0	3.0	6.0	6.0	6.0	6.0	6.0	6.0	6.0	6.0	6.0

附表六　预埋非防水套管的尺寸

暖管公称直径	DN15	DN20	DN25	DN32	DN40	DN50	DN70	DN80	DN100	DN125	DN150	DN200
套管公称直径	DN32	DN40	DN50	DN70	DN80	DN100	DN100	DN150	DN150	DN200	DN200	DN250

附表三　热镀锌钢管、无缝钢管壁厚

公称直径/mm	DN15	DN20	DN25	DN32	DN40	DN50	DN70	DN80	DN100	DN125	DN150	DN200
壁厚/mm	2.75	2.75	3.25	3.25	3.50	3.50	3.75	4.0	4.0	4.0	4.5	6.0
管道类型	热镀锌钢管 GB/T 3091;Q235-A							无缝钢管 GB/T 8163;Q235-A				

附表五　预埋防水套管的尺寸

公称直径/mm		DN50	DN70	DN80	DN100	DN125	DN150	DN200	DN250	DN300
尺寸/mm	翼环厚度(h)	5	5	5	6	6	8	8	8	10
	套管直径(D₂)	114	124	140	165	191	216	267	325	377
	翼环直径(D₃)	274	297	320	345	371	406	457	525	577

附表七　预制直埋保温管规格表

公称直径	钢管外径壁厚/mm×mm	聚氨酯保温层厚度/mm	PE管壳外径壁厚/mm×mm
DN25	33.7×2.6	26.0	90×2.2
DN32	42.4×2.6	31.6	110×2.2
DN40	48×2.6	28.7	110×2.2
DN50	60×3.5	37	140×3
DN70	76×4	29	140×3
DN80	89×4	32	160×3.2
DN100	114×4	39.1	200×3.9
DN125	140×4.5	38	225×4.4
DN150	159×4.5	40.6	250×4.9
DN200	219×6	41.8	315×6.2

图5-15　设备、材料表

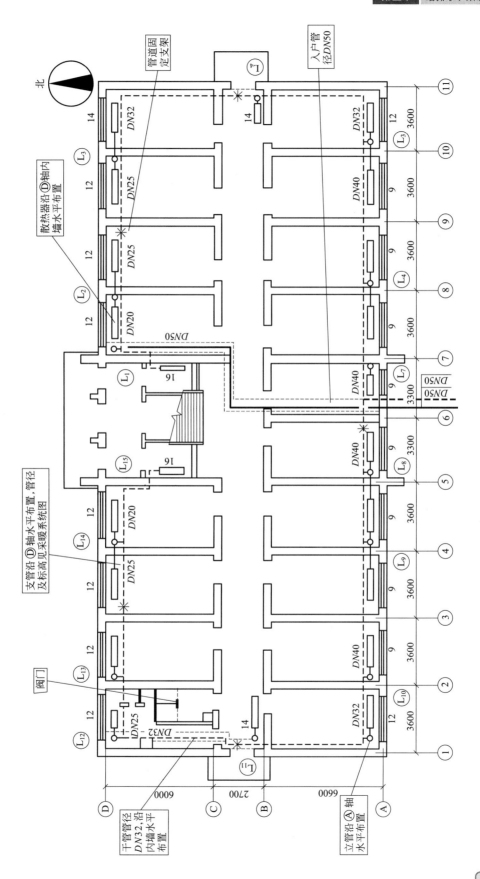

图 5-16 某住宅楼的采暖平面图

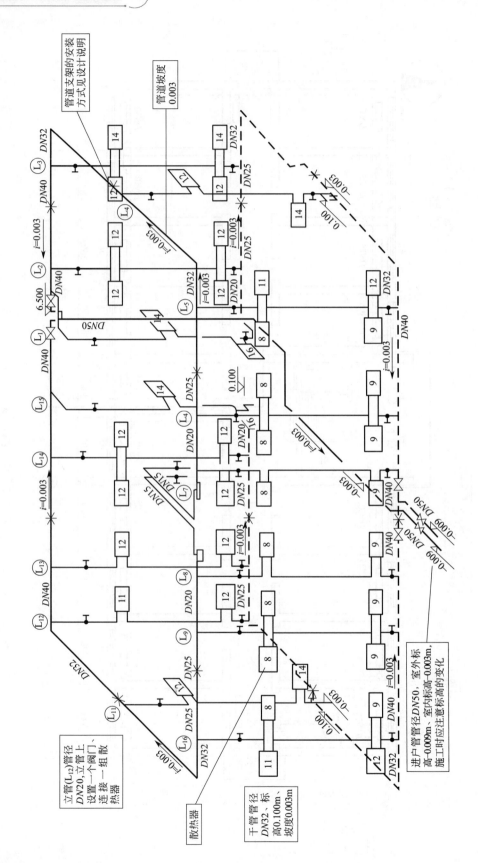

图 5-17 某住宅楼的采暖系统图

2. 采暖平面图、系统图和详图识读

（1）采暖平面图解读　图 5-16 所示为某住宅楼的采暖平面图。

图 5-16 解析：①热力入口设在靠近⑥轴右侧位置，供、回水干管管径均为 $DN50$；②主立管设在⑦轴处；③回水干管分成两个分支环路，右侧分支连接共 7 根立管，左侧分支连接共 8 根立管。

（2）采暖系统图识读　图 5-17 所示为某住宅楼的采暖系统图。

图 5-17 解析：①系统热力入口供、回水干管均为 $DN50$，并且设有同规格阀门，标高为 $-0.900m$；②引入室内后，供水干管标高为 $-0.300m$，有 0.3％的上升坡度，经主立管引至二层后，分为两个分支，分流后设阀门；③回水干管同样分为两个分支，在地面以上明装，起点标高为 $0.100m$，有 0.3％沿水流方向下降的坡度。

各立管采用单管顺流式，上下端设阀门（图中未标注的立、支管管径详见设计说明）。

（3）采暖详图识读　图 5-18 所示为某散热器的安装详图。

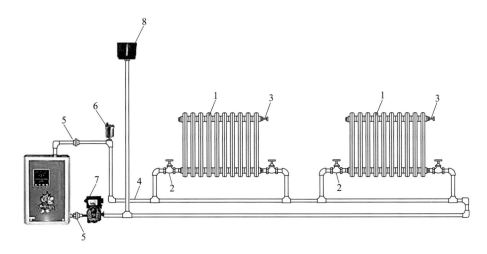

图 5-18　某散热器的安装详图

1—散热器；2—黄铜闸阀；3—手动放气阀；4—热水管（焊接钢管）；5—活接头；

6—自动防排气阀；7—屏蔽水泵；8—储水水箱

图 5-18 解析：①该暖气片采用的是水平跨越式安装方式；②其中的各部件应按顺序有序进行安装。

第二节　给排水、采暖工程量计算规则解析

一、给水工程量计算一般规定

1. 管道界限划分

管道界限划分通常以施工图规定界限为准，当施工图无明确规定时，按下列规定划分。

（1）室内外管道界限　当建筑物外设有水表或阀门时，以水表或阀门为界；未设水表或阀门时，以建筑物外墙皮 1.5m 为界。

（2）室外管道与市政管道界限　以水表井为界；无水表井者，以与市政管道碰头点为界。

2. 室外给水工程量计算

（1）给水管道安装　根据管材、管道连接方式、接口材料和管径不同，按管道中心线，以延长米为单位计算。

（2）阀门安装　根据阀门种类、规格、型号、连接方式和管径不同，以个为单位计算。

（3）管道消毒、冲洗　按管径不同，以延长米为单位计算。

（4）新管与原有管道干线碰头　按管径和接头形式不同，以处为单位计算。

（5）浮标液位计、水塔水池浮标、水位标尺制作安装　按型式不同，分别以组或套为单位计算。

（6）室外消火栓安装　按配置形式（地上式、地下式）和类型（甲型、乙型）不同，以组为单位计算。

（7）消防水泵接合器安装　按配置形式（地上式、地下式、墙壁式）和规格不同，以组为单位计算。

（8）给水检查井砌筑　圆形井按内径和深度不同，矩形井按面积和深度不同，分别以座为单位计算。

3. 建筑内给水工程量计算

（1）给水管道安装　按管材、连接方式、接口材料及管径不同，以延长米为单位计算。

（2）室内消火栓安装　按出口（单出口、双出口）和直径不同，以套为单位计算。

（3）水表安装　螺纹水表安装，按直径不同，以个为单位计算；焊接法兰水表（带旁通管及止回阀）安装，按直径不同，以组为单位计算。

（4）钢板水箱制作　按箱重不同，以 kg 为单位计算。

（5）矩形水箱安装　按容积不同，以个为单位计算。

（6）钢板水箱木制底盘制作安装　按型号（1#～6#）不同，以个为单位计算。

（7）卫生器具安装　按种类不同分别计算。它分为以下几种。

① 浴盆、妇女卫生盆安装　按冷、热水和有无喷头，分别以组为单位计算。

② 洗脸盆、洗手盆安装　按冷、热水、开关型式、材质和用途不同，以组为单位计算。

③ 洗涤盆、化验盆安装　按水嘴（单嘴、双嘴、鹅颈嘴）和开关方式不同，以组为单位计算。

④ 淋浴器组成安装　按材质和冷、热水不同，以组为单位计算。

⑤ 水龙头安装　按直径不同，以个为单位计算。

⑥ 大便器安装　按型式（蹲式、坐式）、冲洗方式和镶接材料不同，以组为单位计算。大便器安装，以组为单位计算。

⑦ 大便槽自动冲洗水箱安装　按水箱容积不同，以套为单位计算。

⑧ 小便器安装　按型式（挂斗式、立式）、冲洗方式和联数（一联、二联、三联）不同，以组为单位计算。

⑨ 小便槽冲洗管制作安装　按直径大小以延长米为单位计算。

⑩ 地漏、地面扫除口安装　按规格直径不同，以个为单位计算。

⑪ 排水栓、铸铁存水弯安装　按是否带存水弯和直径不同，以组为单位计算。

（8）法兰安装　按材质、连接方式和直径不同，以副为单位计算。

（9）管道消毒冲洗　按直径不同，以延长米为单位计算。

（10）开水炉安装　按型号（1#、2#、3#）不同，以台为单位计算。

（11）电热水器、电开水炉安装　按安装方式（挂式、立式）、型式不同，以台为单位计算。

（12）容积式水加热器安装　按型号（1#～7#）不同，以台为单位计算。

（13）蒸汽-水加热器、冷热水混合器安装　按类型、型号不同，以台为单位计算。

（14）清毒锅、清毒器、饮水器安装　按类型、型式（干、湿式）、型号不同，以台为单位计算。

（15）自动消防信号门　按直径不同，以组为单位计算。

（16）湿式自动喷水报警阀带附件整套安装　按直径不同，以套为单位计算。

（17）消防玻璃球喷头安装　以个为单位计算。

二、排水工程量计算一般规定

1. 管道界限划分

施工图有规定者，以施工图规定为准；无规定时，按下述规定划分。

（1）室内外管道界限　以出户第一个排水检查井为界，检查井计入室外排水系统。

（2）室外管道与市政管道界限　以室外管道与市政管道碰头为界。

2. 室外排水工程量计算

（1）管道安装　按管材种类、连接方式、接口材料和管径不同，以延长米为单位计算。

（2）检查井、砖砌和石砌井　按壁厚和深度，以 m^3 为单位计算；预制混凝土井，按直径和深度，以座为单位计算。

3. 建筑排水工程量计算

（1）管道安装　按材质、连接方式、接口材料和管径不同，以延长米为单位计算。

（2）柔性套管制作、安装　按材质、管径不同，以个为单位计算。

（3）刚性套管制作、安装　按材质、管径不同，以个为单位计算。

（4）镀锌铁皮套管制作　按直径不同，以个为单位计算。

（5）管道刷油　按刷油种类和遍数不同，根据外表面积，以 m^2 为单位计算。管道刷油面积可按以下的公式计算。

$$S = \pi(d + 2\delta)L$$

式中　S——管道刷油面积，m^2；

　　　d——管道外径，m；

　　　δ——管道保温层厚度，m；

　　　L——管道长度，m。

三、采暖工程量计算一般规定

1. 供暖工程量计算规则

（1）供暖热源管道界限划分　室内外以入口阀门或建筑物外墙皮 1.5m 为界；与工艺管道界线以锅炉房或泵站外墙皮 1m 为界；工厂车间内供暖管道以供暖系统与工业管道碰头点为界；设在高层建筑内的加压泵间管道以泵站间外墙皮为界。

（2）锅炉房、泵房管道安装　锅炉房、泵房（加压泵间）管道安装应执行工艺管道安装相关规定。

2. 管道安装

① 安设计图示管道中心线长度以延长米计算，不扣除阀门、管件（包括减压器、疏水器、水表、伸缩器等组成安装）及各种井类所占的长度；方形补偿器以其所占长度按管道安装工程量计算。

② 伸缩器制作安装，螺纹连接法兰式套筒伸缩器和焊接法兰式套筒伸缩器安装，方形伸缩器制作安装，均按公称直径不同，以个为单位计算。

3. 栓类阀门安装

（1）自动排气阀手动放风阀安装　按公称直径不同，以个为单位计算。

（2）安全阀安装（包括调试定压）安全阀安装　按阀门安装相应定额项目乘以系数2.0计算。供暖工程（工艺管道除外）所用阀门安装，按阀门安装相应规则计算。

4. 低压器具仪表组成与安装

（1）减压器组成与安装减压器组成与安装　按连接方式、公称直径的不同，以组为单位计算。

（2）疏水器组成与安装疏水器组成与安装　按连接方式、公称直径的不同，以组为单位计算。

（3）仪表安装仪表安装　按仪表种类（温度计、压力表）和水位表型式不同，以副为单位计算。

5. 供暖器具安装

各种类型散热器不分明装或暗装，均按类型分别选套定额，柱型散热器采用挂装时，套用M132项目计算。柱型和M132型铸铁散热器安装用拉条时，拉条另计算。散热器接口密封材料，若施工所用材料与定额不同时（如用胶垫或石棉绳等其他材料），不做换算。板式、壁式、闭式散热器安装，计算定额中包含了托钩的安装人工和材料，但不包括托钩价格，如散热器主材价不包括托钩时，托钩价应另计。

（1）铸铁散热器组成安装　按型号不同，以片为单位计算。

（2）光排管散热器制作安装　按公称直径不同，以m为单位计算。

（3）钢制闭式散热器安装　按型号不同，以片为单位计算。

（4）钢制板式散热器安装　按型号不同，以组为单位计算。

（5）钢制壁式散热器安装　按重量不同，以组为单位计算。

（6）钢柱式散热器安装　按片数不同，以组为单位计算。

（7）暖风机安装　按重量不同，以台为单位计算。

（8）太阳能集热器安装　按单元重量不同，以个单元为单位计算。

（9）热空气幕安装　按型号或重量不同，以台为单位计算。

（10）集气罐制作与安装　按公称直径不同，以个为单位计算。

6. 小型容器及水箱盘制作安装

（1）钢板水箱制作　按每个水箱重量的不同，以kg为单位计算。

（2）补水箱及膨胀水箱安装　补水箱安装，按个为单位计算；膨胀水箱安装，按容积大小不同，以个为单位计算。

各种水箱连接管计算工程量时，可按室内管道安装的相应项目执行。各类水箱均未包括支架制作安装，工程若为型钢支架，可套用"一般管道支架"项目；若为混凝土或砖支座，可套土建工程预算定额相应项目。

7. 锅炉房管道、设备安装

① 工艺管道、管件、阀门和法兰安装。

② 工艺管架、金属构件制作与安装包括管道支架、蒸汽分汽缸、空气分气筒等。

a. 管道支架制作与安装 按支架型式不同，以 t 为单位计算。

b. 蒸汽分汽缸制作与安装 蒸汽分汽缸按形式不同进行制作；安装按质量不同，均以 kg 为单位计算。

c. 空气分气筒制作与安装 按规格不同，以个为单位计算。

d. 除污器安装 按公称直径不同，以组为单位计算。

e. 注水器组成与安装 按型式（单型、双型）、公称直径的不同，以组为单位计算。

③ 低压锅炉安装包括铸铁锅炉、快装锅炉、散装锅炉安装等。

a. 铸铁锅炉安装 按炉型、所增片数的不同，以台为单位计算。

b. 汽水两用生活立式锅炉本体安装 按蒸发量或供热量的不同，以台为单位计算。

c. 快装锅炉成套设备安装 按蒸发量或供热量的不同，以台为单位计算。快装锅炉是指锅炉生产厂除锅炉辅助机械单件供货时，炉本体在生产厂组装、砌筑、保温、油漆等工序全部完成后整体出厂的锅炉。

d. 组装锅炉本体安装 按蒸发量或供热量不同，以组为单位计算。组装锅炉是指由锅炉生产厂将炉本体分上下两大件组装后出厂的蒸汽、热水燃煤锅炉。

e. 散装锅炉本体安装 按蒸发量的不同，以 t 为单位计算。

f. 燃油（气）锅炉本体安装 分整体与散装，按蒸发量不同，以台为单位计算。

g. 烟气净化设备安装 按设备类型、重量的不同，以台为单位计算。

h. 锅炉软化水处理设备安装 按软化水产量的不同，以台为单位计算。

i. 热交换器设备安装 按设备类型、换热量或设备重量不同，以台为单位计算。

j. 输煤设备安装 按设备类型不同，以台为单位计算。

k. 除渣设备安装 按设备类型：螺旋除渣机按直径（ϕ）/输送能力（t/h）、刮板除渣机按出渣量（t/h）、链条除渣机按输送长度（m）/ 除渣能力（t/h）、重型链条除渣机按输送长度与除渣能力的不同，均以台为单位计算。

l. 双辊齿式破碎机安装 按辊齿直径的不同，以台为单位计算。

④ 风机安装及拆装检查，按类型、设备重量的不同，以台为单位计算。

⑤ 泵安装和拆装检查，按水泵类型（离心泵、锅炉给水泵、冷凝水泵、热循环水泵）、水泵重量的不同，以台为单位计算。

第三节 给排水、采暖工程量计算实例

一、给排水设计总说明识读

图 5-19 所示为给排水设计总说明。

图 5-19 解析：从图中可以看出本工程给排水、消防设计的基本参数，说明中对给排水和消防设计、施工细节都做出了详细说明，同时也给出了与图纸相关的图例，帮助读者更好地阅读图纸。

说　　明

一、设计依据

1. 建设单位提供的本工程设计任务书、市政资料和甲方与设计院的有关会议记录；

2. 建设单位已批准的初步设计；

3. 建筑和有关工种提供的作业图和有关资料；

4. 高层民用建筑设计防火规范》（GB 50045—95）（2005年版）
《建筑给水排水设计规范》（GB 50015—2003）（2009年版）
《住宅设计规范》（GB 50096—2003）
《住宅建筑规范》（GB 50368—2005）

二、工程概况

本工程为××市、××区、××房地产开发公司开发的，为地上十八层的住宅楼，建筑高度为84.00m，总建筑面积为15032m²。

三、设计范围和设备

本设计包括室内给水系统、排水系统、雨水系统、消防系统四个系统。

四、系统说明

1. 生活给水系统

1.1 水源：本工程的供水水源为市政给水管网，供水压力为0.15MPa。

1.2 本工程采用的生活用水设有小区生活给水设备减压供水。

1.3 给水系统分为三个区：
一～五层为低区，由市政给水管网直接供水；
六～十三层为中区，由低区变频供水设备减压供水；
八～二十层为高区，由高区变频供水设备供水。

1.4 给水进户管上设水表计量。
2.1 本工程生活污、废水合流排出室外，污水由自流排至室外，生活污水经化粪池处理后排入市政污水管。

...（本段为旋转密集文本，部分内容略）

五、卫生洁具

1. 生活洁具由甲方确定。
2. 所有卫生洁具及配件均应选用节水型。
3. 所有卫生洁具和存水弯排水度大于50mm。

六、管材和连接

1. 生活给水干管采用内衬塑钢管，横支管及支管采用PP-R管，热熔连接。
2. 排水管采用UPVC排水塑料管，粘结。
3. 雨水系统采用HDPE排水塑料管。

七、阀门及附件

1.1 给水管道DN≥50mm采用闸阀，DN＜50mm采用截止阀或球阀。
2.1 消火栓管道采用铸铁闸阀。
3.1 地漏采用防返溢地漏。

八、管道敷设

1. 全部给水管道及排水管均应做防结露处理。
2. 安装管道时管道穿过墙壁和楼板。
3. 管道坡度：各种排水管均按以下列坡度设计：
   DN50 i=0.035；DN75 i=0.025；DN100 i=0.020；
   DN150 i=0.010；DN200 i=0.008。

九、管道试压

1.1 低区给水管道试验压力为1.00MPa，中区给水管道为1.80MPa。
1.2 消防给水管道试验压力为2.10MPa。
2. 排水管道灌水试验。
3. 雨水管道灌水试验。

十、防腐及油漆

1. 防腐及油漆。
2. 保温及防结露。

十一、其他

1. PP-R管不得在低于零下时施工。

图例

符号	说明
—J1—	低区给水管道
—J2—	中区给水管道
—X1—	室内低区消火栓管道
—X2—	室内高区消火栓管道
—W—	排水管道
—T—	通气管道
—Y—	雨水管道
⋈	闸阀螺阀
	止回阀
	截止阀
	洗涤盆
	坐式大便器
	淋浴器
	消扫口
	检查口
	通气帽
	压力表
	水表
	地漏
	水龙头
	消火栓
	减压阀
	过滤器

公称直径/mm	15	20	25	32	40	50
管外径/mm	20	25	32	40	50	63

图 5-19　给排水设计总说明

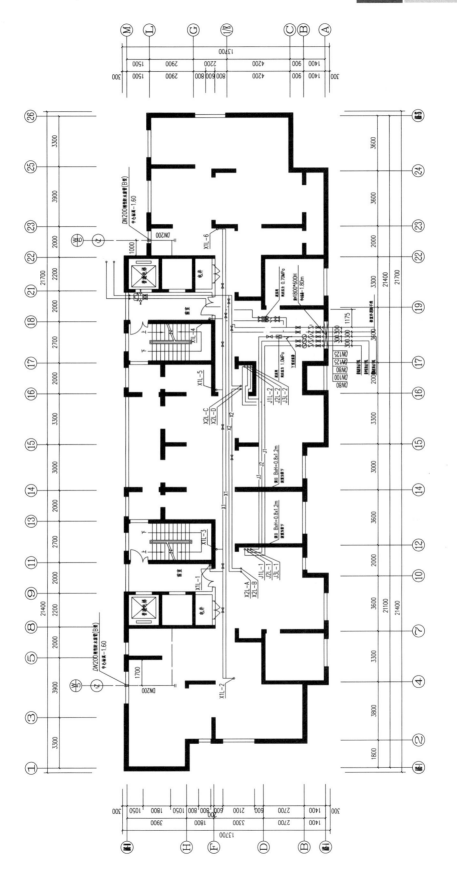

图 5-20 地下一层给排水平面图

二、地下一层给排水平面图识读

图 5-20 所示为地下一层给排水平面图。

图 5-20 解析：从图中可以看出管道入户口在⑰轴到⑱轴处，其中共 5 条管道，其中 3 条给水干线和 2 条消防干线，3 条给水干线进户后分别安装一个闸阀、一个止回阀、一个水表和一个闸阀，然后分别与立管相连进入户内，其管径和标高见系统图。

三、地下一层给排水工程量计算

1. 地下一层给水工程量计算

地下一层高区给水工程量计算如下。

$DN80$：$1.5 + 8.7 = 10.2$（m）

$DN70$：$2.95 + 10.31 = 13.3$（m）

地下一层中区给水工程量计算如下。

$DN100$：$1.5 + 8.4 = 9.9$（m）

$DN70$：$3.6 + 10.95 = 14.6$（m）

地下一层低区给水工程量计算如下。

$DN80$：$1.5 + 8.1 + 4.2 = 13.8$（m）

2. 地下一层排水工程量计算

地下一层水平管工程量计算如下。

W/5，$DN200$：$1.5 + 3.2 + 3.73 = 8.43$（m）

W/6，$DN100$：$1.5 + 1.7 + 0.95 = 4.2$（m）

四、地下一层给排水工程计价

把由图 5-19 工程量计算得出的数据代入表 5-6 中，即可得到该部分工程量的价格。

表 5-6　地下一层给排水工程计价表

项目编码	名称	项目特征描述	计量单位	工程量	综合单价	合价	暂估价
					金额/元		
030801001001	高区给水 $DN80$	（1）安装部位（室内、外）：室内 （2）输送介质（给水、排水、热媒体、燃气、雨水）：给水 （3）材质：衬塑钢管 （4）型号、规格：$DN80$	m	10.2	300.47	3064.79	—
030801001003	高区给水 $DN70$	（1）安装部位（室内、外）：室内 （2）输送介质（给水、排水、热媒体、燃气、雨水）：给水 （3）材质：衬塑钢管 （4）型号、规格：$DN70$	m	13.3	248.26	3301.86	—
030801001002	中区给水 $DN100$	（1）安装部位（室内、外）：室内 （2）输送介质（给水、排水、热媒体、燃气、雨水）：给水 （3）材质：衬塑钢管 （4）型号、规格：$DN100$	m	9.9	349.49	3459.95	—

项目编码	名称	项目特征描述	计量单位	工程量	金额/元		
					综合单价	合价	暂估价
030801001003	中区给水 DN70	(1)安装部位(室内、外):室内 (2)输送介质(给水、排水、热媒体、燃气、雨水):给水 (3)材质:衬塑钢管 (4)型号、规格:DN70	m	14.6	248.26	3624.60	—
030801001001	低区给水 DN80	(1)安装部位(室内、外):室内 (2)输送介质(给水、排水、热媒体、燃气、雨水):给水 (3)材质:衬塑钢管 (4)型号、规格:DN80	m	13.8	300.47	4146.49	—
030801004004	排水 DN100	(1)安装部位(室内、外):室内 (2)输送介质(给水、排水、热媒体、燃气、雨水):排水 (3)材质:离心机制排水铸管 (4)型号、规格:DN100	m	4.2	293.68	1233.46	—
030801004005	排水 DN200	(1)安装部位(室内、外):室内 (2)输送介质(给水、排水、热媒体、燃气、雨水):排水 (3)材质:离心机制排水铸管 (4)型号、规格:DN200	m	8.43	587.36	4951.44	—

注:1. 表中的工程量是图 5-20 中工程量计算得出的数据。

2. 表中的综合单价是根据《2010 年黑龙江省建设工程计价依据》得出的,在计算过程中可根据该工程所使用的定额计算出综合单价。

五、一层给排水施工图识读

图 5-21 所示为一层给排水平面图。

图 5-21 解析:从图中可以看出每个单元的给排水、消防管道都是由单元楼梯管道井中引出的,如⑩轴到⑫轴的管道井中分别有 3 条给水立管、1 条雨水立管、2 条消防立管,管道进入每户后分别与用水设备相连接。

六、一层给排水工程量计算

1. W/1

$DN200$:$1.5+10.5=12$(m)

$DN150$:$0.15+2.88+0.7+0.35+1.22+0.82=6.12$(m)

2. W/1

$DN100$:$1.5+12.5+3.48+0.6=18.1$(m)

$DN50$:$0.96+0.73+0.72+0.9+0.996+0.33+0.65=5.3$(m)

3. W/2:离心铸铁管

$DN200$:$9.22+3.05=12.27$(m)

$DN150$:$1.01+3.08+8.28+0.1=12.5$(m) $12.5-3.05=9.45$(m)

4. W/2

$DN100$:$9.4+7.2+0.95+2.6+3.5=23.7$(m)

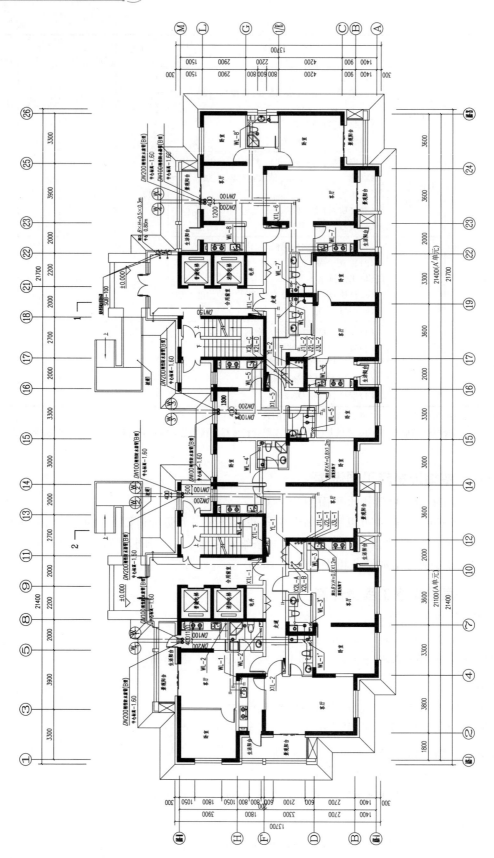

图 5-21 一层给排水平面图

$DN50$：$0.96+0.54+0.67+0.3+0.84+1.38+3.4=8.1$（m）

5. W/3（一）

$DN200$：7.41m

$DN150$：$3.12+6.2+1.2+1.65+1.2=13.4$（m）

6. W/3（二）

$DN100$：$7.2+4.35+1.1+2.28+1.006=15.94$（m）

$DN50$：$3.2+1.01+0.78+1.32+0.26\times2+1.93+3.86=12.62$（m）

7. W/4（一）

$DN200$：$7.8+3.1=10.9$（m）

$DN150$：$3.05+5.25+1.83+5.15=15.3$（m）　　$15.3-3.1=12.2$（m）

8. W/4（二）

$DN100$：$8.1+4.6+5.31+0.3=18.31$（m）

$DN50$：$3.2+0.63+1.22+0.6+0.67+0.33=6.65$（m）

七、一层给排水工程计价

把图 5-21 工程量计算得出的数据代入表 5-7 中，即可得到该部分工程量的价格。

表 5-7　一层给排水工程计价表

项目编码	名称	项目特征描述	计量单位	工程量	综合单价	合价	暂估价
					金额/元		
030801004005	W/1:$DN200$	(1)安装部位(室内、外):室内 (2)输送介质(给水、排水、热媒体、燃气、雨水):排水 (3)材质:离心机制排水铸管 (4)型号、规格:$DN200$	m	12	587.36	7048.32	—
030801004003	W/1:$DN150$	(1)安装部位(室内、外):室内 (2)输送介质(给水、排水、热媒体、燃气、雨水):排水 (3)材质:离心机制排水铸管 (4)型号、规格:$DN150$	m	6.12	346.47	2020.40	—
030801004004	W/1:$DN100$	(1)安装部位(室内、外):室内 (2)输送介质(给水、排水、热媒体、燃气、雨水):排水 (3)材质:离心机制排水铸管 (4)型号、规格:$DN100$	m	18.1	349.49	6325.77	—
030801004002	W/1:$DN50$	(1)安装部位(室内、外):室内 (2)输送介质(给水、排水、热媒体、燃气、雨水):排水 (3)材质:离心机制排水铸管 (4)型号、规格:$DN50$	m	5.3	115.49	612.10	—
030801004005	W/2:$DN200$	(1)安装部位(室内、外):室内 (2)输送介质(给水、排水、热媒体、燃气、雨水):排水 (3)材质:离心机制排水铸管 (4)型号、规格:$DN200$	m	12.27	587.36	7206.91	—

续表

项目编码	名称	项目特征描述	计量单位	工程量	金额/元		
					综合单价	合价	暂估价
030801004003	W/2:DN150	(1)安装部位(室内、外):室内 (2)输送介质(给水、排水、热媒体、燃气、雨水):排水 (3)材质:离心机制排水铸管 (4)型号、规格:DN150	m	9.45	346.47	3274.14	—
030801004004	W/2:DN100	(1)安装部位(室内、外):室内 (2)输送介质(给水、排水、热媒体、燃气、雨水):排水 (3)材质:离心机制排水铸管 (4)型号、规格:DN100	m	23.7	349.49	8282.91	—
030801004002	W/2:DN50	(1)安装部位(室内、外):室内 (2)输送介质(给水、排水、热媒体、燃气、雨水):排水 (3)材质: 离心机制排水铸管 (4)型号、规格:DN50	m	8.1	115.49	935.47	—
030801004004	W/3:DN100	(1)安装部位(室内、外):室内 (2)输送介质(给水、排水、热媒体、燃气、雨水):排水 (3)材质:离心机制排水铸管 (4)型号、规格:DN100	m	15.94	349.49	5570.87	—
	W/3:DN50:	(1)安装部位(室内、外):室内 (2)输送介质(给水、排水、热媒体、燃气、雨水):排水 (3)材质:离心机制排水铸管 (4)型号、规格:DN50	m	12.62	115.49	1457.48	—
030801004005	W/4:DN200	(1)安装部位(室内、外):室内 (2)输送介质(给水、排水、热媒体、燃气、雨水):排水 (3)材质:离心机制排水铸管 (4)型号、规格:DN200	m	10.9	587.36	6402.22	—
030801004003	W/4:DN150	(1)安装部位(室内、外):室内 (2)输送介质(给水、排水、热媒体、燃气、雨水):排水 (3)材质:离心机制排水铸管 (4)型号、规格:DN150	m	12.2	346.47	4226.93	—
030801004004	W/4:DN100	(1)安装部位(室内、外):室内 (2)输送介质(给水、排水、热媒体、燃气、雨水):排水 (3)材质:离心机制排水铸管 (4)型号、规格:DN100	m	18.31	349.49	6395.67	—
030801004002	W/4:DN50	(1)安装部位(室内、外):室内 (2)输送介质(给水、排水、热媒体、燃气、雨水):排水 (3)材质:离心机制排水铸管 (4)型号、规格:DN50	m	6.65	115.49	768.01	—

注：1. 表中的工程量是图 5-21 中工程量计算得出的数据。

2. 表中的综合单价是根据《2010 年黑龙江省建设工程计价依据》得出的，在计算过程中可根据该工程所使用的定额计算出综合单价。

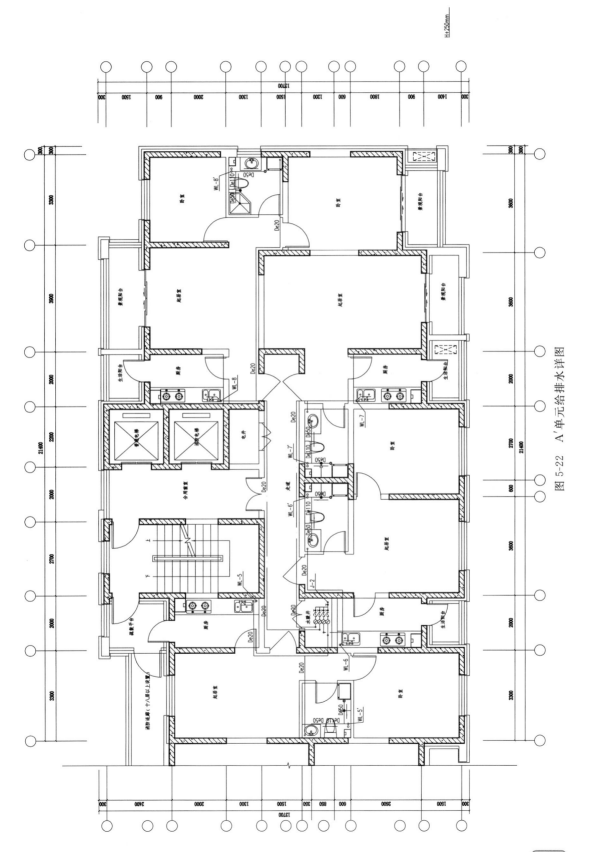

图 5-22 A'单元给排水详图

八、A′单元给排水详图识读

图 5-22 所示为 A′单元给排水详图。

图 5-22 解析：从图中可以看出 A′单元给排水管道的布置情况，以及管径和用水设备连接的位置，其管道标高、用水设备型号及尺寸可在右侧的系统原理图中查看。

九、A′单元给排水详图工程量计算。

1. A′单元排水工程量计算

A′单元水平管 De110：(0.67＋0.88＋0.73＋0.6)×27＝77.8(m)

De50：(0.605×4＋0.7＋0.83＋0.84＋0.72＋0.95＋0.72＋0.71＋0.17＋1.1)×27＝247.32(m)

小立管 De110：(0.3＋0.15)×4×27＝48.6(m)

　　　　De50：17×0.6×27＝275.4(m)

2. A′单元给水工程量计算

De25：(0.3＋1.02＋0.92＋0.82＋0.88)×28＝110.32(m)

De20：(5.53＋2.09＋3.93＋12.8＋9.67＋4.36＋12＋0.38)×28－101.92＝1319.36(m)

De40：0.18×28＝5.04(m)

十、A′单元给排水工程计价

把图 5-22 工程量计算得出的数据代入表 5-8 中，即可得到该部分工程量的价格。

表 5-8　A′单元给排水工程计价表

项目编码	名称	项目特征描述	计量单位	工程量	金额/元		
					综合单价	合价	暂估价
030801005004	A′单元水平管 De110	(1)安装部位(室内、外)：室内 (2)输送介质(给水、排水、热媒体、燃气、雨水)：排水 (3)材质：硬聚氯乙烯排水塑料管 (4)型号、规格：De110	m	77.8	204.64	15920.99	—
030801005006	De50	(1)安装部位(室内、外)：室内 (2)输送介质(给水、排水、热媒体、燃气、雨水)：排水 (3)材质：硬聚氯乙烯排水塑料管 (4)型号、规格：De50	m	247.32	53.71	13283.55	—
030801005005	小立管 De110	(1)安装部位(室内、外)：室内 (2)输送介质(给水、排水、热媒体、燃气、雨水)：排水 (3)材质：硬聚氯乙烯排水塑料管 (4)型号、规格：De110	m	48.6	160.59	7804.67	—
030801005006	De50	(1)安装部位(室内、外)：室内 (2)输送介质(给水、排水、热媒体、燃气、雨水)：排水 (3)材质：硬聚氯乙烯排水塑料管 (4)型号、规格：De50	m	275.4	53.71	14791.73	—
030801005007	A′单元给水 De25	(1)安装部位(室内、外)：室内 (2)输送介质(给水、排水、热媒体、燃气、雨水)：排水 (3)材质：硬聚氯乙烯排水塑料管 (4)型号、规格：De25	m	110.32	26.85	2962.09	—

项目编码	名称	项目特征描述	计量单位	工程量	综合单价	合价	暂估价
					金额/元		
030801005008	De20	(1)安装部位(室内、外):室内 (2)输送介质(给水、排水、热媒体、燃气、雨水):排水 (3)材质:硬聚氯乙烯排水塑料管 (4)型号、规格:De20	m	1319.36	23.62	31163.28	—
030801005009	De40	(1)安装部位(室内、外):室内 (2)输送介质(给水、排水、热媒体、燃气、雨水):排水 (3)材质:硬聚氯乙烯排水塑料管 (4)型号、规格:De40	m	5.04	47.24	238.0896	—
030801005010	De32	(1)安装部位(室内、外):室内 (2)输送介质(给水、排水、热媒体、燃气、雨水):排水 (3)材质:硬聚氯乙烯排水塑料管 (4)型号、规格:De32	m	8.4	37.61	3159.24	—

注:1. 表中的工程量是图 5-22 中工程量计算得出的数据。

2. 表中的综合单价是根据《2010 年黑龙江省建设工程计价依据》得出的,在计算过程中可根据该工程所使用的定额计算出综合单价。

十一、2~28 层给排水施工图识读

1. 2~15 层给排水施工图识读

图 5-23 所示为 2~15 层给排水施工图。

图 5-23 解析:本图的识图方法与图 5-21 识图方法相同,但需要注意每单元的合用前室及走道处都设有 3 个消火栓箱并与消防立管相连。

2. 16 层给排水施工图识读

图 5-24 所示为 16 层给排水施工图。

图 5-24 解析:本图的识图方法与图 5-21 识图方法相同。

3. 17~27 层给排水施工图识读

图 5-25 所示为 17~27 层给排水施工图。

图 5-25 解析:本图的识图方法与图 5-21 识图方法相同,但需要注意此图合用前室及走道处设有消防环管(只设在 15 层)。

4. 28 层给排水施工图识读

图 5-26 所示为 28 层给排水施工图。

图 5-26 解析:本图的识图方法与图 5-21 识图方法相同。

十二、1~28 层给水工程量计算

1~28 层:水平管工程量。

De40:$0.18 \times 28 = 5.04$(m)

De32:$0.3 \times 28 = 8.4$(m)

De25:$0.3 \times 28 + (1.02 + 0.92 + 0.82 + 0.88) \times 28 = 110.32$(m)

De20:$(2.83 + 3.55 + 13.7 + 2.1 + 14.5 + 0.6 + 9.43 + 0.7) \times 28 - 101.92 = 1225.56$(m)

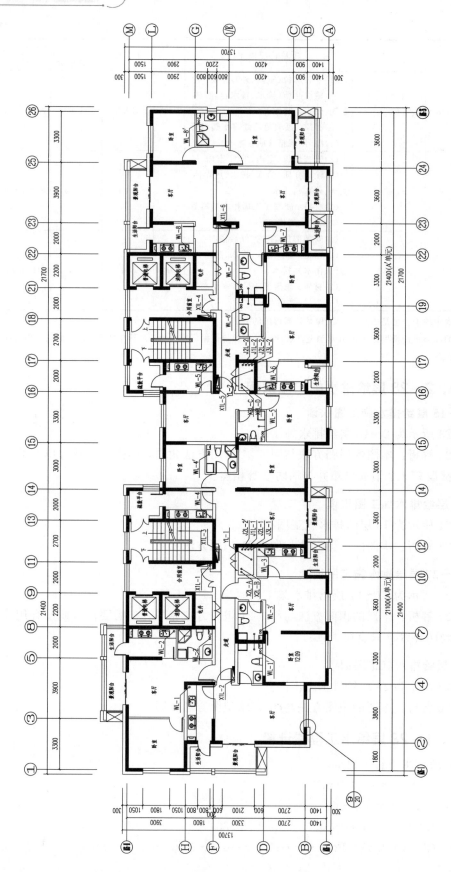

图 5-23 2～15 层给排水施工图

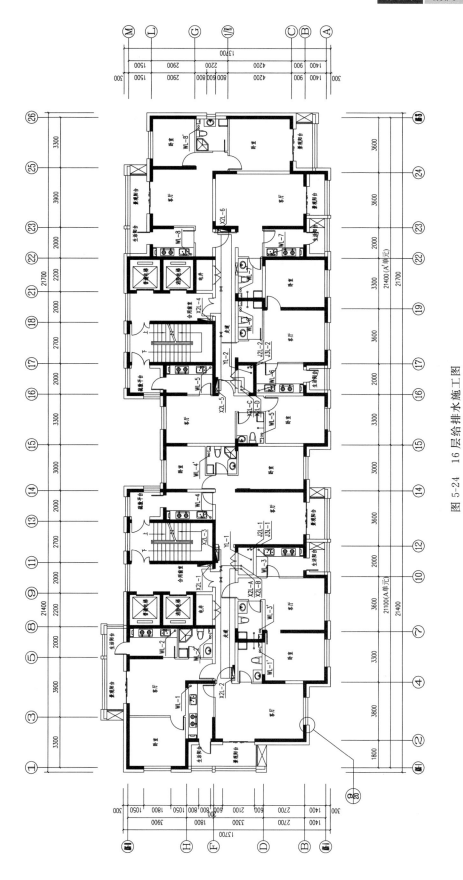

图 5-24 16层给排水施工图

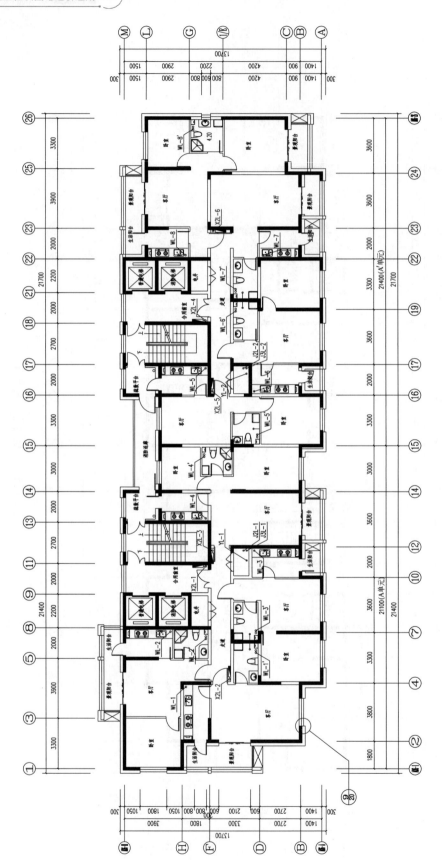

图 5-25 17～27 层给排水施工图

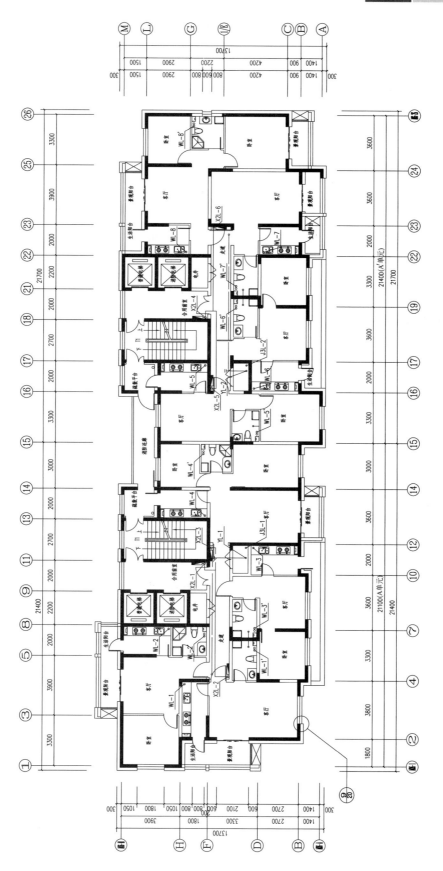

图 5-26　28层给排水施工图

1～28 层

小立管

De40：$(0.1+0.25) \times 2 \times 28 = 19.6$（m）

De32：$0.25 \times 2 \times 28 = 14$（m）

De25：$0.25 \times 2 \times 28 = 14$（m）

De20：$(1+0.75+0.5+0.25) \times 2 \times 28 = 140$（m）

主立管

$DN80$：$(0.8+3 \times 8-0.5) \times 2 = 148.6$（m）

$DN70$：$(0.8+1.1) \times 2+(0.8+1.1) \times 2+(1.1+3 \times 7+0.5) \times 2+(0.8+22 \times 3+1.1) \times 2$
$\qquad = 188.6$（m）

$DN50$：$3 \times 4 \times 2+3 \times 4 \times 2+3 \times 4 \times 2+3 \times 4 \times 2 = 96$（m）

$DN40$：$3 \times 2 \times 2+3 \times 2 \times 2+3 \times 2 \times 2+3 \times 2 \times 2 = 48$（m）

管井（塑钢管）

$DN40$：$1.4 \times 28 \times 2 = 78.4$（m）

管井（PD-R 小立管）

De25：$(1.05+0.8+0.55+0.35) \times 28 \times 2 = 154$（m）

合计：

蝶阀

$DN70$：10 个

减压阀

$DN70$：2 个（带过滤器）

泄水阀

$DN20$：3 个

十三、1～28 层给水工程计价

把图 5-23～图 5-26 层给水工程量计算得出的数据代入表 5-9 中，即可得到该部分工程量的价格。

表 5-9　1～28 层给水工程计价表

项目编码	名称	项目特征描述	计量单位	工程量	金额/元		
					综合单价	合价	暂估价
030801005009	水平管 De40	(1)安装部位(室内、外)：室内 (2)输送介质(给水、排水、热媒体、燃气、雨水)：排水 (3)材质：硬聚氯乙烯排水塑料管 (4)型号、规格：De40	m	5.04	47.24	238.09	—
030801005010	水平管 De32	(1)安装部位(室内、外)：室内 (2)输送介质(给水、排水、热媒体、燃气、雨水)：排水 (3)材质：硬聚氯乙烯排水塑料管 (4)型号、规格：De32	m	8.4	37.61	315.92	—
030801005007	水平管 De25	(1)安装部位(室内、外)：室内 (2)输送介质(给水、排水、热媒体、燃气、雨水)：排水 (3)材质：硬聚氯乙烯排水塑料管 (4)型号、规格：De25	m	110.32	26.85	2962.10	—

续表

项目编码	名称	项目特征描述	计量单位	工程量	金额/元		
					综合单价	合价	暂估价
030801005008	水平管 De20	(1)安装部位(室内、外):室内 (2)输送介质(给水、排水、热媒体、燃气、雨水):排水 (3)材质:硬聚氯乙烯排水塑料管 (4)型号、规格:De20	m	1225.56	23.60	289232.22	—
030801005007	小立管 De25	(1)安装部位(室内、外):室内 (2)输送介质(给水、排水、热媒体、燃气、雨水):排水 (3)材质:硬聚氯乙烯排水塑料管 (4)型号、规格:De25	m	14	26.85	375.90	—
030801005008	小立管 De20	(1)安装部位(室内、外):室内 (2)输送介质(给水、排水、热媒体、燃气、雨水):排水 (3)材质:硬聚氯乙烯排水塑料管 (4)型号、规格:De20	m	140	23.62	3306.8	—
030801005009	小立管 De40	(1)安装部位(室内、外):室内 (2)输送介质(给水、排水、热媒体、燃气、雨水):排水 (3)材质:硬聚氯乙烯排水塑料管 (4)型号、规格:De40	m	19.6	47.24	925.90	—
030801005010	小立管 De32	(1)安装部位(室内、外):室内 (2)输送介质(给水、排水、热媒体、燃气、雨水):排水 (3)材质:硬聚氯乙烯排水塑料管 (4)型号、规格:De32	m	14	37.61	526.54	—
030801001002	主立管 DN80	(1)安装部位(室内、外):室内 (2)输送介质(给水、排水、热媒体、燃气、雨水):给水 (3)材质:衬塑钢管 (4)型号、规格:DN80	m	148.6	300.47	44649.84	—
030801001003	主立管 DN70	(1)安装部位(室内、外):室内 (2)输送介质(给水、排水、热媒体、燃气、雨水):给水 (3)材质:衬塑钢管 (4)型号、规格:DN70	m	188.6	248.26	46821.83	—
030801001004	主立管 DN50	(1)安装部位(室内、外):室内 (2)输送介质(给水、排水、热媒体、燃气、雨水):给水 (3)材质:衬塑钢管 (4)型号、规格:DN50	m	96	86.23	8278.08	—
030801001004	主立管 DN40	(1)安装部位(室内、外):室内 (2)输送介质(给水、排水、热媒体、燃气、雨水):给水 (3)材质:衬塑钢管 (4)型号、规格:DN40	m	48	71.01	3408.48	—
030801001004	管井塑钢管 DN40	(1)安装部位(室内、外):室内 (2)输送介质(给水、排水、热媒体、燃气、雨水):给水 (3)材质:衬塑钢管 (4)型号、规格:DN40	m	154	71.01	10935.54	—

项目编码	名称	项目特征描述	计量单位	工程量	金额/元		
					综合单价	合价	暂估价
030801005007	管井 PD-R 小立管 De25	(1)安装部位(室内、外):室内 (2)输送介质(给水、排水、热媒体、燃气、雨水):排水 (3)材质:硬聚氯乙烯排水塑料管 (4)型号、规格:De25	m	154	26.85	4134.9	—
030803002001	蝶阀 DN70	(1)类型:蝶阀管井 (2)材质:铸钢 (3)型号、规格:DN70	个	10	583.5	5835	—
030803002002	减压阀 DN70	(1)类型:减压阀管井 (2)材质:铸钢 (3)型号、规格:DN70	个	2	825.6	1651.2	—
030803002003	减压阀 DN70	(1)类型:过滤器管井 (2)材质:铸钢 (3)型号、规格:DN70	个	2	529.82	1059.64	—
030803001013	泄水阀 DN20	(1)类型:泄水阀 (2)材质:铸钢 (3)型号、规格:DN20	个	3	80.17	240.51	—

注:1. 表中的工程量是图 5-23～图 5-26 中工程量计算得出的数据。

2. 表中的综合单价是根据《2010 年黑龙江省建设工程计价依据》得出的,在计算过程中可根据该工程所使用的定额计算出综合单价。

十四、2～28 层排水工程量计算

离心铸铁管

小立管　$DN200$:$1.6×4+1.6×2=9.6$(m)

$DN150$:$1.6×4+8×0.95+16×(0.8+0.1)=28.4$(m)

$DN50$:$34×1=34$(m)

离心铸铁管　$DN150$:$1.2×16=19.2$(m)

排水大立管　塑料管 De160:$(81+3-0.1-0.3)×16=1337.6$(m)

2～28 层 A 单元水平塑料管　De110:$(0.74+0.82+1.81+0.65)×27=108.54$(m)

De50:$(0.61+0.61+0.6+0.6+1.17+1.05+0.96+$
$0.72+0.905+0.85+0.63+1+0.9)×27=305.1$(m)

2～28 层 A 单元小立管　De110:$(0.3+0.15)×4×27=48.6$(m)

De50:$18×0.6×27=291.6$(m)

28 层水平面 $DN50$:$9.53+0.15+1.33+8.89=19.9$(m)

雨立管 $DN50$:$(81+3-0.1+0.3)×2=168.4$(m)

合计:钢管 $DN50$:216.8m

十五、2～28 层排水工程计价

把 2～28 层给水工程量计算得出的数据代入定额中的相应价格,即可得到该部分工程量的价格,具体操作参见 1～28 层给水工程计价的内容。

十六、采暖施工图识读

1. 采暖通风与防排烟设计说明识读

图 5-27 所示为采暖通风与防排烟设计说明。

国标图

图号	图名
98R418	管道及设备保温
05R417-1	室内热力管道支吊架
01R405	压力表安装图
01R406	温度计安装图
K402-1~2	采暖系统及散热器安装
08K132	风管支吊架
05K102	建筑防排烟系统设计和设备附件选用与安装
07K103	热水集中采暖分户计量系统施工安装
04K502	

图例

图例	名称
	采暖系统供水管
	采暖系统排水管
	放气阀
	自动排气阀
	关闭丝堵
	关闭阀门
	平衡用手动调节阀
	SCC(WS)TZ3-6-10型内腔无砂铸铁散热器
	电散热器
	坡向
	固定支架
	热计量表
	温度传感器
	锁闭调节阀
	Y型过滤器
	70℃关闭防火阀
	密闭切断阀
	电梯机房通风器

PB管·管对照表

公称直径/mm	DN20	DN25	DN32	40
公称外径/mm	25	32	40	
壁厚/mm	2.8	3.6	4.5	

住宅散热器安装示意图

说明:
1. 水平串联系统支管均沿墙角水平敷设。
2. 供水串联系统支管沿墙角水平敷设。
3. 每户散热器安装见各层采暖平面图。
4. 每户散热器，采暖供回水布置见各层采暖平面图。

公称直径/mm	15	20	25	32	40	50	70	80	100
保温管/m	1.5	2.0	2.0	2.5	3.0	3.0	4.0	4.0	4.5
无保温管/m	2.5	3.0	3.5	4.0	4.5	5.0	6.0	6.0	6.5

采暖通风与防排烟设计说明

一、设计依据
1.《采暖通风与空气调节设计规范》(GB 50019—2003)
2.《建筑设计防火规范》(GB 50045—95)(2005版)
3.《住宅设计规范》(GB 50368—2005)
4.《黑龙江省居住建筑节能65%设计标准》(DB 23/1270—2008)
5.《供热采暖系统设计任务书》
6. 甲方提供的设计任务书
7. 建筑专业提供的中间资料

二、设计范围
为设计为××市××小区 A06#楼室内采暖通风与防排烟设计。
三、采暖室分设计说明

（一）位置
1. 本工程采暖热负荷分区，地区室外计算温度为 80℃/60℃。
中区供回水温度为 80℃/60℃。

2. 各区
地区室外采暖热源由小区换热站提供，热源采暖系统供回水温度为低区：低区 H=34kPa，中区 H=38kPa，高区 H=37kPa。

2. 本工程均采用上供下回系统。
3. 围护结构传热系数
屋面 K=0.30W/(m²·℃)，外墙 K=0.40W/(m²·℃)，外窗 K=2.0W/(m²·℃)。
楼梯间前室 16℃
厨房 16℃ 卫生间 18℃
3. 室内设计温度
卧室 起居室 18℃，18℃，均为散热器采暖，每层采暖。
4. 本设计主要采用 SCC(WS)TZ3-6-10 型内腔无砂铸铁散热器。
散热片数大于 25 片时，均采用两组串联，两组组单列采暖风。
口径相同，管道为 200mm，凡采用电散热器采暖。
居室内电散热器采暖。

（二）系统
5. 本设计系统均采用分户计量。用户分摊采暖共用，用户采暖系统均设置分户计量表，每层计量。
室调阀均采用自动控制温度阀。
6. 住宅热水平采用水平单管系统。散热器连接方式采用同侧上进下出，每组散热器上设锁闭阀。
7. 本工程热水平供水采用焊接钢管的供水管径大于 DN32，采用焊接。

（三）材料
管径
1. 采暖水平干管和管道井内的供回水管均采用焊接钢管，住宅内采暖管公称直径大于 DN32，采用焊接连接。
2. 明装焊接连接公称直径小于等于 DN32，采用螺栓连接。
3. 户内散热器连接供水管采用 PB 塑料管，级别为 S4 级。
管道采用 PB 塑料管，公称直径均按照国标 K402-1~2 详图施工。
（2）散热器安装及采暖系统供回水管道均采用钢管焊接。
（3）住宅户内管道明装在建筑装饰内，户内采暖管均埋地敷设，采暖管道按 03K404 14 页、15 页做预埋处理。
（4）采暖管道户内干管上采用手动调节阀，大于等于 DN32 的采暖管门采用手动调节阀，住宅户内管道明装采用全钢制阀门。
8. 阀门
（1）采暖水平干管和管道井内的阀门公称直径大于 DN32，采用焊接闸阀（Z45T-10），散热器处采用手动调节阀。
（2）所有阀门以上安装采用手动调节阀，回水管设采用手动调节阀。
（3）采暖管门安装及选用方便于维修的部位。
9. 系统安装
（1）采暖水平管道按国标 04K502 进行施工安装，管道均按国标连接进行施工图。
（2）散热器安装及采暖系统供回水管道均采用钢制散热器及镀锌钢管连接。其末端公称直径小于等于 DN40 采用户内专用户间门采暖，套管应高出地面。
（3）采暖水平过墙墙穿楼板均应设钢制套管，其两端应与地面平，穿墙套管与墙面平，但对卫生间采取套管封闭内的情措施。
（4）凡采暖管道穿地面、穿过梁等处的管道安装套管，套管应高出地面 20mm，穿楼板套管应高出地面 50mm。
10. 防腐
（1）管道件、散热器和支架采用灰色两道防锈底漆和灰面两道调和漆。暗装采用防锈漆两道防锈两道调和漆。
（2）所有管道焊接处必须经检查灰尘、污垢、锈皮、焊渣等物。
（3）明装管道件的灰色支架采用两道防锈两道调和漆。

11. 本设计主管节管的最低点配置 DN20 泄水管且配置泄水阀，管道系统的最高点配置。
E121 型自动排气阀，规格均为 DN20。
12. 管道上必须配置必要的过热火楼（GB 50045）（2005 版）做法见国标 05R417-1。管道活动支架最大间距根据管径按下表采用：

13. 敷设在地下室及管井内的采暖管道在防锈和水压试验合格后进行保温，保温材料采用带纤铝箔保护层的超细玻璃棉壳，保温层厚度为 50mm，管道支径小于等于 DN40，保温层厚度为 60mm。
14. 系统安装完毕后，应对排出的水中不含杂质，铁青色杂志。且水色不混浊为合格。
冲洗完毕后进行水压试验，系统试验压力为：低区 0.6MPa，中区 1.0MPa，高区 1.1MPa，保温方法；系统试验
超压力十分钟压降至 0.05MPa，降至工作压力且不降，不漏为合格。
15. 冲洗注水、排水、直接排出的水中不含杂质，系统水压试验以管道及防腐和水压试验合格后正压送风，防排烟系统试。

16. 采暖系统设计及安装使用《供热采暖系统通用图集》(DB23/T/2617—2008)执行。
17. 热计量表及说明未采用规定执行。

四、通风及防烟排烟设计说明
1.《凡本设计说明未尽事宜均按照《建筑设计防火规范》(GB 50242—2002)有关规定执行。

2. 系统设置
（1）各备用前室采用自然通风方式排烟，合用前室可开启外窗面积不小于 3.0m²。
各防烟楼梯间地上部采用自然通风方式排烟，地下多回情可开启外窗，合用前室正压送风系统。
自然排烟方式每楼五层内可开启外窗面积不小于 2.0m²。
2. 系统控制
地下一层楼梯间设置垂直百叶送风，火灾时，打开加压送风机。
加压送风机采用消防电源，精度等级为 2 级。流量等级 11.3t/h，中区 5.5t/h，高区 2.7t/h。
加压送风系统采用通风竖井型密闭式电动多回调节与阀门联动，防止冷风的进入。

3. 材料选择及管道连接
（1）通风管道均采用镀锌钢板制作，风管和配件的板材连接采用咬接或焊接。
（2）风道钢板厚度采用通风与空调工程施工质量验收规范》(GB 50243—2002)执行。
风管管道钢板厚度：均按尺寸小于等于 630mm，厚度为 0.6mm大于等于 630mm，保温风系统。
1000mm时，厚度为 0.8mm，穿墙部位尺寸大于 1000mm，大于 1000mm 时小于等于 2000mm时，厚度为 1.0mm。
（3）风管采用法兰连接，法兰连接处，法以垫料。
（4）风管道采用以上法兰连接或管套用分件的连接外均需蒙全钢料垫片，法兰间均设石棉绳。
（5）通风风管道除特殊注明外均须水平敷设或特殊有凡未特殊注明均为管平齐，与其他管道交叉时可局部翻支，采暖与排水专业应有专门设备管门及垫架，避免出现差错的避免水管专业工程。
（6）在土建施工时应配合门、变径以及凡未特殊注明均可蒙全的垫架，避免出现差错的避免水管专业工程。

4. 系统调节
（1）在土建施工时应配合门、变径的风管支架、金属支架与防锈漆底面，在表面除锈后，刷防锈底漆色漆，以免腐蚀。

5. 减振及消声
（1）风机进出风口与管之间的软接头采用石棉帆布制作，长度≥200mm。
风机进出风口与管之间软接，采用石棉帆布，长度≥200mm。
各种管子安装时，穿过楼板处及穿过内墙处应加设管套，套管应大于通风风管。

6. 凡未注明处接及接其末道采与采暖供回水管，卫生间采取防水方法均加水管采取采层采暖。
7. 洗涤纸应经消防、卫生等有关部门审批合格后，方可施工。

图 5-27 采暖通风与防排烟设计说明

建筑安装工程识图与造价速成

图 5-27 解析：从图中可以看出本工程的设计范围中采暖、通风、排烟等部分做出设计说明，每一部分都做出具体的设计说明和一些施工操作细节内容，说明中给出了图例和施工中常用的数据有助于读者对图纸更好的解读。

2. 管道夹层采暖干管图识读

图 5-28 所示为管道夹层采暖干管平面图。

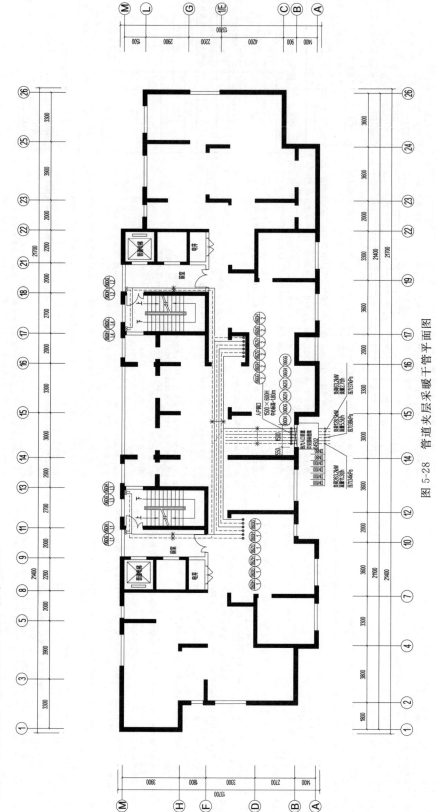

图 5-28　管道夹层采暖干管平面图

图 5-28 解析：从图中可以看出采暖管道入户口在⑭轴～⑮轴之间，共有 6 条管道（3 条供水管、3 条回水管），进入楼后与采暖立管

128

相连，在 Ⓕ 轴处分别由 2 条供暖干管引向两个单元，其中管径、标高和安装方法需见系统图，管道均采用固定支架安装。

3. 一层采暖平面图识读

图 5-29 所示为一层采暖平面图。

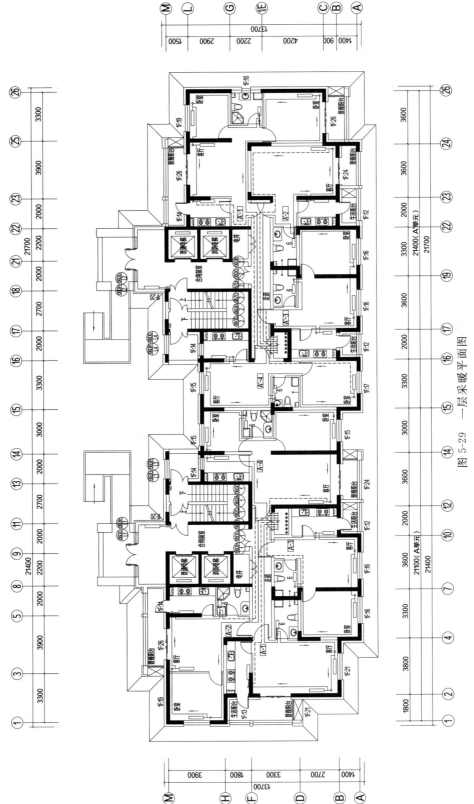

图 5-29 一层采暖平面图

图5-29解析：从图中可以看出本层共分为2个单元，每个单元的采暖管道都集中布置在单元暨单元间管道井内，从管道井中分别引出6条管道，3条供暖供水管（实线）和3条采暖回水管（虚线），图中还清楚地标出了管道的走向及散热器的位置，其管径和标高需见系统图，散热器型号及安装方法见设计说明或施工总说明。

4. 2～21层采暖平面图识读

图5-30所示为2～21层采暖平面图。

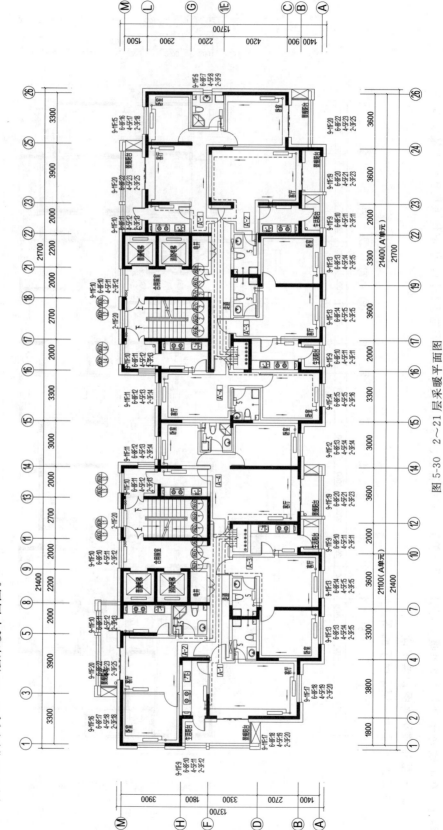

图5-30　2～21层采暖平面图

图 5-30 解析：本图的识图方法与图 5-29 的识读方法相同，在图中的四周分别标注出了每楼层中散热器的片数，如 9～11 层：12 表示 9～11 层的散热器为 12 片。

5. 12～22 层采暖平面图识读

图 5-31 所示示为 12～22 层采暖平面图。

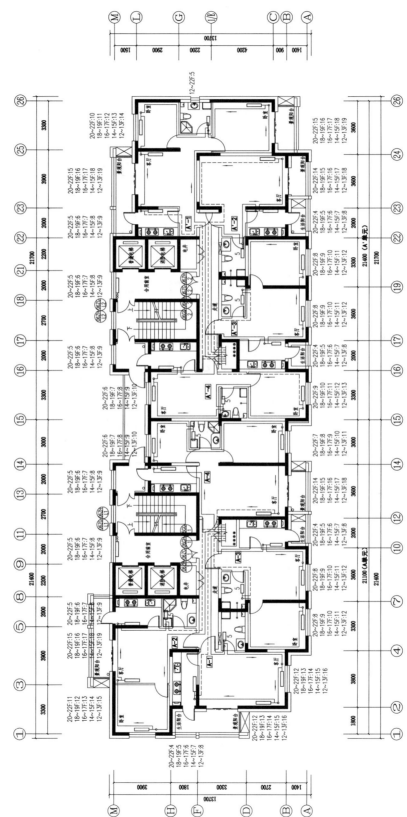

图 5-31 12～22 层采暖平面图

图 5-31 解析：图中可以看出本层也分为两个单元，采暖管道由每个单元的管道井引出，每个单元为 6 条管道，3 条供水管和 3 条回

水管，管道从管道井引出后分别引向每个房间与散热器安装，管道的材质、标高及管径见系统图。

6. 23～28层采暖平面图识读

图 5-32 所示为 23～28 层采暖平面图。

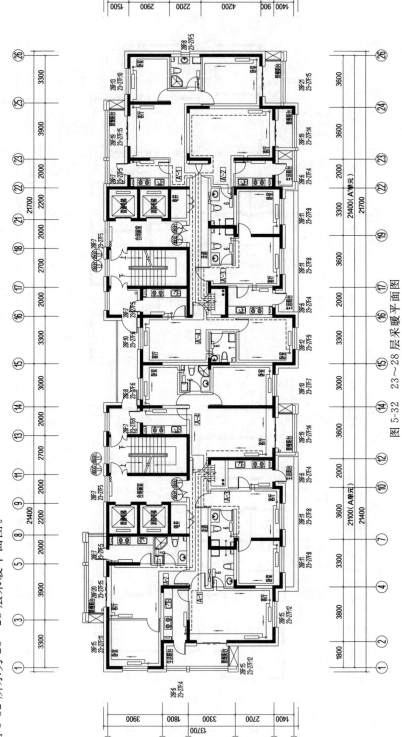

图 5-32　23～28 层采暖平面图

图 5-32 解析：本图的识图方法与图 5-28 的方法相同。

7. 机房层采暖平面图识读

图 5-33 所示为机房层采暖平面图。

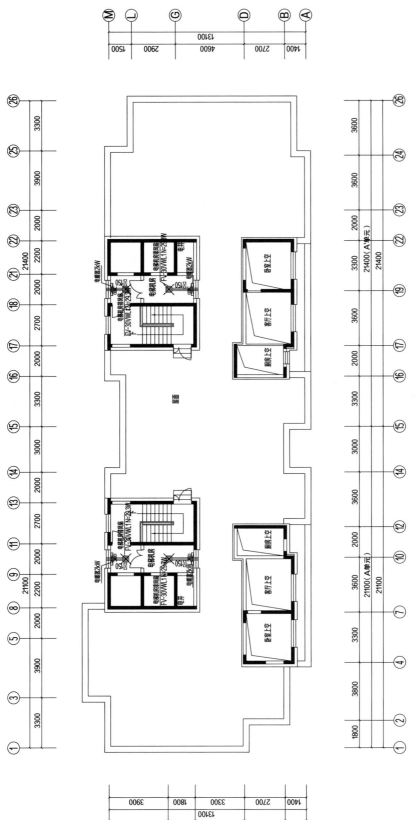

图 5-33　机房层采暖平面图

图 5-33 解析：从图中可以看出机房⒄轴和Ｅ轴墙内侧分别安装一个 2kW 的电暖器，电暖器型号、安装高度及方法见设计说明或施工说明。

8. 采暖系统图识读

图 5-34 所示为采暖系统图。

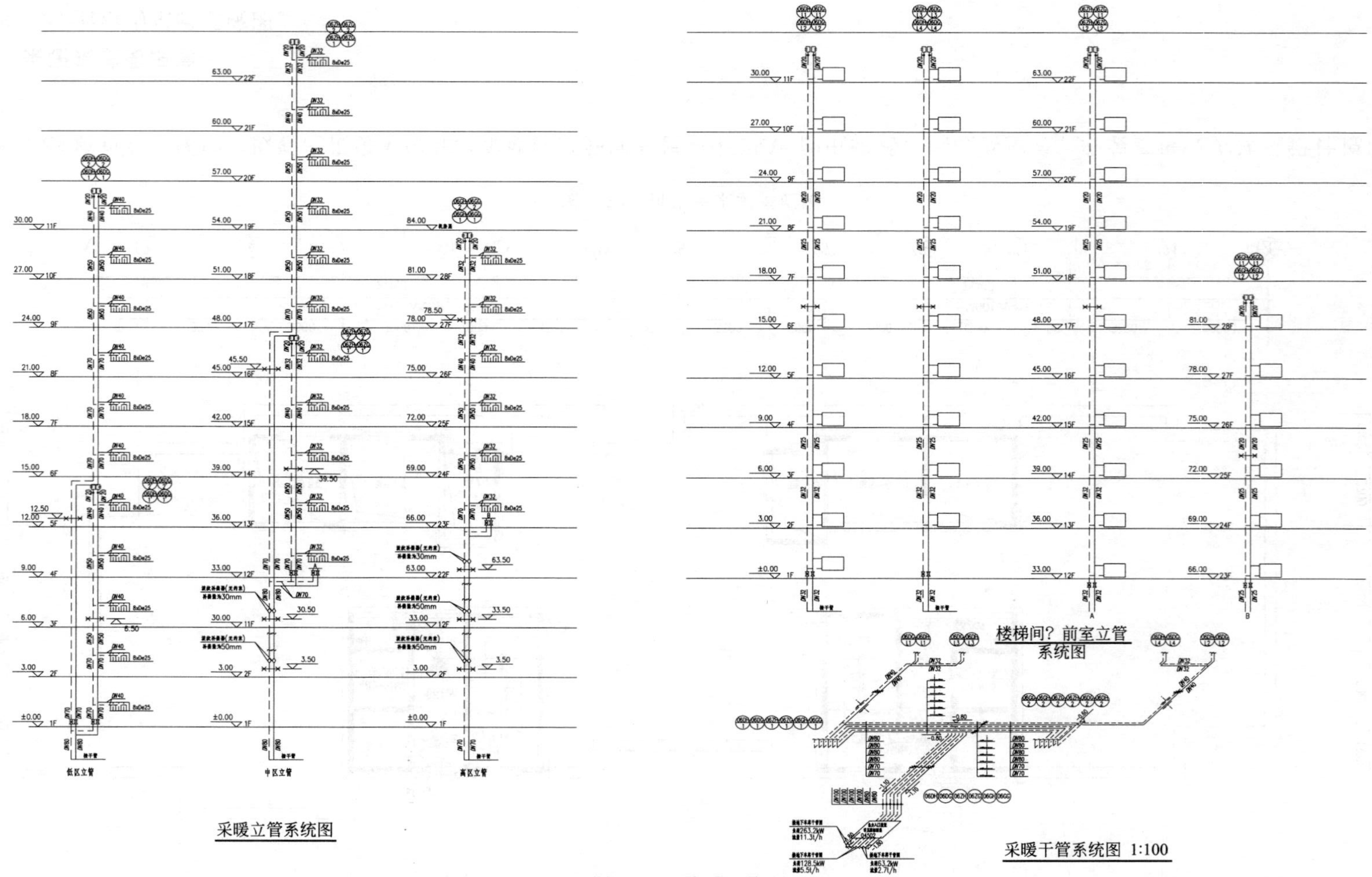

图 5-34 采暖系统图

图 5-34 解析：从图中可以看出共分为采暖立管系统图、采暖干管系统图、楼梯间、前室立管系统图，从这些系统图中可以看出管道的标高、管径的尺寸、阀门及用水设备安装的位置。

9. 管道大样图识读

如图 5-35 所示为管道大样图。

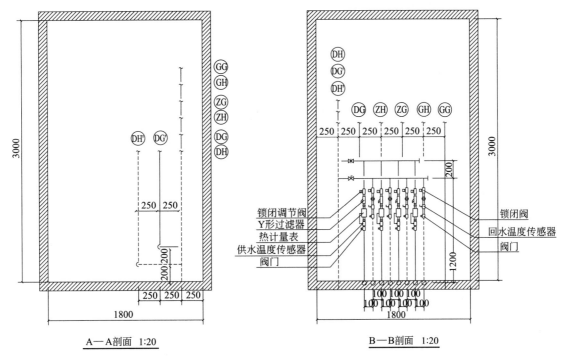

图 5-35　管道大样图

图 5-35 解析：本图为管井大样图，共分为管井平面图和剖面图，从管井平面图中可以看出管道及阀门的布置范围，从剖面图中可以看出管道的标高和管道中各附件的安装顺序。

十七、采暖施工图工程量计算

一层散热组

19 片：　2 组　2×19＝38（片）

26 片：　2＋1＝3（组）　3×26＝78（片）

14 片：　4 组　4×14＝56（片）

15 片：　3 组　3×15＝45（片）

10 片：　1 组　1×10＝10（片）

24 片：　1 组　1×24＝24（片）

12 片：　3 组　3×12＝36（片）

16 片：　4 组　4×16＝64（片）

17 片：　1 组　1×17＝17（片）

21 片：　2 组　2×21＝42（片）

13 片：　1 组　1×13＝13（片）

6 片：　8 组　8×6＝48（片）

20 片：　2 组　2×20＝40（片）

合计：41 组　511 片

12～13 层

15 片：　2×1＝2（组）　　2×15＝30（片）

19 片：　2×3＝6（组）　　6×19＝114（片）

10 片：　2×2＝4（组）　　4×10＝40（片）

14 片：　2×1＝2（组）　　2×14＝28（片）

18 片：　2×2＝4（组）　　4×18＝72（片）

8 片：　　2×4＝8（组）　　8×8＝64（片）

12 片：　2×4＝8（组）　　8×12＝96（片）

13 片：　2×1＝2（组）　　2×13＝26（片）

11 片：　2×1＝2（组）　　2×11＝22（片）

16 片：　2×2＝4（组）　　4×16＝64（片）

5 片：　　2×1＝2（组）　　2×5＝10（片）

合计：56 组　674 片

6#楼采暖

1～3 层

18 片：　2×2＝4（组）　　4×18＝72（片）

25 片：　2×3＝6（组）　　6×25＝150（片）

13 片：　2×4＝8（组）　　8×13＝104（片）

12 片：　2×3＝6（组）　　6×12＝72（片）

20 片：　2×4＝8（组）　　8×20＝160（片）

14 片：　2×3＝6（组）　　6×14＝84（片）

18 片：　2×1＝2（组）　　2×18＝36（片）

9 片：　　2×1＝2（组）　　2×9＝18（片）

23 片：　2×1＝2（组）　　2×23＝46（片）

11 片：　2×3＝6（组）　　6×11＝66（片）

15 片：　2×4＝8（组）　　8×15＝120（片）

16 片：　2×1＝2（组）　　2×16＝32（片）

5 片：　　2×7＝14（组）　14×5＝70（片）

合计：74 组　1030 片

楼梯间采暖

1 层：20 片　1 组×20＝40（片）

2～3 层：12 片　2 组×2＝4 组　　4×12＝48（片）

4～5 层：11 片　2 组×2＝4 组　　4×11＝44（片）

6～8 层：10 片　3 组×2＝6 组　　6×10＝60（片）

9～11 层：10 片　3 组×2＝6 组　　6×10＝60（片）

2～11 层：20 片　10 组×2＝20 组　20×20＝400（片）

12～13 层：9 片　2 组×2＝4 组　　4×9＝36（片）

14～15 层：8 片　2 组×2＝4 组　　4×8＝32（片）

16～17 层：7 片　2 组×2＝4 组　　4×7＝28（片）

18～19 层：6 片　2 组×2＝4 组　　4×6＝24（片）

20～22 层：5 片　3 组×2＝6 组　　6×5＝30（片）

23～27层：5片　5组×2＝10组　10×5＝50(片)

28层：7片　1组×2＝2组　2×7＝14(片)

楼梯间合计：76组　866片

4～5层

18片：　2×1＝2组　2×18＝36(片)

23片：　2×3＝6组　6×23＝138(片)

12片：　2×4＝8组　8×12＝96(片)

11片：　2×6＝12组　12×11＝132(片)

20片：　2×2＝4组　4×20＝80(片)

13片：　2×2＝4组　4×13＝52(片)

17片：　2×1＝2组　2×17＝34(片)

8片：　2×1＝2组　2×8＝16(片)

21片：　2×2＝4组　4×21＝84(片)

14片：　2×3＝6组　6×14＝84(片)

19片：　2×2＝4组　4×19＝76(片)

5片：　2×7＝14组　14×5＝70(片)

15片：　2×3＝6组　6×15＝90(片)

合计：74组　988片

16～17层

13片：　2×1＝2组　2×13＝26(片)

17片：　2×2＝4组　4×17＝68(片)

7片：　2×7＝14组　14×7＝98(片)

8片：　2×2＝4组　4×8＝32(片)

12片：　2×1＝2组　2×12＝24(片)

16片：　2×2＝4组　4×16＝64(片)

6片：　2×4＝8组　8×6＝48(片)

10片：　2×4＝8组　8×10＝80(片)

11片：　2×1＝2组　2×11＝22(片)

9片：　2×1＝2组　2×9＝18(片)

14片：　2×2＝4组　4×14＝56(片)

5片：　2×1＝2组　2×10＝10(片)

合计：56组　546片

6～8层

17片：　3×1＝3组　3×17＝51(片)

22片：　3×3＝9组　9×22＝198(片)

11片：　3×4＝12组　12×11＝132(片)

20片：　3×4＝12组　12×20＝240(片)

12片：　3×2＝6组　6×12＝72(片)

10片：　3×6＝18组　18×10＝180(片)

16片：　3×1＝3组　3×16＝48(片)

7 片：　3×1＝3 组　3×7＝21（片）

13 片：　3×3＝9 组　9×13＝117（片）

14 片：　3×2＝6 组　6×14＝84（片）

15 片：　3×1＝3 组　3×15＝45（片）

18 片：　3×2＝6 组　6×18＝108（片）

5 片：　3×7＝21 组　21×5＝105（片）

合计：111 组　1401 片

18～19 层

12 片：　2×1＝2 组　2×12＝24（片）

16 片：　2×3＝6 组　6×16＝96（片）

6 片：　2×6＝12 组　12×6＝72（片）

7 片：　2×2＝4 组　4×7＝28（片）

11 片：　2×1＝2 组　2×11＝22（片）

15 片：　2×2＝4 组　4×15＝60（片）

5 片：　2×5＝10 组　10×5＝50（片）

9 片：　2×4＝8 组　8×9＝72（片）

10 片：　2×1＝2 组　2×10＝20（片）

8 片：　2×1＝2 组　2×8＝16（片）

13 片：　2×2＝4 组　4×13＝52（片）

合计：56 组　512 片

9～11 层

16 片：　3×1＝3 组　3×16＝48（片）

20 片：　3×5＝15 组　15×20＝300（片）

10 片：　3×6＝18 组　18×10＝180（片）

11 片：　3×2＝6 组　6×11＝66（片）

15 片：　3×1＝3 组　3×15＝45（片）

6 片：　3×1＝3 组　3×6＝18（片）

19 片：　3×2＝6 组　6×19＝114（片）

9 片：　3×4＝12 组　12×9＝108（片）

13 片：　3×4＝12 组　12×13＝156（片）

14 片：　3×1＝3 组　3×14＝42（片）

12 片：　3×1＝3 组　3×12＝36（片）

17 片：　3×2＝6 组　6×17＝102（片）

5 片：　3×7＝21 组　21×5＝105（片）

合计：111 组　1320 片

20～22 层

11 片：　3×1＝3 组　3×11＝33（片）

15 片：　3×3＝9 组　9×15＝135（片）

5 片：　3×7＝21 组　21×5＝105（片）

6 片：　2×3＝6 组　6×6＝36（片）

10 片：　　3×1＝3 组　　3×10＝30（片）

14 片：　　3×2＝6 组　　6×14＝84（片）

4 片：　　3×4＝12 组　　12×4＝48（片）

8 片：　　3×4＝12 组　　12×8＝96（片）

9 片：　　3×1＝3 组　　3×9＝27（片）

7 片：　　3×1＝3 组　　3×7＝21（片）

12 片：　　3×2＝6 组　　6×12＝72（片）

合计：84 组　　582 片

14～15 层

14 片：　　2×1＝2 组　　2×14＝28（片）

18 片：　　2×3＝6 组　　6×18＝108（片）

8 片：　　2×6＝12 组　　12×8＝96（片）

9 片：　　2×2＝4 组　　4×9＝36（片）

13 片：　　2×1＝2 组　　2×13＝26（片）

17 片：　　2×2＝4 组　　4×17＝68（片）

7 片：　　2×4＝8 组　　8×7＝56（片）

11 片：　　2×4＝8 组　　8×11＝88（片）

12 片：　　2×1＝2 组　　2×12＝24（片）

10 片：　　2×1＝2 组　　2×10＝20（片）

15 片：　　2×2＝4 组　　4×15＝60（片）

5 片：　　2×1＝2 组　　2×5＝10（片）

合计：56 组　　620 片

23～27 层

11 片：　　5×1＝5 组　　5×11＝55（片）

15 片：　　5×3＝15 组　　15×15＝＝225（片）

5 片：　　5×7＝35 组　　35×5＝175（片）

6 片：　　5×2＝10 组　　10×6＝60（片）

10 片：　　5×1＝5 组　　5×10＝50（片）

14 片：　　5×2＝10 组　　10×14＝140（片）

4 片：　　5×4＝20 组　　20×4＝80（片）

8 片：　　5×4＝20 组　　20×8＝160（片）

9 片：　　5×1＝5 组　　5×9＝45（片）

7 片：　　5×1＝5 组　　5×7＝35（片）

12 片：　　5×2＝10 组　　10×12＝120（片）

合计：140 组　　1145 片

28 层

15 片：3 组　　3×15＝45（片）

20 片：1 组　　1×20＝20（片）

7 片：6 组　　6×7＝42（片）

13 片：1 组　　1×13＝13（片）

21 片：1 组　1×21＝21（片）

8 片：2 组　2×8＝16（片）

19 片：2 组　2×19＝38（片）

6 片：4 组　4×6＝24（片）

11 片：4 组　4×11＝44（片）

12 片：1 组　1×12＝12（片）

10 片：1 组　1×10＝10（片）

合计：26 组　265 片

管道内井立管（低压）

$DN70$：$1.2×2＋1.4×2＋3×4＝17.2m$　$17.2＋0.4×4＝18.8（m）$

$DN50$：$3×2×4＝24（m）$

$DN40$：$3×4＝12（m）$

$DN20$：$0.5×4＝2（m）$

$DN70$：$(21＋1.2)×2＋(21＋1.4)×2＝89.2（m）$　$89.2＋0.4×4＝90.8（m）$

$DN50$：$3×2×4＝24（m）$

$DN40$：$3×4＝12（m）$

$DN20$：$0.5×4＝2（m）$

管道夹层层高 2.15m

电梯前室采暖

$DN32$：$(0.8＋6)×4＋(0.8＋6)×4＋(0.4＋6)×4＝80（m）$　$80＋6.9×2＋9.4×2＋1×4＝116.6（m）$

$DN25$：$3×4×4＋3×5×4＋3×5×4＋(0.4＋6)×4＝193.6（m）$　$193.6＋6.9×2＋9.4×2＋1×4＝230.2（m）$

$DN20$：$3×4×4＋1.5×4＋3×4×4＋1.5×4＋3×4×4＋1.5×4＋3×4×4＋1.5×4＝168（m）$

中区立管

$DN80$：$(33－0.4)×4＝130.4（m）$　$130.4＋(1.8－1.1)×2＋0.8×4＝135（m）$

$DN70$：$(0.4＋1.2)×2＋(0.4＋1.4)×2＝6.8（m）$

$DN50$：$3×2×4＝24（m）$

$DN40$：$3×4＝12（m）$

$DN32$：$3×4＝12（m）$

$DN20$：$0.5×4＝2（m）$

$DN70$：$[48＋1.2－(33－0.4)]×2＋[48＋1.4－(33-0.4)]×2＝66.8（m）$

$DN50$：$3×3×4＝36（m）$

$DN40$：$3×4＝12（m）$

$DN32$：$3×4＝12（m）$

$DN20$：$0.5×4＝2（m）$

高区立管

$DN70$：$(66＋1.2)×2＋(66＋1.4)×2＝269.2（m）$　$269.2＋0.8×4＝270.8（m）$

$DN50$：$3×2×4＝24（m）$

$DN40:3\times4=12(\mathrm{m})$

$DN32:3\times4=12(\mathrm{m})\ 12\times2=24(\mathrm{m})$

$DN20:0.5\times4=2(\mathrm{m})$

管道夹层水平管

$DN100:1.5\times4+5.75+5.45+5.6+5.3+(1.8-1.1)\times4=30.9(\mathrm{m})$

$DN80:1.5\times2+5.15\times2+8.44+8.24+8.04+7.84+9.16+8.56+7.96+7.36=78.9(\mathrm{m})$

$DN70:7.64+7.44+7.36+4.81=27.3(\mathrm{m})$

$DN40:6.04+5.6+8.74+9.14=29.5(\mathrm{m})$

$DN32:0.35\times2+3+2.91+3+2.85+0.35\times2=13.2(\mathrm{m})$

1～28 层采暖水平管

$De25:(29.5+37.2+43.4+37.5)\times28=4132.8(\mathrm{m})$

$De25:(34+62.9+43.9+29.9)\times28=4779.6(\mathrm{m})$

1～28 管井内水平焊接钢管　塑料管　$DN40:11\times2=22(个)$

$DN32:11\times2+6\times2=34(个)$

$DN40:(0.25+0.1\times6)\times2\times28+(0.5+0.1\times7)\times2\times28+0.5\times2\times28=142.8(\mathrm{m})$

$DN40:56.1\mathrm{m}$

$DN32:86.7\mathrm{m}$

塑料管

$De25:(0.3\times4+0.55\times4)\times2\times28=190.4(\mathrm{m})$

$De25:(1.45\times4+1.25\times4)\times2\times28=604.8(\mathrm{m})$

合计　P12

散热器 885 组　9596 片

管道井内

焊接钢管 $DN80:130.4\mathrm{m}$

焊接钢管 $DN70:455.6+0.25\times16=459.6(\mathrm{m})$

焊接钢管 $DN50:132\mathrm{m}$

焊接钢管 $DN40:60\mathrm{m}$

焊接钢管 $DN32:48+0.25\times4=49(\mathrm{m})$

焊接钢管 $DN25:0.25\times4=1(\mathrm{m})$

夹层内管道

焊接钢管 $DN100:30.6\mathrm{m}$

焊接钢管 $DN80:80.2\mathrm{m}$

焊接钢管 $DN70:27.3\mathrm{m}$

焊接钢管 $DN40:30.1\mathrm{m}$

焊接钢管 $DN32:13.6\mathrm{m}$

采暖塑料管 P13

$PB25:9707.6+1213.5=10921.1(\mathrm{m})$

$PB20:485.4+176=561.4(\mathrm{m})$

分管 $DN40:142.8\mathrm{m}$

  $DN40$：56.1m

  $DN32$：86.7m

楼梯间

  $DN32$：116.6m

  $DN25$：230.2m

  $DN10$：144m

散热器 885 组

室内   8730 片

楼梯间 866 片

支管材质 PB De20

调节阀 $DN70$：6 个 Z40H-10

闸阀 $DN70$：6 个 Z45T-10

调闸阀 $DN32$：6 个

铜闸阀 $DN32$：6 个

调节阀 $DN25$：2 个

铜闸阀 $DN25$：2 个

排泄阀 $DN25$：20＋16＝36(个)

锁闭阀 $DN20$：28×2×8＝448(个)

闸阀 $DN20$：28×2×8＝448(个)

  $DN80$：8 个

  $DN70$：12 个

十八、采暖工程计价

  ① 把图 5-27～图 5-35 给水工程量计算得出的数据代入表 5-10 中，即可得到该部分工程量的价格。

表 5-10 采暖工程计价表

项目编码	名称	项目特征描述	计量单位	工程量	金额/元		
					综合单价	合价	暂估价
030805001001	1 层采暖	(1)型号、规格：600 型铸铁散热器 (2)除锈、刷油设计要求：除锈后，烤漆	片	511	37.78	19305.58	—
030805001002	1～3 层采暖	(1)型号、规格：600 型铸铁散热器 (2)除锈、刷油设计要求：除锈后，烤漆	片	1030	37.78	38913.4	—
030805001003	楼梯间采暖	(1)型号、规格：600 型铸铁散热器 (2)除锈、刷油设计要求：除锈后，烤漆	片	886	37.78	33473.08	—
030805001004	4～5 层采暖	(1)型号、规格：600 型铸铁散热器 (2)除锈、刷油设计要求：除锈后，烤漆	片	988	37.78	37326.67	—

续表

项目编码	名称	项目特征描述	计量单位	工程量	金额/元		
					综合单价	合价	暂估价
030805001005	6～8层采暖	(1)型号、规格:600型铸铁散热器 (2)除锈、刷油设计要求:除锈后,烤漆	片	1401	37.78	52929.78	—
030805001006	9～11层采暖		片	1320	37.78	49869.6	—
030805001007	14～15层采暖	(1)型号、规格:600型铸铁散热器 (2)除锈、刷油设计要求:除锈后,烤漆	片	620	37.78	23423.6	—
030805001008	16～17层采暖	(1)型号、规格:600型铸铁散热器 (2)除锈、刷油设计要求:除锈后,烤漆	片	546	37.78	20627.88	—
030805001009	18～19层采暖	(1)型号、规格:600型铸铁散热器 (2)除锈、刷油设计要求:除锈后,烤漆	片	512	37.78	19343.36	—
030805001010	20～22层采暖	(1)型号、规格:600型铸铁散热器 (2)除锈、刷油设计要求:除锈后,烤漆	片	582	37.78	21987.96	—
030805001011	23～27层采暖	(1)型号、规格:600型铸铁散热器 (2)除锈、刷油设计要求:除锈后,烤漆	片	1145	37.78	54592.1	—
030805001012	28层采暖	(1)型号、规格:600型铸铁散热器 (2)除锈、刷油设计要求:除锈后,烤漆	片	265	37.78	10011.7	—

注:1. 表中的工程量是图5-27～图5-35中工程量计算得出的数据。

2. 表中的综合单价是根据《2010年黑龙江省建设工程计价依据》得出的,在计算过程中可根据该工程所使用的定额计算出综合单价。

② 采暖管道及阀门计价的方法和给排水管道及阀门的计价方法相同,具体操作参见1～28层给水工程计价的内容。

第四节 给排水、采暖工程清单项目解析

一、工程量清单的编制依据

编制工程量清单的依据有:招标文件规定的相关内容;设计施工图;施工现场情况;国家制定的统一工程量计算、分部分项工程的项目划分、计量单位等。

二、工程量清单的编制原则

① 首先要满足建设工程施工招投标的需要,能够对工程造价进行合理的确定和有效的

控制。

② 编制工程量清单要做到"五统一"，即统一项目编码、统一工程量计算规则、统一计量单位、统一项目名称、统一项目特征。

③ 有利于规范建筑市场的计价行为，能够促进企业的经营管理、技术进步，增加施工企业在国内外建筑市场的竞争能力。

④ 适当考虑我国目前工程造价管理工作的现状，实行市场调价。

三、《计价规范》中对工程量清单编制工作的规定

工程量清单是招投标活动中，对招标人和投标人都具有约束力的重要文件，是招投标活动的依据，专业性强，内容复杂，对编制人员的业务技术水平要求很高，能否编制出完整、严谨的工程量清单，将直接影响到招标的质量，也是招标成败的关键。因此，规定了工程量清单应由具有编制招标文件能力的招标人或具有相应资质的中介机构进行编制。"相应资质的中介机构"是指具有工程造价咨询机构资质并按规定的业务范围承担工程造价咨询业务的中介机构。

《中华人民共和国招标投标法》规定，招标文件应当包括招标项目的技术要求和投标报价要求。工程量清单体现了招标人要求投标人完成的工程项目及相应的工程数量，全面反映了投标报价要求，是投标人进行报价的依据，工程量清单应当是招标文件不可分割的一部分。

工程量清单反映的是拟建工程的全部工程内容及为实现这些工程内容而进行的其他工作。借鉴国外实行的工程量清单计价的做法，结合我国当前的实际情况，我国的工程量清单有分部分项工程量清单、措施项目清单和其他项目清单组成。分部分项工程量清单应该表明拟建工程的全部分项实体工程名称和相应数量，编制时应避免错项、漏项；措施项目清单表明了为完成分项实体工程而必须采取的一些措施性工作，编制时力求全面；其他项目清单主要体现了招标人提出的一些与拟建工程有关的特殊的要求，这些特殊的要求所需的费用金额也记入报价中。

四、编制水暖工程工程量清单注意事项

① 关于项目特征。项目特征是工程量清单计价的关键依据之一，由于项目的特征不同，其计价的结果也相应产生差异，因此招标人在编制工程量清单时，应在可能的情况下明确描述该工程量清单项目的特征。投标人按招标人提出的特征要求计价。

② 关于工程量清单计算规则。

a. 工程量清单的工程量必须依据工程量计算规则的要求编制，工程量只列实物量。所谓实物量，即是工程完工后的实体量，如绝热工程量只能按设计要求的绝热厚度计算，不能将施工的误差增加量计入绝热工程量内。投标人在投标报价时，可以按自己的企业技术水平和施工方案的具体情况，将绝热的施工误差量计入综合单价内。增加的量越小越有竞标能力。

b. 有的工程项目，由于特殊情况不属于工程实体，但在工程量清单计量规则中列有清单项目，也可编制工程量清单，如采暖系统中调整项目就属此种情况。

③ 关于工程内容。工程量清单的工程内容是完成该工程量清单可能产生的综合工程项目。工程量清单计价时，按图纸、规程规范等要求选择编列所需项目。

④ 编制水暖工程工程量清单项目如涉及管沟及管沟的土石方、垫层、基础、砌筑抹灰、

地沟盖板、土石方回填、土石方运输等工程内容时，按建筑工程工程量清单项目及计算规则的相关项目编制工程量清单。路面开挖及修复、管道支墩、井砌筑等工程内容，按照市政工程工程量清单项目及计算规则的有关项目编制工程量清单。

五、分部分项工程量清单的编制

分部分项工程量清单包括的内容，应满足两方面的要求：第一要满足规范管理、方便管理的要求；第二是要满足计价的要求。本规范提出了分部分项工程量清单的四个统一，即项目编码统一、项目名称统一、计量单位统一、工程量计算规则统一。招标人必须按照规定执行，不得因情况不同而变动。

分部分项工程量清单编码以 12 位阿拉伯数字表示，前 9 位为全国统一编码，编制分部分项工程量清单时应按附录中的相应编码设置，不得变动，后 3 位是清单项目名称编码，由清单编制人员根据设置的清单项目编制。工程量清单项目编码结构如图 5-36 所示。

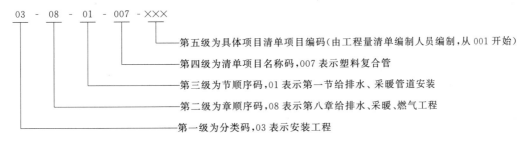

图 5-36 工程量清单项目编码结构

分部分项工程量清单项目名称的设置，应考虑三个因素：一是附录中的项目名称；二是附录中的项目特征；三是拟建工程的实际情况。工程量清单编制时，以附录中的项目名称为主体，考虑该项目的规格、型号、材质等特征要求，结合拟建工程的实际情况，使其工程量清单项目的名称具体化、细化，能够反映影响工程造价的主要因素。

随着科学技术的发展，新材料、新技术、新的施工工艺将不断出现，因此本规范规定，凡附录中的缺项，在工程量清单编制时，编制人员可以补充。补充项目应填写在工程量清单相应分部工程项目之后，并在"项目编码"栏中以"补"字表示。

现行"预算定额"，其项目一般是按施工工序进行设置的，包括的工程内容一般是单一的，据此规定了相应的工程量计算规则。工程量清单项目的划分，是以一个"综合实体"考虑的，一般包括多项工程内容，据此规定了相应的工程量计算规则。两者的工程量计算规则是有区别的。

工程数量的计算主要通过工程量计算规则计算得到。工程量计算规则是指对清单项目工程量的计算规定。除另有说明外，所有清单项目的工程量都应以实体工程量为准，并以完成后的净值计算；投标人投标报价时，应在单价中考虑施工中的各种损耗和需要增加的工程量。

凡工程内容中为列全的其他具体工程，由投标人按照投标文件或图纸要求编制，以完成清单项目为准，综合考虑到报价中。

例如某室内采暖管道采用焊接钢管，管径 $DN20$，手工除锈，刷一次防锈漆，刷两次银粉漆，套镀锌铁皮套管。

分部分项工程量设置

项目名称：DN20 焊接钢管

项目编码：030801001001

计量单位：m

工程数量：经计算为 560m

填制表格（表 5-11）

表 5-11　分部分项工程量清单

工程名称　　　　　　　　　　　　　　　　　　　　　　　　　　　　　　　第　页共　页

项目编码	项目名称	项目特征描述	计量单位	工程量	金额/元		
					综合单价	合价	暂估价
	采暖工程						
03080102001	钢管	(1)安装部位(室内、外):室内 (2)输送介质(给水、排水、热媒体、燃气、雨水):热媒体 (3)材质:焊接钢管 (4)型号、规格:DN100 (5)连接方式:焊接 (6)套管形式:焊接。材质:钢管。规格:DN100/DN80 (7)除锈、刷油、防腐、绝热及保护层设计要求:除锈后,刷两道防锈漆,采用带纤维铝箔保护层的超细玻璃丝	m	30.9	164.45	5081.51	
030801002002	钢管	(1)安装部位(室内、外):室内 (2)输送介质(给水、排水、热媒体、燃气、雨水):热媒体 (3)材质:焊接钢管 (4)型号、规格:DN80 (5)连接方式:焊接 (6)套管形式:焊接。材质:钢管。规格:DN100/DN80 (7)除锈、刷油、防腐、绝热及保护层设计要求:除锈后,刷两道防锈漆,采用带纤维铝箔保护层的超细玻璃丝棉管壳	m	80.2	118.74	9522.95	

　　影响设置措施项目的因素太多,"措施项目一览表"中部分已列出,因情况不同,出现表中位列的措施项目,工程量清单编制人员可以作补充。补充项目应列在清单项目最后,并在"序号"栏中以"补"字示之。措施项目清单及其列项条件见表 5-12。

表 5-12　措施项目清单及其列表条件

序号	项目名称	计算基础	费率/%	金额/元
1	夜间施工费		0.18	510.11
2	二次搬运费		0.18	510.11
3	已完工程及设备保护费		0.14	396.75
4	工程定位、复测、点交、清理费		0.18	510.11
5	生产工具用具使用费		0.14	396.75
6	雨季施工费		0.14	396.75
7	冬季施工费		0	
8	检验试验费		2.67	7566.59
9	室内空气污染测试费			

序号	项目名称	计算基础	费率/%	金额/元
10	地上、地下设施,建(构)筑物的临时保护设施费			
11	赶工施工费			
	合计			10287.17

六、其他项目清单的编制

工程建设标准的高低、工程的复杂程度、工程的工期长短、工程的组成内容等直接影响其他项目清单中的具体内容,规范提供了两部分四项作为列项的参考。其不足部分,清单编制人可作补充,补充项目应列在清单项目最后,并以"补"字在"序号"栏中表示。预留金主要考虑可能产生的工程量变更而预留的金额,此处提出的工程量变更主要指工程量清单漏项、有误引起的工程量的增加和施工中的设计变更引起的标准提高或工程量的增加等。

总承包服务费包括配合协调招标人工程分包和材料采购所需的费用,此处提出的工程分包是指国家允许分包的工程。

为了准确计价,零星工作项目表应详细列出人工、材料、机械名称和相应数量。人工应按工种列项,材料和机械应按规格、型号列项(表5-13)。

表 5-13　其他项目清单的编制

序号	项目名称	计量单位	金额	备注
1	暂列金额	元		明细详见表
2	暂估价	元		
2.1	材料暂估价	元		明细详见表
2.2	专业工程暂估价	元		明细详见表
3	计日工	元		明细详见表
4	总承包服务费	元		明细详见表
	合计			

第五节　给排水、采暖工程清单工程量和定额工程量计算的比较

给排水、采暖工程清单工程量和定额工程量计算的比较见表5-14。

表 5-14　给排水、采暖工程清单工程量和定额工程量计算的比较

	名称	内容
相同点	镀锌钢管	清单工程量与定额工程量计算规则相同,均按设计图示管道中心线长度,以延长米计算,以"m"为计量单位,不扣除阀门、管件及各种井所占长度
	钢管	清单工程量与定额工程量计算规则相同,均按设计图示管道中心线长度,以延长米计算,以"m"为计量单位,不扣除阀门、管件及各种井所占长度
	承插铸铁管	清单工程量与定额工程量计算规则相同,均按设计图示管道中心线长度,以延长米计算,以"m"为计量单位,不扣除阀门、管件及各种井所占长度
	自动排气阀	清单工程量与定额工程量计算规则相同,均按设计图示数量以"个"为计量单位计算
	浴盆	清单工程量与定额工程量计算规则相同,均按设计图示数量以"组"为单位计算
	伸缩器	清单工程量与定额工程量计算规则相同,均按设计图示数量以"组"为单位计算
	净身盆	清单工程量与定额工程量计算规则相同,均按设计图示数量以"组"为单位计算
	洗脸盆	清单工程量与定额工程量计算规则相同,均按设计图示数量以"组"为单位计算
	淋浴器	清单工程量与定额工程量计算规则相同,均按设计图示数量以"组"为单位计算
	钢制闭式散热器	清单工程量与定额计算规则相同,均按设计图示数量以"片"为单位计算
	暖风机	清单工程量与定额工程量计算规则相同,均按设计图示数量以"台"为单位计算

	名称	内容
不同点	管道支架制作	清单工程量计算规则:按设计图示质量以"kg"计算 定额工程量计算规则:均按设计图示以"kg"计算。室内管道公称直径 32mm 以下的安装工程量包括在内,不得另行计算,公称直径 32mm 以上的,另行计算
	螺纹阀门、焊接法兰阀门	清单工程量计算规则:按设计图示数量计算 定额工程量计算规则:各种阀门安装均以"个"为计量单位。法兰阀门安装,如仅为一侧法兰连接时,定额所列法兰、带帽螺栓及垫圈数量减半,其余不变
	减压阀、疏水器	清单工程量计算规则:按设计图示数量计算 定额工程量计算规则:减压阀、疏水器组成安装以"组"为计量单位,如设计组成与定额不同时,阀门和压力表数量可按设计用量进行调整,其余不变
	水表、燃气表	清单工程量计算规则:按设计图示数量计算 定额工程量计算规则:法兰水表安装以"组"为计量单位,定额中旁通管及止回阀,如与设计规定的安装形式不同时,阀门及止回阀可按规定进行调整,其余不变
	铸铁散热器	清单工程量计算规则:按设计图示数量以"m"为计量单位计算 定额工程量计算规则:长翼、柱型铸铁散热器组成安装以"片"为计量单位计算;圆翼型铸铁散热器组成安装以"节"为计量单位计算

第六章

安装工程造价经验指导

一、工程质量与造价

1. 质量对造价的影响

质量是指项目交付后能够满足业主或客户需求的功能特性与指标。一个项目的实现过程就是该项目质量的形成过程，在这一过程中达到项目的质量要求，需要开展两个方面的工作：一是质量的检验与保障工作；二是项目质量失败的补救工作。这两项工作都要消耗和占用资源，从而都会产生质量成本。这两种成本分别是：项目质量检验与保障成本，它是为保障项目的质量而产生的成本；项目质量失败被救成本，它是由于质量保障工作失败后为达到质量要求而采取各种质量补救措施所产生的成本。

2. 工程造价与质量的管理问题

项目质量是构成项目价值的本源，所以任何项目质量的变动都会给工程造价带来影响并造成变化。同样，现有工程造价管理方法也没有全面考虑项目质量与造价的集成管理问题，实际上现有方法对于项目质量和造价的管理也是相互独立及相互割裂的。另外，现有方法在造价信息管理方面也存在着项目质量变动对造价变动的影响信息与其他因素对造价的影响信息混淆一起的问题。

3. 控制工程质量的方法

在施工阶段影响工程质量的因素很多，因此必须建立起有效的质量保证监督体系，认真贯彻检查各种规章制度的执行情况，及时检验质量目标和实际目标的一致性，确保工程质量达到预定的标准和等级要求。工程质量对整个工程建设的效益起着十分重要的作用，为降低工程造价，必须抓好工程施工阶段的工程质量。在建设施工阶段要确保工程质量，使工程造价得到全面控制，以达到降低造价、节约投资、提高经济效益的目的，必须抓好事前、事中、事后的质量控制。

（1）事前质量控制

① 人的控制。人是指参与工程施工的组织者和操作者，人的技术素质、业务素质和工作能力直接关系到工程质量的优劣，必须设立精干的项目组织机构和优选施工队伍。

② 对原材料、构配件的质量控制。原材料、构配件是施工中必不可少的物质条件，材料的质量是工程质量的基础，原材料质量不合格就造不出优质的工程，即工程质量也就不会合格，所以加强材料的质量控制是提高工程质量的前提条件，因此除监理单位把关外，作为

项目部也要设立专门的材料质量检查员，确保原材料的进场合格。

③ 编制科学合理的施工组织设计是确保工程质量及工程进度的重要保证。施工方案的科学、正确与否，是关系到工程的工期、质量目标能否顺利实现的关键。因此，确保优选施工方案在技术上先进可行，在经济上合理，有利于提高工程质量。

④ 对施工机械设备的控制。施工机械设备对工程的施工进程和质量安全均有直接影响，从保证项目施工质量角度出发，应着重从机械设备的选型、主要性能参数和操作要求三方面予以控制。

⑤ 环境因素的控制。影响工程项目质量的环境因素很多，有工程地质、水文、气象等；工程管理环境，如质量保证体系，质量管理制度等；劳动环境，如劳动组合、劳动工具、工作面等。因此，应根据工程特点和具体条件，对影响工程质量的因素采取有效的控制。

（2）事中控制　工程质量是靠人的劳动创造出来的，不是靠最后检验出来的，要坚持预防为主方针，将事故消灭在萌芽状态，应根据施工组织中确定的施工工序、质量监控点的要求严格质量控制，做到上道工序完工通过验收合格后方可进行下道工序的操作，重点部位隐蔽工程要实行旁站，同时要做好已完工序的保护工作，从而达到控制工程质量的目的。

（3）事后质量控制　严格执行国家颁布的有关工程项目质量验评标准和验收标准，进行质量评定和办理竣工验收及交接工作，并做好工程质量的回访工作。

二、工程工期与造价

1. 工期对造价的影响

工期是指项目或项目的某个阶段、某项具体活动所需要的，或者实际花费的工作时间周期。在一个项目的全过程中，实现活动所消耗或占用的资源发生以后就会形成项目的成本，这些成本不断地沉淀下来、累积起来，最终形成了项目的全部成本（工程造价），因此工程造价是时间的函数。由于在项目管理中，时间与工期是等价的概念，所以造价与工期是直接相关的，造价是随着工期的变化而变化的。形成这种相关与变化关系的根本原因有两个：一是项目所耗资源的价值会随着时间的推移而不断地沉淀成为项目的造价；二是项目消耗与占用的各种资源都具有一定的时间价值。确切地说，造价与工期的关系是由与时间（工期）本身这种特殊资源所具有的价值造成的。

项目消耗或占用的各种资源都可以被看成是对于资金的占用，因为这些资源消耗的价值最终都会通过项目的收益而获得补偿。因此，工程造价实际上可以被看成是在工程项目全生命周期中整个项目实现阶段所占用的资金。这种资金的占用，不管占用的是自有资金还是银行贷款，都有其自身的时间价值。这种资金的时间价值最根本的表现形式就是占用银行贷款所应付的利息。资金的时间价值既是构成工程造价的主要科目之一，又是造成工程造价变动的根本原因之一。

一个工程建设项目在不同的基本建设阶段，其造价作用和计价办法也不尽相同。但是无论在哪个阶段，影响工程造价的因素除了人工工资水平、材料价格水平、机械费用以及费用标准外，对其影响较大的是工期，工期是计算投资的重要依据。在工程建设过程中，要缩短工程工期必然要增加工程直接费用，因为要缩短工期，则要重新组织施工，加大劳动强度，加班加点，必然降低工效率，增加工程直接费用，而由于工期缩短却节省了工管理费。无故拖延工期，将增加人工费用以及机械租赁费用的开支，也会引起直接费用的增加，同时还增加管理人员费用的开支。工程及工程造价的关系曲线如图 6-1 所示。

从图 6-1 中可以看出，工期在 T_0 点（理想工期）时，对应的工程投资最好。

2. 工程造价与工期的管理问题

在项目管理中，"时间（工期）就是金钱"，是因为工程造价的发生时间、结算时间、占用时间等有关因素的变动都会给工程造价带来变动。但是现有造价管理方法并没有全面考虑项目工期与造价的集成管理问题，实际上现有方法对于项目工期与造价的管理是相互独立和相互割裂的。同时，现有方法无法将由于项目工期变动对造价的影响，和由于项目所耗资源数量及所耗资源价格变动的影响进行科学区分，这些不同因素对项目造价变动的影响信息是混淆在一起的。

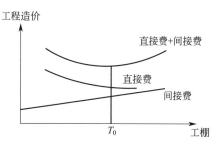

图 6-1　工期与工程造价关系线图

3. 工期长短对造价的影响

缩短工程工期的作用如下。

① 能使工程早日投产，从而提高经济效益。

② 能使施工企业的管理费用、机械设备及周转材料的租赁费降低，从而降低建筑工程的施工费用。

③ 能减少施工资金的银行贷款利息，有利于施工企业降低造价成本。

因此缩短工期、降低工程成本是提高施工企业效益的重要途径，应该看到，不合理的缩短工期，也是不可取的，主要表现在以下几个方面：

① 施工资金流向过于集中，不利于资金的合理流动。

② 施工各工序间穿插困难，成品、半成品保护费用增加。

③ 合理的组织易被打乱，造成工程质量的控制困难，工程质量不易保证，进而返修率提高，成本加大。

4. 造成工期延期的原因

目前，在建设工程项目中普遍存在工期拖延的问题，造成这种现象的原因通常有以下几种情况：

① 对工程的水文、地质等条件估计不足，造成施工组织中的措施无针对性，从而使工期推迟。

② 施工合同的履行出现问题，主要表现为工程款不能及时到位等情况。

③ 工程变更、设计变更及材料供应等方面也是造成工期延误很重要的原因。

5. 缩短工期的措施

由于以上诸多因素的影响，要想合理地缩短工期，只能采取积极的措施，主要包括组织措施、技术措施、合同措施、经济措施和信息管理措施等，在实际工作中，应着重做好如下方面的工作。

① 建立健全科学合理、分工明确的项目班子。

② 做好施工组织设计工作。运用网络计划技术，合理安排各阶段的工作进度，最大限度地组织各项工作的同步交叉作业，抓关键线路，利用非关键线路的时差，更好地调动人力、物力，向关键线路要工期，向非关键线路要节约，从而达到又快又好的目的。

③ 组织均衡施工。施工过程中要保持适当的工作面，以便合理地组织各工种在同一时间配合施工并连续作业，同时使施工机械发挥连续使用的效率。组织均衡施工能最大限度地提高工效和设备利用率，降低工程造价。

④ 确保工程款的资金供应。

⑤ 通过计划工期与实际工期的动态比较，及时纠偏，并定期向建设方提供进度报告。

三、工期索赔与造价

1. 索赔的概念

广义的索赔是指在经济合同的实施过程中，合同一方因对方不履行或未能正确履行或不能完全履行合同规定的义务而受到损失，向对方提出赔偿损失的要求。目前国内项目索赔未真正意义上推开，一般理解的索赔仅是指施工企业在合同实施过程中，根据合同及法律规定，对应由建设单位承担责任的干扰事件所造成的损失，向建设单位提出请求给予经济补偿和工期延长的要求。索赔程序如图 6-2 所示。

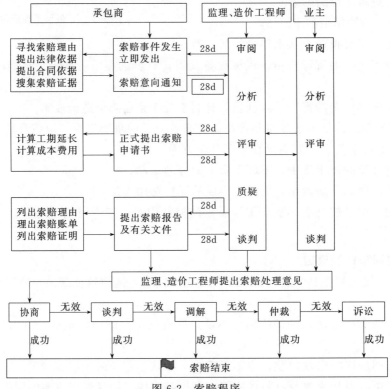

图 6-2 索赔程序

2. 设计变更、洽商、签证、技术核定单、工程联系单、索赔的关系

设计变更、洽商、签证、技术核定单、工程联系单、索赔这几个工程用词大家经常听到和用到，但对它们的准确定义与区别相信很多人可能并不是很明白。从图 6-3 工程结算价款的构成中，我们可以看出它们之间的关系：

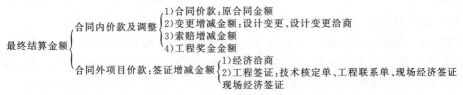

图 6-3 工程结算价款的构成

3. 索赔产生的原因

（1）当事人违约 当事人违约常常表现为没有按照合同约定履行自己的义务。发包人违

约常常表现为没有为承包人提供合同约定的施工条件、未按照合同约定的期限和数额付款等。工程师未能按照合同约定完成工作，如未能及时发出图纸、指令等也视为发包人违约。承包人违约的情况则主要是没有按照合同约定的质量、期限完成施工，或者由于不当行为给发包人造成其他损害。

（2）不可抗力事件　不可抗力又可分为自然事件和社会事件。自然事件主要是不利的自然条件和客观障碍，如在施工过程中遇到了经现场调查无法发现、业主提供的资料中也未提到的、无法预料的情况，如地下水、地质断层等。社会事件则包括国家政策、法律、法令的变更，战争，罢工等。

（3）合同缺陷　合同缺陷表现为合同文件规定不严谨甚至矛盾，合同中有遗漏或错误，在这些情况下，工程师应当给予解释，如果这种解释将导致成本增加或工期延长，发包人应当给予补偿。

（4）合同变更　合同变更表现为设计变更，施工方法变更，追加或者取消某些工作，合同其他规定的变更。

（5）工程师指令　工程师指令有时也会产生索赔，如工程师指令承包人加速施工、进行某项工作、更换某些材料、采取某些措施等。

（6）其他第三方原因　其他第三方原因常常表现为与工程有关的第三方的问题而引起的对本工程的不利影响。

4. 索赔的依据

工程索赔的依据是索赔工作成败的关键。有了完整的资料，索赔工作才能进行。因此，在施工过程中基础资料的收集积累和保管是很重要的，应分类、分时间进行保管。具体资料内容如下。

（1）建设单位有关人员的口头指示包括建筑师、工程师和工地代表等的指示　每次建设单位有关人员来工地的口头指示和谈话以及与工程有关的事项都需做记录，并将记录内容以书面信件形式及时送交建设单位。如有不符之处，建设单位应以书面回信，七天以内不回信则表示同意。

（2）施工变更通知单　将每张工程施工变更通知单的执行情况做好记录。照片和文字应同时保存妥当，便于今后取用。

（3）来往文件和信件　有关工程的来信文件和信件必须分类编号，按时间先后顺序编排，保存妥当。

（4）会议记录　每次甲乙双方在施工现场召开的会议（包括建设单位与分包的会议）都需记录，会后由建设单位或施工企业整理签字印发。如果记录有不符之处，可以书面提出更正。会议记录可用来追查在施工过程中发生的某些事情的责任，提醒施工企业及早发现和注意问题。

（5）施工日志（备忘录）　施工中发生影响工期或工程付款的所有事项均须记录存档。

（6）工程验收记录（或验收单）　由建设单位驻工地工程师或工地代表签字归档。

（7）工人和干部出勤记录表　每日编表填写。由施工企业工地主管签字报送建设单位。

（8）材料、设备进场报表　凡是进入施工现场的材料和设备，均应及时将其数量、金额等数据送交建设单位驻工地代表，在月末收取工程价款（又称工程进度款）时，应同时收取到场材料和设备价款。

（9）工程施工进度表　开工前和施工中修改的工程进度表和有关的信件应同时保存，便于以后解决工程延误时间问题。

（10）工程照片　所有工程照片都应标明拍摄的日期，妥善保管。

（11）补充和增加的图纸　凡是建设单位发来的施工图纸资料等，均应盖上收到图纸资料等的日期印章。

5. 工程索赔的范围

凡是根据施工图纸（含设计变更、技术核定或洽商）、施工方案以及工程合同、预算定额（含补充定额）、费用定额、预算价格、调价办法等有关文件和政策规定，允许进入施工图预算的全部内容及其费用，都不属于施工索赔的范围。例如，图纸会审记录、材料代换通知等设计的补充内容，施工组织设计中与定额规定不符的内容，原预算的错误、漏项或缺陷，国家关于预算标准的各项政策性调整等，都可以通过编制增减、补充、调整预算的正常途径来解决，均不在施工索赔之列；反之，凡是超出上述范围，因非施工责任导致乙方付出额外的代价损失，都应向甲方办理索赔（但采用系数包干方式的工程，属于合同包干系数所包含的内容，则不需再另行索赔）。

6. 索赔费用的计算

（1）可索赔的费用　一般包括以下几个方面。

① 人工费。包括增加工作内容的人工费、停工损失费和工作效率降低的损失费等累计，但不能简单地用计日工费计算。

② 设备费。可采用机械台班费、机械折旧费、设备租赁费等几种形式。

③ 材料费。

④ 保函手续费。工程延期时，保函手续费相应增加；反之，取消部分工程且发包人与承包人达成提前竣工协议时，承包人的保函金额相应折减，则计入合同价内的保函手续费也应相应扣减。

⑤ 贷款利息。

⑥ 保险费。

⑦ 利润。

⑧ 管理费。此项又可分为现场管理费和公司管理费两部分，由于两者的计算方法不一样，所以在审核过程中应区别对待。

（2）索赔费用的计算　索赔费用的计算方法有实际费用法、修正总费用法等。

① 实际费用法　实际费用法是按照每个索赔事件所引起损失的费用项目分别计算索赔值，然后将各费用项目的索赔值汇总，即可得到总索赔费用值。这种方法以承包商为某项索赔工作所支付的实际开支为依据，但仅限于由于索赔事项引起的、超过原计划的费用，故也称额外成本法。在这种计算方法中，需要注意的是不要遗漏费用项目。

② 修正总费用法　修正总费用法是对总费用法的改进，即在总费用计算的基础上，去掉一些不确定的可能因素，对总费用法进行相应的修改和调整，使其更加合理。

第二节　水暖、电气工程造价实施必须掌握的知识点

一、水暖工程造价实施必须掌握的知识点

① 根据设计规范要求，暖气支管不得小于 $DN20$。

② 保温常规做法——给水：防结露保温。热水：保温。消防：不保温。冷冻水：连阀门都需保温。冷却水：按设计要求，未要求可以不作。一般吊顶里的管道均需保温。

给水：暗敷防结露保温；明敷穿越门厅、卧室和客厅过门处必须做防结露保温。排水：暗敷做防结露保温；明敷公共厕所座便上反水弯必须做。

管井里除消防、喷洒管道管道外均做保温。

③ 镀锌钢管连接方式：DN100 丝接；＞DN100 可焊接（需防腐），可法兰焊接（需二次镀锌），少量可丝扣法兰连接。

④ 管道外皮距墙距离为 25～50mm。

⑤ 采暖干管接立管时，当立管直线管段＜15m 时，采用 2 个 90°弯头；当直线管段＞15m 时采用 3 个 90°弯头。

⑥ 施工时，排水管宁高勿低，地漏宁低勿高。

⑦ 标高规定：室内管道一般为管中；室外管道排水为管内底，给水为管顶。

⑧ 暖气片应与窗同轴。

⑨ 闸阀：开关作用，阻力系数 0.5。截止阀：调节开关作用，阻力系数 19。

⑩ 补偿器分为：自然补偿，方形胀力，弯头，波纹补偿器，套筒补偿器，球形胀力，角质胀力。

⑪ 集气罐：干管末端，其管径为末端管道直径的 4～6 倍。膨胀水箱：稳压、排气、容纳膨胀水、信号作用。气压罐：稳压、排气。

膨胀水箱共五根管道：膨胀管、循环管、溢水管、排污管、信号管。

集气罐安装位置：管道接口距集气罐上端 2/3，距下端 1/3。

⑫ 按照标准图集，掌握热媒入口情况。

⑬ PP-R 管可以套用铝塑复合管或给水 U-PVC 管道定额。

⑭ 刚性防水套管：Ⅰ型防水套管，Ⅱ型防水套管，Ⅲ型防水套管。

Ⅰ型防水套管适用于铸铁管和非金属管；Ⅱ型防水套管适用于钢管；Ⅲ型防水套管适用于钢管预埋，将翼环直接焊在钢管上。

柔性防水套管一般适用于管道穿过墙壁处受有振动或有严密防水要求的构筑物。

一般管道穿外墙的管道加防水套管。穿水池的管道采用柔性防水套管。

若室外水位高则采用柔性防水套管，若室外水位低则采用刚性防水套管。

⑮ 一般水表管径比管道管径小一号。

⑯ 给水支管上凡是接两个以上供水点，支管均加活接头和法兰，但支管接水表除外。

⑰ 规定：洗脸盆（洗菜盆）上边缘距地 800mm；水嘴距脸盆上边缘 200mm；拖布池水嘴距拖布池上边缘 300mm；坐便给水距地 250mm；脸盆给水距地 450mm。

⑱ 立管出地面时必须加阀门和活接头。

⑲ 消火栓：单栓 DN65。规范：栓口向外，不应安装在门轴侧；双栓 DN65 或 DN50。消火栓箱厚度≥240mm。栓口中心距地：单栓＋自救卷盘，距离为 1.1m。

⑳ 水表的安装。住宅：阀门＋水表。公共建筑：阀门＋水表＋阀门。室外：阀门＋水表＋阀门＋泄水阀＋减震等。

㉑ 清扫口：接来两个及两个以上的卫生器具支管上应加清扫口，若有地漏可以不加。

立管检查口：最底层和最高层必须设置，每隔 1～2 层设置。

干管长度穿越几个房间，每隔 8～12m 时应加清扫口或检查口。

㉒ 立管变径必须采用大小头，支管可以采用补心，如接水表变径。

二、水暖工程造价实施必须掌握的知识点

① 开关盒数量＝开关数量＋插座数量。

② 接线盒数量＝灯头盒数量＋规范规定。

a. 无弯管路不超过 30m。

b. 两个接线盒之间有一个弯时，不超过 20m。

c. 两个接线盒之间有两个弯时，不超过 15m。

d. 两个接盒之间有三个弯时，不超过 8m。

e. 暗配管两个接线盒之间不允许出现四个弯。

③ 接线盒。每个明装配电箱（暗配管）的背后都用一个接线盒（先配管）；一般的配电箱都是接线箱；接线端子箱一般里面只有接线端子，没有元器件，如分支接线箱、等电位接线箱；接地端子板是接地端子箱的一个端子板；LEB 是局部等电位连接箱，一般很小，里面的端子板也很小，端子也很少；接地跨接线是用在桥架各节段、电线管之间的断接口电气辅助连通用的，起传导电位的作用，正常时不通过电流；断接卡是用在防雷接地上的，一般用在人工接地极的引入线上，主要是为了测接地电阻时把人工接地极与接地网断开，从而方便准确地测出这个人工接地极的接地电阻。

④ 干包。在一些要求不高或者为了省钱的项目上，低压电缆接头使用干包的比较多，由于低压电场可以忽略不计，所以特别是一些安装公司为了省钱而使用干包。高压干包电缆目前国内似乎没人做，国外也只见到 3M 公司有干包电缆附件（通常都是中间接头）。

⑤ 热缩。热缩电缆附件相对于干包的费用高，但目前在 10kV 及以下等级使用热缩电缆附件是比较经济的，一般适用于新建工程，施工时不要求防火等的普通供电系统。

⑥ 浇注电缆附件 主要用于油浸绝缘电缆上，自从热缩油浸电缆问世以后基本被淘汰。目前 3M 等低压电缆还有浇注式电缆接头。

⑦ 冷缩电缆接头。目前正在大力推广的电缆附件，特别适用与石油化工等禁止明火施工的环境，而且减少了人为的因素，更安全，缺点是价格比较昂贵。

⑧ 电缆头按制作安装材料又可分为热缩式（目前最常用的一种）、干包式和环氧树脂浇注式。现在的 70mm^2 以上电缆普遍采用热缩式，其实就是用到热缩头，一个热缩头在几十元到上百元不等，形状像手套一样，把电缆外保护层剥开，套上热缩头，然后用喷灯加热，使其附着在电缆头上；干包式就是采用高压自黏式胶布和电工胶布缠绕制作电缆头。一般临时用电较多用到。70mm^2 以下用干包式。

⑨ 电缆头的区别：电力电缆头分为终端头和中间接头，按安装场所分为户内式和户外式，按照电缆头制作材料分为干包式、环氧树脂浇注式和热缩式三类。

a. 户内干包式电力电缆头，干包电缆头不装"终端盒"时，称为"简包终端头"，适用于一般塑料和橡胶绝缘低压电缆。

b. 户内浇注式电力电缆终端头，浇注式电缆头主要用于油浸纸绝缘电缆。

c. 户内热缩式电力电缆终端头，热缩式电缆头适用于 0.5～10.0kV 的交联聚乙烯电缆和各种电缆。

⑩ 三个电缆头的工艺区别如下。

a. 户内干包式电力电缆头：剥保护层及绝缘层，清洗，包缠绝缘，压连接管及接线端子，安装、接线。

b. 户内浇注式电力电缆终端头：锯断，剥切清洗，内屏蔽层处理，包缠绝缘，压扎锁管和接线端子，装终端盒，配料浇注，安装接线。

c. 户内热缩式电力电缆终端头：锯断，剥切清洗，内屏蔽层处理，焊接地线，压扎锁管和接线端子，装热缩管，加热成型，安装，接线。

⑪ 避雷网的材料和支架的材料一样时，支架不需要另外算。避雷网敷设子目已经包含支架安装内容，不再另行计列。

⑫ 电气系统调试指的是整个高压系统和低压系统的调试。一般的住宅、学校、办公楼、旅馆、商店等民用电气工程的供电调试应按下列规定执行。

a. 配电室内带有调试元件的盘、箱、柜和带有调试元件的照明主配电箱，应按供电方式执行相应的"配电设备系统调试"定额。

b. 每个用户房间的配电箱（板）上虽装有电磁开关等调试元件，但如果生产厂家已按固定的常规参数调整好，不需要安装单位进行调试就可直接投入使用的，不得计取调试费用。

c. 民用电度表的调整校验属于供电部门的专业管理，一般皆由用户向供电局订购调试完毕的电度表不得另外计算调试费用。

⑬ 送配电设备系统调试，适用于各种供电回路（包括照明供电回路）的系统调试。按回路分别套定额：如变压器按规格；分母线调试；分断路器调试；分避雷调试；分接地装置调试等，根据不同的专业需要来选择。

⑭ 电缆阻燃盒主要用于电缆接头部位封闭，防止电缆爆裂着火，起阻火作用。

⑮ 一般是 $16mm^2$ 及以上的铜芯电线才计算压铜接线端子。$16mm^2$ 及以下的接线端子定额里已包含。

⑯ 配电箱常用安装高度：箱体高度 600mm 以下，底边距地 1.4mm；600～800mm 高，底边距地 1.2m；800～1000mm 高，底边距地 1.0m；1000～1200mm 高，底边距地 0.8m；1200mm 以上的，为落地式安装，下设 300mm 基座。

⑰ 一组动力柜的调试次数：送配电系统调试中的 1kV 以下项目适用于所有低压供电回路，包括电缆试验、瓷瓶等全套调试工作。项目中皆按一个系统一侧配一台断路器考虑，若两侧皆有断路器，则按两个系统考虑，凡供电回路中带有仪表、继电器、电磁开关等调试元件的，均按调试系统考虑。但动力柜已经设备厂家调试合格，不应再执行配电系统调试，只能考虑执行送电系统调试，按送配电系统调试定额乘以合理的系数。

⑱ 接地网接地电阻的测定：一般发电厂或变电站连为一体的母网，按一个系统计算；自成母网不与厂区母网相连的独立接地网，另按一个系统考虑。大型建筑群各有自己的接地网，虽然在最后也将各接地网连在一起，但应按各自的接地网计算，不能作为一个网的，具体应按接地网的实验情况而定。

⑲ 独立的接地装置按组计算：如一台柱上变压器有一个独立的接地装置，即按一组计算。

⑳ 避雷针接地电阻的计算：每个避雷针均有单独的接地网（包括独立的避雷针、烟囱避雷针等），均按一组计算。

㉑ 强电弱电的区分：强电指动力用电及照明等，一般在 220V 以上；弱电指的是电话、网络、监控、电视等电路，一般电压都在 36V 以下。

㉒ 高压低压的区分：1kV 以上的电压称为高压；1kV 以下的电压称为低压。

㉓ 动力用电和照明用电的区分：按照我国标准规定，照明用电基本上包括插座、排气扇等 220V 的设备的用电；动力用电基本上是指 380V 的设备或 220V 大功率及工业用的设备。

㉔ 电缆与电线的区分：电线由一根或几根柔软的导线组成，外面包以轻软的护层；电缆由一根或几根绝缘包导线组成，外面再包以金属或橡胶制的坚韧外层。电缆与电线一般都由芯线、绝缘包皮和保护外皮三个组成部分组成。

其实，"电线"和"电缆"并没有严格的界限。通常将芯数少、产品直径小、结构简单的产品称为电线，没有绝缘的称为裸电线，其他的称为电缆；导体截面积较大的（>6mm²）称为大电线，较小的（≤6mm²）称为小电线，绝缘电线又称为布电线，这样说比较简单，容易理解。电缆一般有 2 层以上的绝缘，多数是多芯结构，绕在电缆盘上，长度一般大于 100m。电线一般是单层绝缘，单芯，100m 一卷，无线盘。

电缆常见型号。VV 表示聚氯乙烯绝缘（第一个 V），聚氯乙烯护套（第二个 V）。YJV22 表示交联聚氯乙烯绝缘（YJ），聚氯乙烯护套（V），钢带铠装（22），型号加"ZR"或"FR"的为阻燃电缆（电线），加"L"为铝线。

电线的型号较简单：BVV——聚氯乙烯绝缘和护套铜心线，BV——聚氯乙烯绝缘铜心线，BVR——聚氯乙烯绝缘铜心软线，BX——橡胶绝缘铜心线，RHF——氯丁橡套铜心软线。

第三节 水暖、电气工程常见造价指标参考

一、水暖工程常见造价指标参考

1. 给排水工程造价指标参考

建筑给排水工程造价指标可参考表 6-1。

表 6-1 给排水工程造价指标

工程项目		造价 /(元/m²)	每100m²建筑面积主要工料指标				
类别	特征		人工 /工日	给水管道 /m	排水管道 /m	洁具 /套	阀门 /个
住宅楼	多层	70~90	25.11	42.6	39.56	6.27	2.11
	高层	100~150	30	41.77	38.33	5.89	1.97
办公楼	多层	30~60	13.5	8.75	10.22	1.15	0.51
	高层	40~70	19.8	9.77	12.44	1.01	0.68
工业建筑	标准厂房	10~15	5.28	4.8	5.13	0.89	0.71
附注	(1)给水管道采用一般的塑料管或复合塑料管 (2)排水管道一般采用塑料排水管,高层建筑考虑部分采用柔性铸铁管 (3)根据工程类别不同,已综合了泵房安装工程的费用,但不包括室外工程 (4)洁具及材料均为国产合格产品 (5)洁具含量中包括大便器、小便器、洗脸盆、淋浴盆、浴盆等 (6)住宅指标中未考虑单身宿舍的情况,单身宿舍指标要适当上浮						

2. 案例（表 6-2）

表 6-2 造价分析与成本预测

项目名称：×××家园安装（1#～12#楼、会所及地下车库）　　　　建筑面积：82575.6m²

项目名称	费率	金额/元	占总价/%	价格/(元/m²)	实际消耗/元	节约额/元	备注
造价分析							
人工工日		81423.00			50056.00	31367.00	外包暂按预算总工日 238.48 工日,262.08 天
人工费		987292.00	6.327	11.96	2156880.00	−1169588.00	26208×55＋23848×30
辅材费		1599730.00	10.252	19.37	799865.00	799865.00	
机械费		341414.00	2.188	4.13	170707.00	170707.00	
主材及设备费		9504149.00	60.910	115.10	8783953.00	720196.00	甲方提供材料
其他直接费	23%	227081.00	1.455	2.75	234054.00	−6973.00	项目开支（差旅交通、办公、业务费等）
直接费合计		12659666.00	81.133	153.31	12145459.00	514207.00	
综合间接费	130%	1283479.00	8.226	15.54	555927.00	727552.00	管理人员 7 人,按施工工期 546 天计
利润	40%	394917.00	2.531	4.78		394917.00	
人工费补差	2.4 元/工日	200290.00	1.284	2.43		200290.00	
施工流动津贴	2.5 元/工日	208642.00	1.337	2.53		208642.00	
其他费用	0.10%	34673.00	0.222	0.42	34673.00	0.00	
税金	3.41%	821904.00	5.267	9.95	821904.00	0.00	
总造价		15603571.00		188.96	13557963.00	2045608.00	
实际开支							
材料成本		9583818.00	61.421	116.06			
工资成本		2712807.00	17.386	32.85			
机械费开支		170707.00	1.094	2.07			
现场开支及项目配合		234054.00	1.500	2.83			
税金		856577.00		10.37			
合计		13557963.00	86.890	164.19			
利润		2045608.00	13.110	24.77			

说明：

① 本成本预测包括 1#～12# 号楼、地下车库、会所。预算总工日：81423 工日。自己做的总工日：57575 工日。外包为 5#、10#、11#、12# 楼，预算总工日：23848 工日。

② 本工程内容合同价为 16637025 元，经图纸修改、现场变更及甲方部分批价调整为 15603571 元。（热水铜管改 PPR，洁具和配电箱甲供。）总价不含甲供材。

③ 实际开支人工费按照平均每天安排 48 人工作，人均工资 55 元/天计，总工程日为 546 天。总出勤为 48×546＝26208(天)。

外包按 30 元/定额工日计，通风部分为 27 元/工日。定额工日按预算量计，计 715440 元。外包部分尚可有节余。

④ 主材费节约暂按定额损耗量加材料价差 5% 计。其中损耗量为 244988.8 元，材料价差为 475207.45 元。

⑤ 管理人员工资：现场安装经理 1 名，施工员 1 名，质量员 1 名，技术员 2 名，资料员 1 名，安装预算 1 名，其他管理人员（材料、仓库等）进行安装服务，按一共 7 人计算，平均 48000 元/年，施工期 546 天，一年平均出勤 330 天，计算方式：$7 \times 48000 \times 546/330 = 555927.3$（元）。

⑥ 现场开支暂按总价 1.5% 计。

⑦ 建筑面积 82575.6m²。人工费单价为 $11.83 + 2.4 + 2.5 = 16.73$（元）。

⑧ 临设费及土建配合费未列入成本开支。辅材及机械开支为暂估，尚有潜力可挖。

某多层住宅（上海）安装工程造价与成本分析，见表 6-3。某住宅建筑（天津）安装工程造价分析，见表 6-4。

表 6-3 某多层住宅（上海）安装工程造价与成本分析

工程概况

基本特征	结构类型：框架结构		建筑面积：6024.21m²				
	檐高/m	层数	层高/m			基础类型	利润率/%
			首层	标准层	顶层		
	32.50	11	2.90	2.90	2.90	桩基础	7.50

注：本工程造价内未包括打桩费用。

表 6-4 某住宅建筑（天津）安装工程造价分析

工程造价分析

工程价格（以 2008 年预算基价为依据）元		每平方米价格/元	各项费用所占比例/%							
			合计	人工费	材料费	机械费	管理费	规费	利润	税金
12151012.3		2017.03	100	14.44	64.94	3.06	2.62	6.38	5.23	3.33
其中	土建工程	1054.59	100	16.49	57.92	4.84	3.39	7.29	6.74	3.33
	装饰工程	567.36	100	10.84	75.55	1.60	1.28	4.79	2.61	3.33
	给排水工程	78.16	100	14.46	67.90	0.58	2.25	6.40	5.08	3.33
	采暖工程	113.02	100	8.83	78.90	0.40	1.54	3.90	3.10	3.33
	电气工程	203.90	100	16.96	62.86	0.30	3.07	7.50	5.98	3.33

二、水暖工程常见造价指标参考

1. 变配电工程

民用建筑变配电工程估算参考指标见表 6-5。

表 6-5 民用建筑变配电工程估算参考指标表

建筑类型	指标/(元/kV·A)	指标/(元/m²)
宾馆饭店	1200~1350	105~135
写字楼	1150~1300	95~127
科研办公楼	1058~1230	93~115
医院	968~1054	87~104
图书馆	850~986	70~90
商厦	900~1000	85~100
餐厅酒楼	947~1050	90~110
体育馆	1042~1210	98~120
影剧院	1100~1240	115~138

2. 动力配线工程

民用建筑动力配线工程估算参考指标见表 6-6。

表 6-6 民用建筑动力配线工程估算参考指标表

建筑类型	指标/(元/kV·A)	指标/(元/m²)
宾馆饭店(高档)	1015～1340	113～138
宾馆饭店(中档)	850～1120	70～95
宾馆饭店(一般)	480～590	50～87
写字楼	450～580	65～74
科研办公楼	435～580	52～70
医院	850～1000	71～92
图书馆	350～500	45～62
商厦(高档)	1300～1500	125～150
商厦(中档)	935～1250	78～105
商厦(低档)	405～525	55～74
餐厅酒楼	900～1150	75～95
体育馆	750～920	69～85
影剧院	550～825	63～79

第四节 允许可调差价的材料

① 钢材类（不包括钢管脚手、钢模板等摊销钢材）。

② 水泥类。

③ 木材类（包括各种板方材、模板、胶合板、细木工板，不包括脚手板、垫木等摊销木材）。

④ 沥青类。

⑤ 玻璃类。

⑥ 砖、瓦及各种砌块类（包括耐火砖、耐酸陶瓷砖、阶砖、琉璃瓦、石棉瓦、玻璃钢瓦）。

⑦ 砂、石类（包括中粗细砂、碎石、砾石、天然砂石、毛石、方整石、白石子、彩色石子）。

⑧ 各种防水卷材。

⑨ 各种铝门窗、钢门窗、彩板、塑料、塑钢门窗、不锈钢门窗、卷闸门、特种门（包括电动、自动装置）、成品装饰木门等。

⑩ 块料饰面材料类（包括石质、陶瓷质材料）。

⑪ 装饰面板类（金属、非金属、壁纸、布艺、地毯等）。

⑫ 装饰面板的骨架类（铝合金、轻钢、不锈钢、连接及固定用的吊挂件、连接件、接插件、幕墙胶等）。

⑬ 管材、型材类（铝合金、不锈钢、铜质、玻璃钢、PVC 雨水管等，不包括连接用螺

栓、螺钉及钉等配件)。

⑭ 装饰线条类(木质、石质、金属、塑料等,塑料扶手)。

⑮ 油漆、涂料类(不包括稀释剂、固化剂等辅料及调合漆、沥青漆、防锈漆、防火漆、醇酸磁漆、酚醛清漆、106 涂料、107 涂料、802 涂料、仿瓷涂料、钢化涂料、777 乳胶涂料)。

⑯ 美术字、牌面板、单个价值 100 元以上的五金及各类成品送(回)风口、锚具等。

⑰ 综合基价中注明允许调整的材料。

⑱ 发包方指定生产厂家的材料及成品、半成品。

⑲ 定额中缺项的材料。

第七章

建筑安装工程造价实例解析

第一节 某电气工程预算书编制实例

一、某电气工程基本概况

1. 建筑概况

本工程为××市城市投资建设有限公司开发建设的××市林××棚户区改造项目G1#楼工程，1层为商服和公共卫生间，2～11层为住宅，顶层为机房层（电梯机房），建筑物高度为34.25m，总建筑面积6525.98m²。本工程为二类高层居住建筑，楼板为现浇板，结构形式为剪力墙结构基础形式为桩基。

2. 设计范围

本工程设计包括红线内的以下电气系统。

① 动力，照明配电系统。

② 防雷，接地及安全措施。

③ 访客对讲系统（仅预留管路及接线盒）。

④ 弱电系统由建设单位另行委托设计。

⑤ 本工程电源进线的分界为一层室外π接箱处。

3. 负荷等级及供电电源

① 负荷分类及容量：消防用电负荷（消防应急照明）为二级负荷，负荷容量见低压配电系统图。正常用电负荷（主要通道照明；本工程当市电停电供电后，由消防应急照明兼此功能）电源、客梯电源为二级负荷，其余为三级负荷。

② 本工程电源为220V/380V：分别引自不同的箱式变配电回路供给本楼的动力及照明用电设备。

工作电源：引自室外箱式变低压配电回路，低压配电系统接地形式为TN-C-S系统

备用电源：引自本小区另外箱式变配电回路

4. 用电指标及计量方式

根据建设单位要求动力及照明分别设置计量表，住宅用电标准为建筑面积每户90m²以上6kW，90m²及以下4kW，分户集中计量，一梯三四户每二层，一梯两户每三层，在电井内集中设置计量表箱。

商服建筑面积在 100m² 及以下的按每户 6kW，商服建筑面积在 100～150m² 按每户 8kW，商服建筑面积在 150～200m² 按每户 10kW，公共卫生间预留 4kW，均为三相供电，分户集中计量，住宅与商服分别设置电源进户箱。

5. 照明系统

① 照明种类：根据该建筑物的性质及相关要求，本工程在住宅内，通道及设备用房设置正常照明，在疏散通道，过厅等处设置消防应急照明。

② 照度标准：详见说明第 12 条。

③ 照明配电：住宅电源进线处设置剩余电流动作保护器（RCD），住宅户内照明、普通插座、厨房电源插座、卫生间电源插座、空调电源插座分别设置独立回路，应急照明灯具自带蓄电池。

配电系统采用树干式与放射式相结合的配电方式，照明和插座分别由不同的支路供电，插座回路均设剩余电流保护器保护（动作电流为 30mA，动作时间不大于 0.1s）。

④ 光源与灯具：商服采用细管径直管形荧光灯（配用电子镇流器），楼梯间及过厅采用声控灯。

⑤ 消防应急照明灯和灯光疏散指示标志灯具应满足《消防安全标志》（GB 13495）和《消防应急灯具》（GB 17945）的相关规定。疏散走道的地面最低水平照度值不低于 1.0lx，楼梯间内的地面最低水平照度值不低于 5lx。应急照明在正常供电电源停止供电后，其应急电源供电转换时间不大于 5s。

6. 电力系统

① 电梯采用放射式供电

② 消防用电设备用电等均采用双回路专用电缆供电并在最末一级配电箱处设双电源自投，自投方式为自投自复，其他电力设备采用树干式与放射式相结合的方式供电。

③ 三级负荷采用单电源供电。

7. 设备安装方式及标高，见图例。

图例

序号	图例	名称	型号与规格	备注
1	▬	住宅进户总配电箱	详见配电系统图	顶边距地 2.0m 暗装
2	▬	双电源切换箱	详见配电系统图	顶边距地 2.0m 暗装
3	▭	控制箱	详见配电系统图	底边距地 1.5m 明装
4	▬	照明配电箱	详见配电系统图	底边距地 1.5m 暗装（电表箱顶边距地 2.0m 暗装），电井内明装
5	▯	户内开关箱	详见配电系统图	底边距地 1.8m 暗装
6	⊗	瓷质防水灯头	1×13W 节能型	吸顶
7	⊙	声控灯	5W GDL102C LED 光源 Ⅰ类灯具	吸顶（自带蓄电池,应急时间不少于 30min;雨棚采用防水密闭型）
8	⊗	节能灯	1×13W 节能型	吸顶

序号	图例	名称	型号与规格	备注
9	⊣	墙上灯座	1×13W 节能型	门上 0.2m,电井,井道照明设防护罩
10	×	阳台防水坐灯	1×13W 节能型	吸顶(阳台)
11	⊢━┥	双管荧光灯 T8 管	2×36W 节能型	链吊距地 2.5m,自带电子镇流器 cosφ≥0.9
12	⊢━	单管荧光灯 T8 管	1×36W 节能型(自带蓄电池,应急时间不少于30min)	链吊距地 2.5m,自带电子镇流器 cosφ≥0.9
13	⊣	安全型二三极暗装插座	～250V 10A	底边距地 0.5m 暗装(机坑插座采用防溅面板,防护等级为 IP54,底边距地 1.5m)
14	⊣L	安全密闭型二三极插座	～250V 10A	燃气报警,底边距地 2.2m 暗装,防护等级为 IP54
15	⊣P	安全密闭型二三极插座	～250V 10A	排烟机,底边距地 2.2m 暗装,防护等级为 IP54
16	⊣D	安全密闭型二三极插座	～250V 10A	电炊具,底边距地 1.5m 暗装,防护等级为 IP54
17	⊣B	安全密闭型二三极插座	～250V 10A	冰箱,底边距地 1.5m 暗装,防护等级为 IP54
18	⊣R	安全密闭型二三极插座(带开关)	～250V 16A	热水器,底边距地 2.3m 暗装(设在 2 区外),防护等级为 IP54
19	⊣X	安全密闭型二三极插座(带开关)	～250V 10A	洗衣机,底边距地 1.3m 暗装(设在 2 区外),防护等级为 IP54
20	⊣T	安全密闭型二三极插座	～250V 10A	剃须刀,底边距地 1.5m 暗装(设在 2 区外),防护等级为 IP54
21	⊣K	二三极暗装空调插座(带开关)	～250V 16A	墙内暗装,卧室、方厅底边距地 2.2 米
22	⫯⫯⫯⫯	翘板式单至四联单控开关	～250V 10A	距地 1.3m 暗装
23	⫯	单联双控开关	～250V 10A	距本楼层地面 1.3m 暗装(机房层),距基坑底 1.5m 暗装
24	⊖	卫生间用排风扇	60W	设备配套,详见水暖专业图纸
25	▭	总等电位端子箱	300×200×120(宽×高×深)	地下一层,中心距地 0.5m 暗装
26	▭	局部等电位端子板	200×100×90(宽×高×深)	卫生间所在层中心距地 0.5m 暗装
27	▬	接地预埋件		底距地 0.5m
28	▭	电子门电源箱		底距地 0.2m
29	Ⅲ	电子门电源箱		中心距地 2.0m
30	▧	对讲室内机	GST-DJC#82/86	中心距地 1.5m
31	▼	两相灯	1×13W 节能型	吸顶
32	⊻	消火栓按钮		底距地 1.7m
33				
34				
35				

注:1. 照明灯具均选用Ⅰ类灯具

2. 灯具型号由建设方自定

3. 安全型插座均为带安全门型

图集 (施工单位自购)

《接地装置安装》(03D501-4)	备注
《利用建筑物金属体做防雷接地装置》(03D501-3)	
《建筑物防雷设施安装》(99D501-1)	
《等电位联结安装》(02D501-2)	
《常用电气设备安装与控制》(08D800-5)	
《民用建筑电气设计与施工——室内布线》(08D800-7)	
《电缆防火阻燃设计与施工》(06D105)	

8. 导线选择，线路敷设

室内干线，住宅配电干线采用"阻燃 C 级"ZR-Y JV 电缆，室内支线，正常照明线路穿刚性中型塑料导管（FPC 非火焰蔓延类制品），导管管壁厚度不应小于 2.0mm，其他线路穿钢管（SC）暗敷设，暗敷设的管线保护管外径不应大于楼板厚度的 1/3，且外护层厚度不应小于 15mm，照明分支导线采用：

BV-450/750 3×2.5mm²

应急照明采用 NH-BV-450/750 4×2.5mm²，该建筑物内的电线绝缘层颜色选择应一致：

L1-黄色　　　L2-绿色　　　L3-红色　　　N-淡蓝色　　　PE-黄绿相间色

各导线在 T 接处或导线直线敷设距离超过 30m 时，应加装接线盒，各盒安装高度按现场实际情况定，设计说明及平面中所示。

SC 为镀锌焊接钢管（作为消防线路的保护时 SC 应为热镀锌焊接钢管），配线在过伸缩缝处做过线盒处理。

在电井内明敷设的线缆采用低烟无毒阻燃型电缆。

9. 防火措施

① 消防配电设备标志红色"消防"字样。

② 应急照明灯和灯光疏散指示标志应设非燃材料制作的保护罩。

③ 消防配电箱及控制箱除安装在设备用房及电气竖井外，均应采用具有耐火功能的箱体。

10. 建筑物防雷、接地系统及安全措施

该建筑采取防直击雷和防电电波侵入系统。

① 本建筑物属于第三类防雷建筑，屋顶设不大于 20m×20m 或 24m×16m 接闪网格，利用结构柱内主筋作防雷引下线，引下线平均间距不大于 25m，关于防雷接地的详细说明见屋面防雷平面图及地下室接地平面图。

② 本工程防雷接地，电气设备的保护接地共用接地装置。凡正常不带电，绝缘破坏时可能带电的电气设备的金属外壳、穿线钢管、电缆外皮、支架等均应可靠与接地系统连接。

③ 进入户内的各种金属管道及进户电源的金属外皮和 PE 线在进户处就近与接地装置可靠连接并用 40×4 热镀锌扁钢做等电位联结，带洗浴设备的卫生间做局部等电位联结。

④ 过电压保护，在电源总进户配电箱内设第二级电涌保护器（SPD），SPD应有劣化显示功能。本工程电子信息系统雷电防护等级为 D 级。

11. 本工程质量通病防控措施

① 防雷及接地装置中所使用材料均采用经热浸镀锌处理的钢制品。

② 屋面及外露的其他金属物体应与屋面防雷装置连接成一个整体的电气通路。

③ 建筑物上的防雷设施利用多极柱内主筋做引下线，在每根引下线上与距地面不低于 0.5m 处设接地体连接板。

④ 接地故障保护采用 TN-S 接地保护形式。

⑤ 在各区域电源进线处设置 MEB 装置，且各个 MEB 端子箱应就近与总等电位干线联结。

12. 电气节能及环保措施

① 光源：照明以实施绿色照明为原则进行设计；选用发光效率高、显色性好、使用寿命长、色温相宜、符合环保的光源及灯具，楼梯间及其前室内灯具正常与发生火灾时采用一套灯具，荧光灯配用节能型镇流器（$\cos\phi > 0.9$）且该镇流器的选用应符合国家能效标准。

② 控制方式　照明灯具采用分散控制，当房间内为 2 个及以上光源时，灯开关量不少于 2 个。

③ 主要照明场所的照度标准及 LPD 值见下表。

房间名称	照明灯具	R_a	照度标准值/lx	照度实际值/lx	LPD 标准值/(W/m²)	LPD 实际值/(W/m²)	附件	控制方式	备注
楼梯间	感应灯	60	50	47	≥2.5			红外线感应	
电梯机房	细管径直管形荧光灯	60	200	195	≥7		自带电子镇流器	分散控制	
起居室	节能灯	80	100	95	≥6			分散控制	
卧室	节能灯	80	75	70	≥6			分散控制	
餐厅	节能灯	80	150	155	≥6			分散控制	
厨房	节能灯	80	100	105	≥6			分散控制	
卫生间	节能灯	80	100	95	≥6			分散控制	
商服	细管径直管形荧光灯	80	300	280～310	≥9	6.8～7.3	自带电子镇流器	分散控制	

④ 在箱式变电器内设无功补偿柜。

⑤ 合理地设计供电线路和路由，缩短供电半径，并合理地选择导线截面。

⑥ 单相负荷均匀分配。

⑦ 设置必要的测量和计量仪表。

二、某电气工程全套施工图

此部分全套施工图的计算过程见二维码中的详细计算过程。

某电气工程全套施工图如图 7-1～图 7-9 所示。

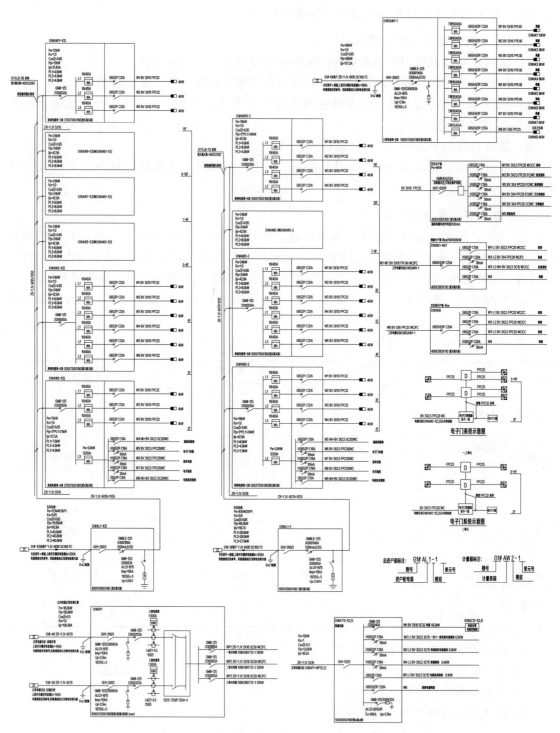

图 7-1　电气施工图（一）

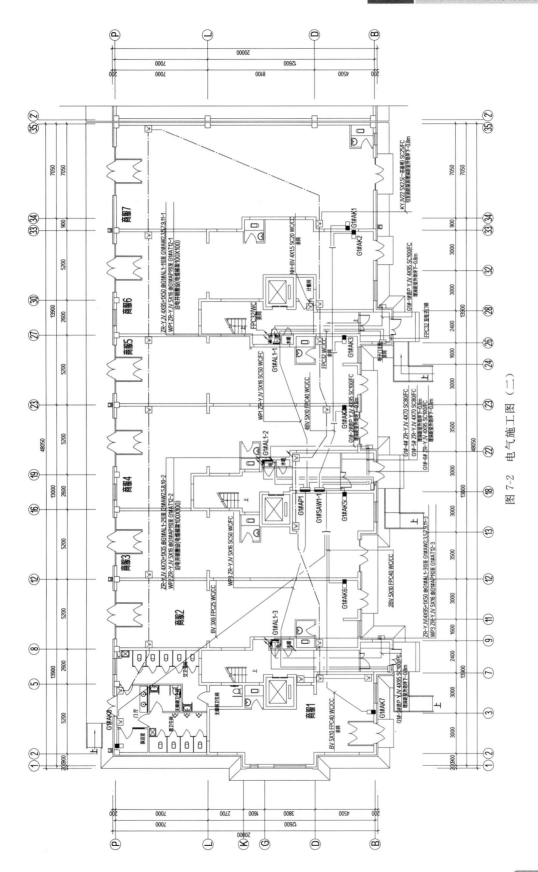

图 7-2 电气施工图（二）

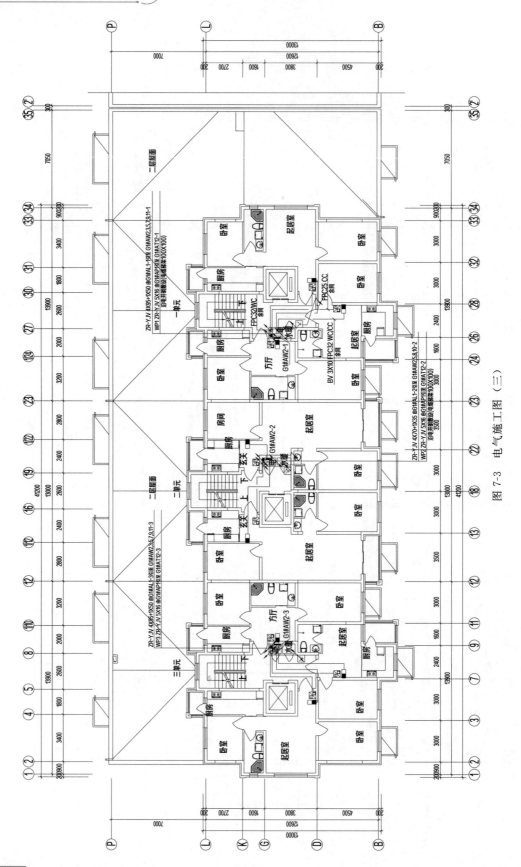

图 7-3 电气施工图（三）

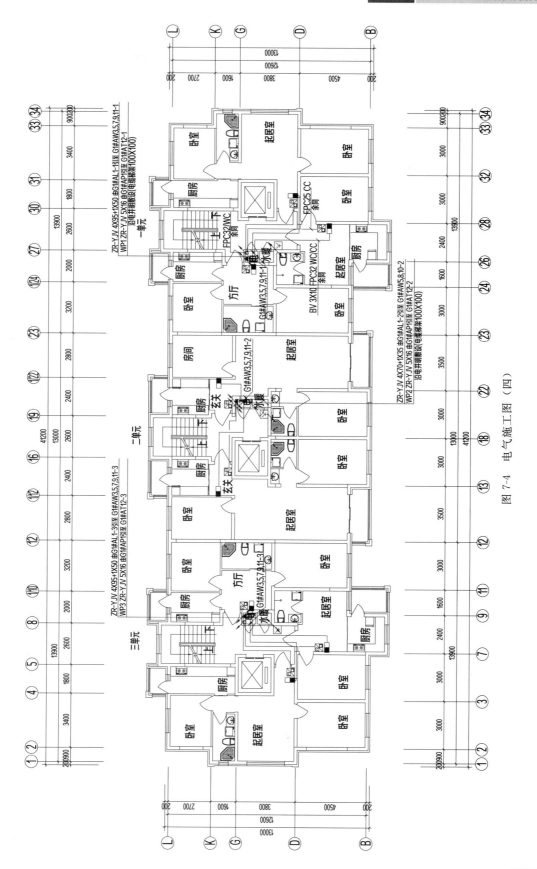

图 7-4 电气施工图（四）

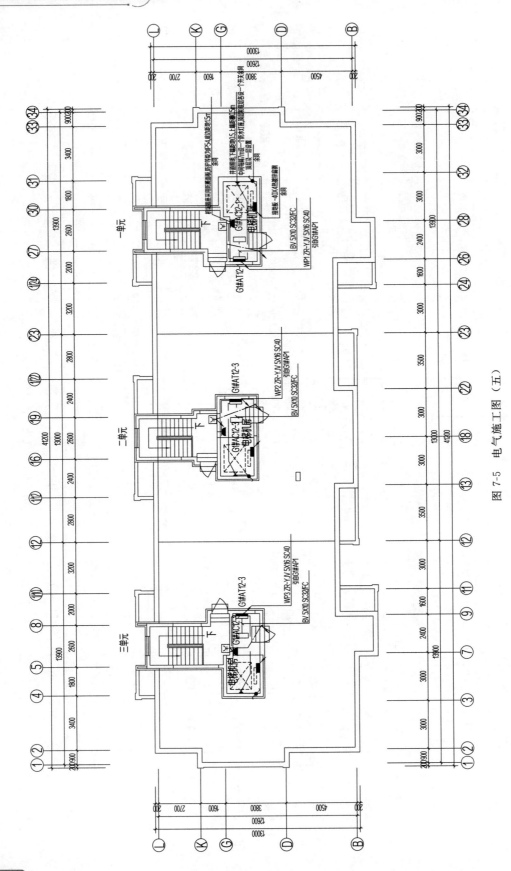

图 7-5 电气施工图（五）

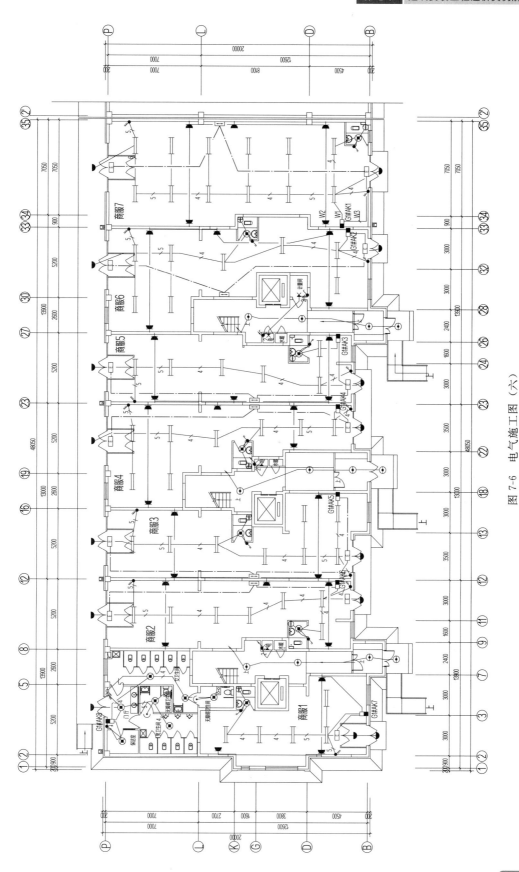

图 7-6 电气施工图（六）

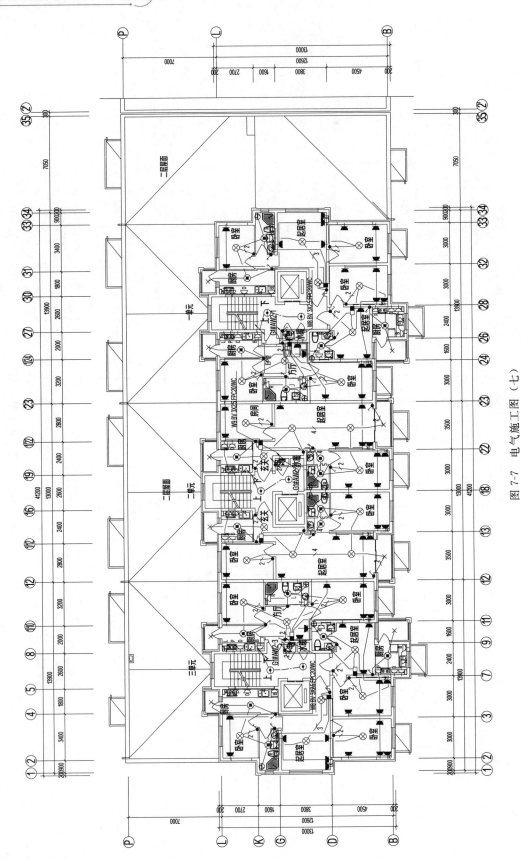

图 7-7 电气施工图（七）

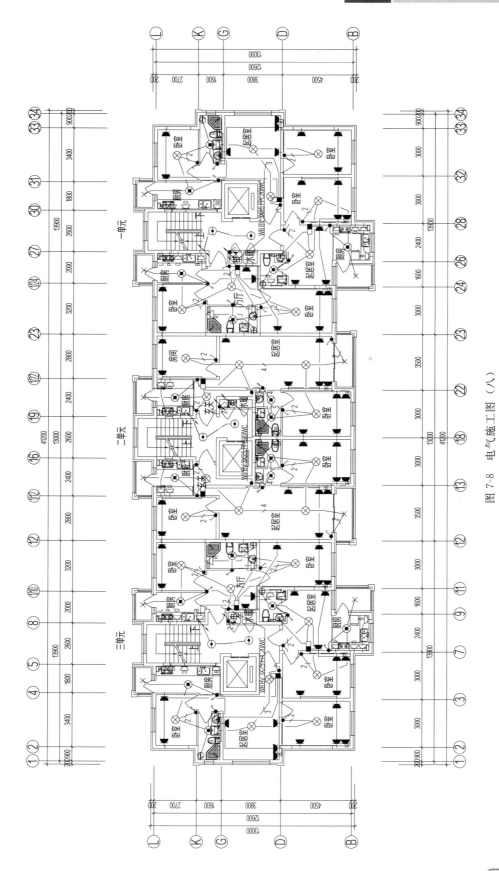

图 7-8 电气施工图（八）

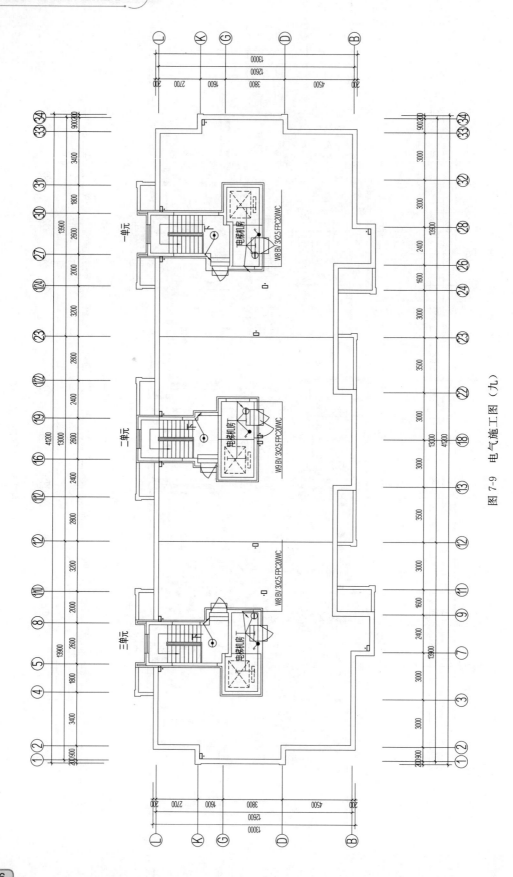

图 7-9 电气施工图（九）

三、某电气工程预算书编制

本工程预算书的编制程序及内容见二维码中的内容，结合该电气工程全套施工图纸进行计算可得出下表中的具体数据，具体内容见表7-1～表7-13。

表 7-1 单位工程招标控制价汇总表

工程名称：　　　　　　　　　　　标段：　　　　　　　　　第 1 页　共 1 页

序号	汇总内容	金额/元	其中:暂估价/元
（一）	分部分项工程费	580010.13	
1.1	电气	580010.13	
（二）	措施项目费	29444.08	
（1）	单价措施项目费	13091.39	
（2）	总价措施项目费	16352.69	
①	安全文明施工费	15183.4	
②	其他措施项目费	1169.29	
③	专业工程措施项目费		
（三）	其他项目费	58001.01	
（3）	暂列金额	58001.01	
（4）	专业工程暂估价		
（5）	计日工		
（6）	总承包服务费		
（四）	规费	83030.56	
	养老保险费	43021.01	
	医疗保险费	16132.88	
	失业保险费	3226.58	
	工伤保险费	2151.05	
	生育保险费	1290.63	
	住房公积金	17208.41	
	工程排污费		
（五）	税金	82553.44	
招标控制价合计＝（一）＋（二）＋（三）＋（四）＋（五）		833039.22	

注：本表适用于单位工程招标控制价或投标报价的汇总，如无单位工程划分，单项工程也使用本表汇总。

表 7-2　分部分项工程和单价措施项目清单与计价表（节选）

工程名称：　　　　　　　　　　　标段：　　　　　　　　　　第 1 页　共 9 页

序号	项目编码	项目名称	项目特征描述	计量单位	工程量	综合单价	综合合价	其中:暂估价
		电气						
1	030404017001	配电箱	(1)名称:住宅分户箱 (2)型号:AL (3)安装方式:成套配电箱安装悬挂、嵌入式半周长 1.0m	台	80	354.29	28343.2	
2	030404017003	配电箱	(1)名称:商服分户箱 (2)型号:AK (3)安装方式:成套配电箱安装悬挂、嵌入式半周长 1.0m	台	8	327.86	2622.88	
3	030404017002	配电箱	(1)名称:双电源切换箱 (2)型号:AP1 (3)安装方式:成套配电箱安装悬挂、嵌入式半周长 2.5m	台	1	4569.34	4569.34	
4	030404017004	配电箱	(1)名称:电缆 π 接箱 (2)安装方式:成套配电箱安装悬挂、嵌入式半周长 1.5m	台	3	1159.09	3477.27	
5	030404017010	配电箱	(1)名称:电梯箱 (2)型号:AT (3)安装方式:成套配电箱安装悬挂、嵌入式半周长 1.5m	台	3	2039.44	6118.32	
6	030404017011	配电箱	(1)名称:配电箱 (2)型号:AL (3)安装方式:成套配电箱安装悬挂、嵌入式半周长 2.5m	台	3	2104.39	6313.17	
7	030404017005	配电箱	(1)名称:计量箱 (2)型号:3 表 (3)安装方式:成套配电箱安装悬挂、嵌入式半周长 1.5m	台	2	701.32	1402.64	
8	030404017006	配电箱	(1)名称:计量箱 (2)型号:4 表 (3)安装方式:成套配电箱安装悬挂、嵌入式半周长 1.5m	台	3	842.17	2526.51	
9	030404017007	配电箱	(1)名称:计量箱 (2)型号:5 表 (3)安装方式:成套配电箱安装悬挂、嵌入式半周长 1.5m	台	1	349.18	349.18	
10	030404017008	配电箱	(1)名称:计量箱 (2)型号:6 表 (3)安装方式:成套配电箱安装悬挂、嵌入式半周长 1.5m	台	10	1123.88	11238.8	
11	030404017009	配电箱	(1)名称:计量箱 SAW1-1 (2)型号:8 表 (3)安装方式:成套配电箱安装悬挂、嵌入式半周长 1.5m	台	1	1470.55	1470.55	
12	030404017012	配电箱	(1)名称:电子门电源箱 (2)安装方式:成套配电箱安装悬挂、嵌入式半周长 1.0m	台	3	486.33	1458.99	

续表

序号	项目编码	项目名称	项目特征描述	计量单位	工程量	综合单价	综合合价	其中:暂估价
						金额/元		
13	030404017013	配电箱	(1)名称:电子门接线箱 (2)安装方式:成套配电箱安装悬挂、嵌入式半周长0.5m	台	33	270.93	8940.69	
14	030408001001	电力电缆	(1)名称:电缆 (2)型号:ZR-YJV (3)规格:5×16 (4)材质:铜芯 (5)敷设方式、部位:电缆竖井内	m	150.9	61.52	9283.37	
15	030408001003	电力电缆	(1)名称:电缆 (2)型号:ZR-YJV (3)规格:4×70+1×35 (4)材质:铜芯 (5)敷设方式、部位:电缆竖井内	m	29.7	166.64	4949.21	
16	030408001002	电力电缆	(1)名称:电缆 (2)型号:ZR-YJV (3)规格:4×95+1×50 (4)材质:铜芯 (5)敷设方式、部位:电缆竖井内	m	59.4	237.23	14091.46	
17	030408001004	电力电缆	(1)名称:电缆 (2)型号:ZR-YJV (3)规格:4×70 (4)材质:铜芯 (5)敷设方式、部位:穿管敷设	m	27	139.25	3759.75	

注:为计取规费等的使用,可在表中增设其中:"定额人工费"。

表 7-3　综合单价分析表（节选）

工程名称：　　　　　　　　　　　　　标段：　　　　　　　　　　第 1 页　共 80 页

项目编码	030404017001	项目名称	配电箱	计量单位	台	工程量	80

清单综合单价组成明细

定额编号	定额项目名称	定额单位	数量	单价/元				合价/元			
				人工费	材料费	机械费	管理费和利润	人工费	材料费	机械费	管理费和利润
1-343	成套配电箱安装、悬挂、嵌入式(半周长 m 以内)1.0	台	1	140.4	23.87		57.24	140.4	23.87		57.24
补充主材001	住宅分户箱	台	1		128.21				128.21		
人工单价		小计						140.4	152.08		57.24
综合工日 78 元/工日		未计价材料费/元						128.21			
清单项目综合单价/元								354.29			

续表

项目编码	030404017001	项目名称	配电箱	计量单位	台	工程量	80

材料费明细	主要材料名称、规格、型号	单位	数量	单价/元	合价/元	暂估单价/元	暂估合价/元
	焊锡	kg	0.07	37.69	2.64		
	住宅分户箱	台	1	128.21	128.21		
	其他材料费				21.23		
	材料费小计				152.08		

项目编码	030404017003	项目名称	配电箱	计量单位	台	工程量	8

清单综合单价组成明细

定额编号	定额项目名称	定额单位	数量	单价/元				合价/元			
				人工费	材料费	机械费	管理费和利润	人工费	材料费	机械费	管理费和利润
1-343	成套配电箱安装、悬挂、嵌入式半周长1.0m	台	1	140.4	126.43		57.24	140.4	126.43		57.24
	人工单价		小计					140.4	126.43		57.24
	综合工日78元/工日		未计价材料费/元					102.56			
	清单项目综合单价/元							327.86			

材料费明细	主要材料名称、规格、型号	单位	数量	单价/元	合价/元	暂估单价/元	暂估合价/元
	焊锡	kg	0.07	37.69	2.64		
	商服分户箱	台	1	102.56	102.56		
	其他材料费				21.23		
	材料费小计				126.43		

注：1. 如不使用省级或行业建设主管部门发布的计价依据，可不填定额编号、名称等。

2. 招标文件提供了暂估单价的材料，按暂估的单价填入表内"暂估单价"栏及"暂估合价"栏。

表7-4 总价措施项目清单与计价表

工程名称：　　　　　　　　　　标段：　　　　　　　　　　　第1页　共1页

序号	项目编码	项目名称	基数说明	费率/%	金额/元	调整费率/%	调整后金额/元	备注
一		安全文明施工费			15183.4			
1	031302001001	安全文明施工费	分部分项合计＋单价措施项目费－分部分项设备费－技术措施项目设备费	2.56	15183.4			
2	1.1	垂直防护架、垂直封闭防护、水平防护架						

续表

序号	项目编码	项目名称	基数说明	费率/%	金额/元	调整费率/%	调整后金额/元	备注
二		其他措施项目费			1169.29			
3	031302002001	夜间施工费	分部分项预算价人工费+单价措施计费人工费	0.17	248.47			
4	031302004001	二次搬运费	分部分项预算价人工费+单价措施计费人工费	0.17	248.47			
5	031302005001	雨季施工费	分部分项预算价人工费+单价措施计费人工费	0.14	204.63			
6	031302005002	冬季施工费	分部分项预算价人工费+单价措施计费人工费	0				
7	031302006001	已完工程及设备保护费	分部分项预算价人工费+单价措施计费人工费	0.14	204.63			
8	03B001	工程定位复测费	分部分项预算价人工费+单价措施计费人工费	0.08	116.93			
9	031302003001	非夜间施工照明费	分部分项预算价人工费+单价措施计费人工费	0.1	146.16			
10	03B002	地上、地下设施、建筑物的临时保护设施费						
三		专业工程措施项目费						
11	03B003	专业工程措施项目费						
		合计			16352.69			

编制人（造价人员）：　　　　　　　　复核人（造价工程师）：

表7-5 其他项目清单与计价汇总表

工程名称：　　　　　　　　　标段：　　　　　　　　　第 1 页 共 1 页

序号	项目名称	金额/元	结算金额/元	备注
1	暂列金额	58001.01		
2	暂估价			
2.1	材料暂估价			
2.2	专业工程暂估价			
3	计日工			
4	总承包服务费			
	合计	58001.01		

注：材料（工程设备）暂估单价进入清单项目综合单价，此处不汇总。

表7-6 暂列金额明细表

工程名称： 　　　　　　　　　　标段： 　　　　　　　　第1页 共1页

序号	名称	计量单位	暂定金额/元	备注
1	暂列金额	元	58001.01	
	合计		58001.01	

注：此表由招标人填写，如不能详列，也可只列暂列金额总额，投标人应将上述暂列金额计入投标总价中。

表7-7 材料（工程设备）暂估单价及调整表

工程名称： 　　　　　　　　　　标段： 　　　　　　　　第1页 共1页

序号	材料编码	材料(工程设备)名称、规格、型号	计量单位	数量		暂估/元		确认/元		差额/±元		备注
				暂估	确认	单价	合价	单价	合价	单价	合价	
	合计											

注：此表由招标人填写"暂估单价"，并在备注栏说明暂估价的材料、工程设备拟用在哪些清单项目上，投标人应将上述材料、工程设备暂估单价计入工程量清单综合单价报价中。

表 7-8　专业工程暂估价及结算价表

工程名称：　　　　　　　　　　　标段：　　　　　　　　　第 1 页　共 1 页

序号	工程名称	工程内容	暂估金额/元	结算金额/元	差额/±元	备注
合计						

注：此表由招标人填写，投标人应将上述专业工程暂估价计入投标总价中。

表 7-9　计日工表

工程名称：　　　　　　　　　　　标段：　　　　　　　　　第 1 页　共 1 页

编号	项目名称	单位	暂定数量	实际数量	综合单价/元	合价/元	
						暂定	实际
1	人工						
1.1							
人工小计							
2	材料						
2.1							
材料小计							
3	施工机械						
3.1							
施工机械小计							
4. 企业管理费和利润							
总计							

注：此表项目名称、暂定数量由招标人填写，编制招标控制价时，单价由招标人按有关计价规定确定；投标时，单价由投标人自主报价，按暂定数量计算合价计入投标总价中。结算时，按发承包双方确认的实际数量计算合价。

表 7-10 总承包服务费计价表

工程名称：　　　　　　　　　　　标段：　　　　　　　　　第 1 页　共 1 页

序号	项目名称	项目价值/元	服务内容	计算基础	费率/%	金额
1	发包人供应材料				2	
2	发包人采购设备				2	
3	总承包人对发包人发包的专业工程管理和协调				1.5	
4	总承包人对发包人发包的专业工程管理和协调并提供配合服务				5	
		合计				

注：此表项目名称、服务内容由招标人填写，编制招标控制价时，费率及金额由招标人按有关计价规定确定；投标时，费率及金额由投标人自主报价，计入投标总价中。

表 7-11 规费、税金项目清单与计价表

工程名称：　　　　　　　　　　　标段：　　　　　　　　　第 1 页　共 1 页

序号	项目名称	计算基础	计算基数	计算费率/%	金额/元
1	规费	养老保险费＋医疗保险费＋失业保险费＋工伤保险费＋生育保险费＋住房公积金＋工程排污费			83030.56
1.1	养老保险费	其中:计费人工费＋人工价差－安全文明施工费人工价差	215105.07	20	43021.01
1.2	医疗保险费	其中:计费人工费＋人工价差－安全文明施工费人工价差	215105.07	7.5	16132.88
1.3	失业保险费	其中:计费人工费＋人工价差－安全文明施工费人工价差	215105.07	1.5	3226.58
1.4	工伤保险费	其中:计费人工费＋人工价差－安全文明施工费人工价差	215105.07	1	2151.05
1.5	生育保险费	其中:计费人工费＋人工价差－安全文明施工费人工价差	215105.07	0.6	1290.63
1.6	住房公积金	其中:计费人工费＋人工价差－安全文明施工费人工价差	215105.07	8	17208.41
1.7	工程排污费				
2	税金	分部分项工程费＋措施项目费＋其他项目费＋规费	750485.78	11	82553.44
		合计			165584

编制人（造价人员）：　　　　　　　　　　复核人（造价工程师）：

表 7-12　发包人提供材料和工程设备一览表

工程名称：　　　　　　　　　　　标段：　　　　　　　　　第 1 页　共 1 页

序号	材料(工程设备)名称、规格、型号	单位	数量	单价(元)	交货方式	送达地点	备注

注：此表由招标人填写，供投标人在投标报价、确定总承包服务费时参考

表 7-13　承包人提供主要材料和工程设备一览表

（适用造价信息差额调整法）

工程名称：　　　　　　　　　　　标段：　　　　　　　　　第 1 页　共 1 页

序号	材料号	名称、规格、型号	单位	数量	风险系数/%	基准单价/元	投标单价/元	发承包人确认单价/元	备注

注：1. 此表由招标人填写除"投标单价"栏的内容，投标人在投标时自主确定投标单价。

2. 基准单价应优先采用工程造价管理机构发布的单价，未发布的，通过市场调查确定其基准单价。

第二节 某水暖工程预算书编制实例

一、某水暖工程基本概况

1. 工程概况

本工程为×××房地产开发有限公司×××9#楼，位于×××市×××路，为地上 28 层的住宅建筑，建筑高度为 84.00m，总建筑面积 15088m²。

2. 系统说明

本工程设有给水系统、排水系统、雨水系统和消防系统。

（1）生活给水系统

① 水源：本工程的供水水源为市政给水管网，供水水压为 0.15MPa。

② 本工程生活用水由设在小区内的生活水箱和变频生活给水设备保证。

③ 给水系统竖向为三个区。

a. 1～7 层为低区：由低区变频供水设备直接供水。

b. 8～21 层为中区：8～14 层由低区变频供水设备减压供水，9～21 层由低区变频供水设备直接供水。

c. 22～32 层为高区，22～28 层由中区变频供水设备减压供水，29～32 层由低区变频供水设备直接供水。

（2）生活给水系统　本工程污水、废水为合流制排水系统，污水自流至室外，生活污水经化粪池处理后排入市政排水管网。

（3）雨水排水系统

① 屋面雨水采用内排排放方式、屋面雨水设计重现期 $P=2$ 年，屋顶女儿墙设置溢流口，屋面雨水排水与溢流口总排水能力按 50 年重现期的雨水量设计。

② 采用重力流排水系统，雨水斗均为 87 型斗，屋面雨水经室外雨水管排至散水坡。

（4）消防系统　本工程按建筑高度大于 50m 的普通住宅进行消防设计，室外消防水量 15L/s，火灾延续时间 2h，室内消火栓水量 20L/s，火灾延续时间 2h。

3. 卫生洁具

① 所有卫生洁具及配件均应选建设部土建的节水型产品。

② 所有卫生洁具和污水管存水弯水封深度大于或等于 50mm，卫生间地漏下设存水弯。

4. 管材及接口

① 生活给水干管采用内衬塑钢管，丝扣或沟槽柔性连接，管材和管件的公称压力为 2.00MPa；卫生间暗设的支管采用 PP-R 管，热熔连接，压力等级为 2.00MPa。

② 消火栓管道采用焊接钢管、焊接接口、阀门及需拆卸部位采用法兰连接、管材和管件的公称压力为 2.00MPa。

5. 阀门及附件

（1）阀门

① 给水管：$DN<50$mm 时采用铜截止阀或球阀；$DN>50$mm 时采用铸钢蝶阀，工作压力同各部门管材的工作压力。

② 消火栓管道上的阀门采用工作压力 2.00MPa 的蝶阀，阀门组及两个以上阀件上的阀门不应采用对夹阀门。

（2）减压阀

① 减压阀要求能减静压和动压，减压阀减压要求见各系统图，其工作压力同各部位阀门的压力一致。

② 安装减压阀前全部管道必须冲洗干净，减压阀前过滤器需定期清洗和去除杂物。

③ 消防系统的减压阀，至少每 3 个月打开泄水阀运行一次，以免水中杂质沉积而堵塞或损坏阀。

（3）附件

① 地漏采用返溢地漏、地漏均为 $DN50$，地漏表面应低于该出地面 5～10mm。

② 地面清扫口采用铜制品，清扫口表面与地面平齐。

6. 管道敷设

① 全部给排水、消防管道均安装在吊顶、管井、墙槽和后包厢内。

② 管道穿过楼板、承重墙时必须设置套管，套管高出地面 50mm，并采取严格的防火措施。

③ 排水管穿楼板应预留孔洞，孔洞比管道大 2 号，管道安装完后应填塞密封膏封闭严密，立管周围应做高出楼地面 20mm、宽度大于或等于 30mm。

④ 管道坡度：各种管道除图中注明者外，均按下列坡度安装。

$DN50$，$i = 0.035$；$DN75$，$i = 0.025$；$DN100$，$i = 0.020$；$DN150$，$i = 0.010$；$DN200$，$i = 0.008$。

⑤ 管道支架：管道支架或管卡应固定在梁中侧面、板下或承重结构上，泵房内采用减振吊架或支架。管束的托吊尽量采用独立管卡，少用角钢整体拖吊，管束密集处应配合土建在梁中板下预埋埋件。

7. 图例

图例

符 号	说 明	符 号	说 明
——J1——	低区给水管道	L	坐式大便器
——J2——	中区给水管道		淋浴器
——J3——	高区给水管道		清扫口
——X1——	室内低区消火栓管道		检查口
——X2——	室内高区消火栓管道	↑	通气帽
— —W— —	排水管道		压力表
——T——	通气管道	⊘	水表
——Y——	雨水管道		地漏
⋈	闸阀,蝶阀	✚	水龙头
⌐	止回阀		消火栓
⊥	截止阀	⊠	减压阀
	洗涤盆		过滤器
	洗手盆		

二、某水暖工程全套施工图纸

此部分全套施工图的计算过程见二维码中的详细计算过程。

某水暖工程全套施工图纸如图 7-10～图 7-29 所示。

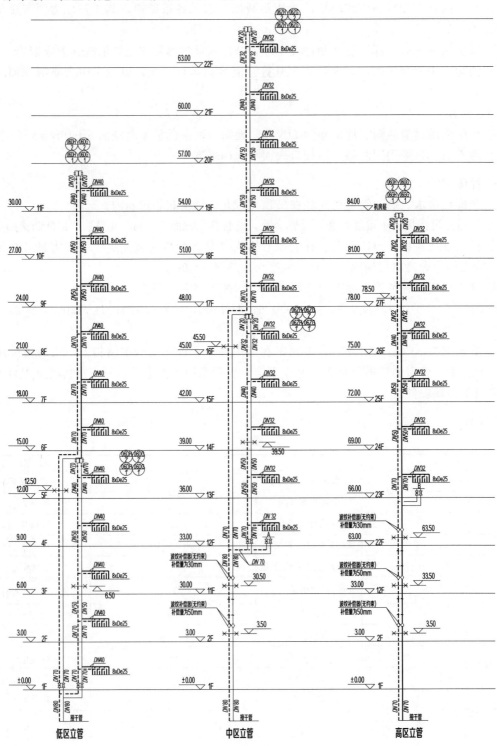

图 7-10 采暖干管系统图

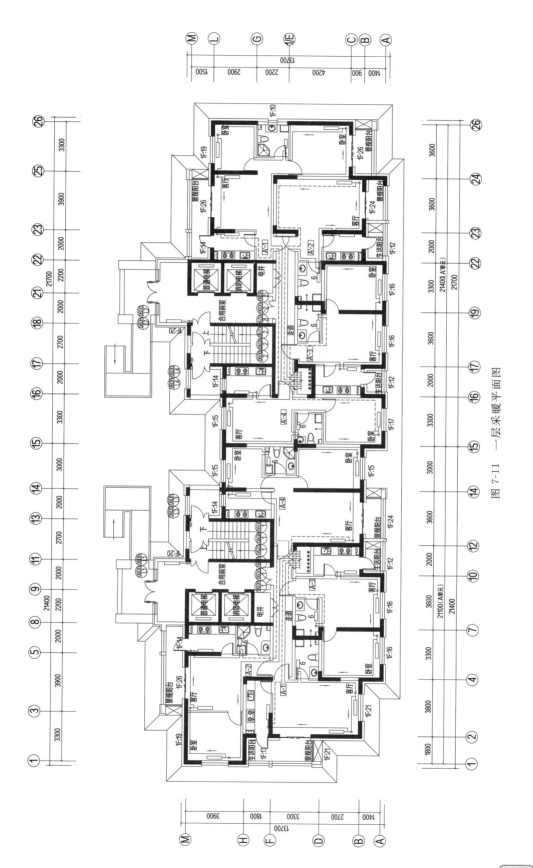

图 7-11 一层采暖平面图

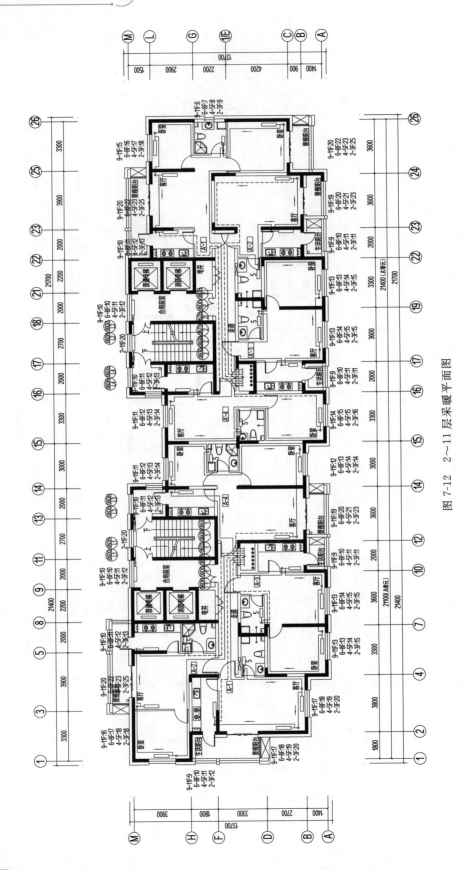

图 7-12 2~11 层采暖平面图

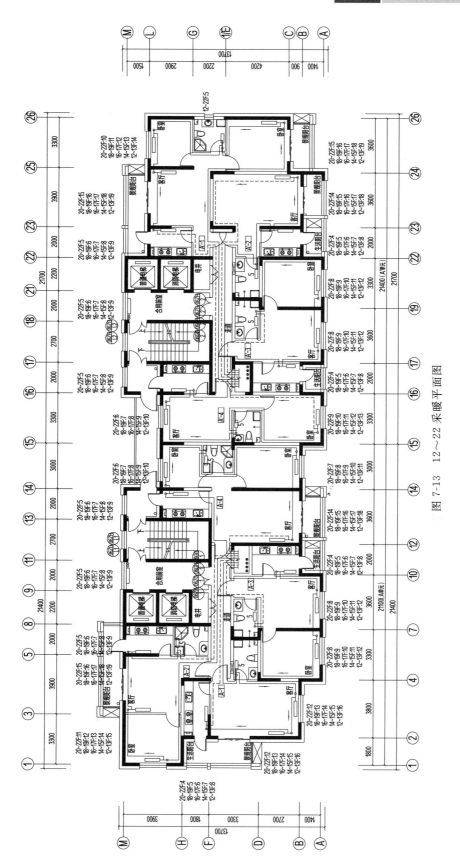

图 7-13 12～22 采暖平面图

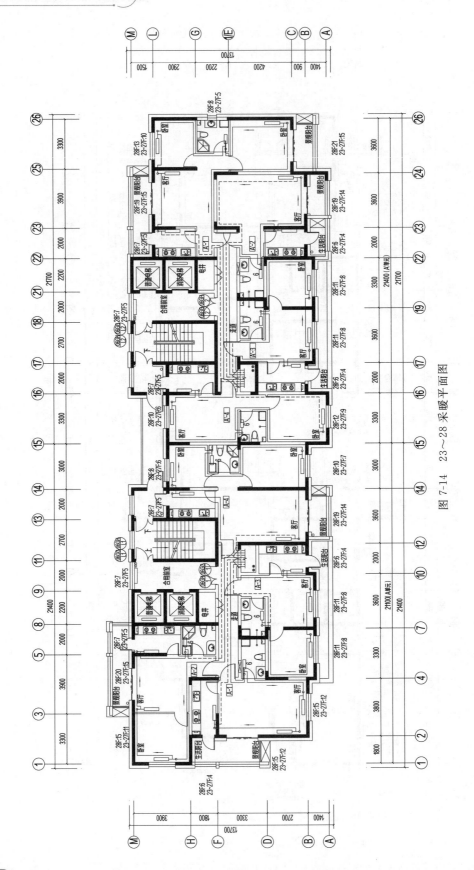

图 7-14 23～28 采暖平面图

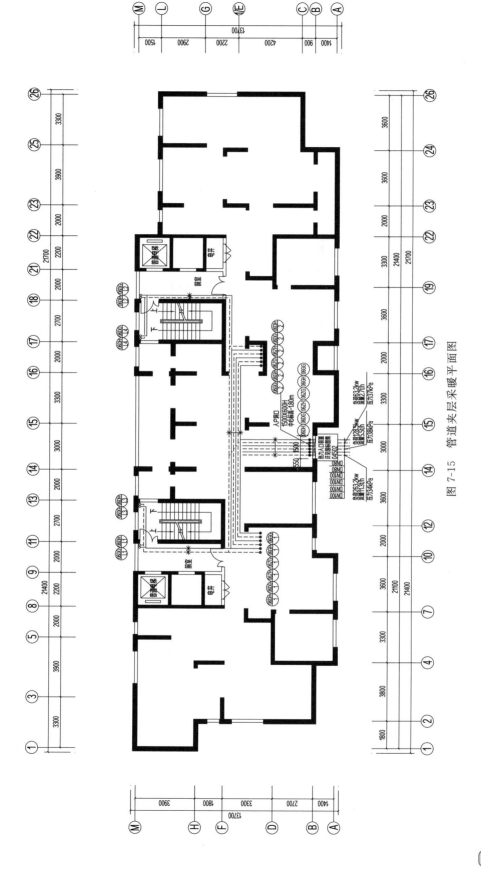

图 7-15 管道夹层采暖平面图

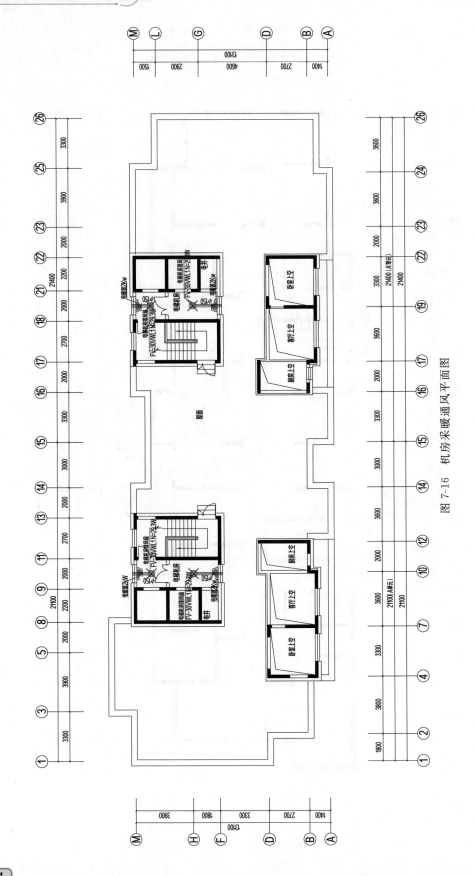

图 7-16 机房采暖通风平面图

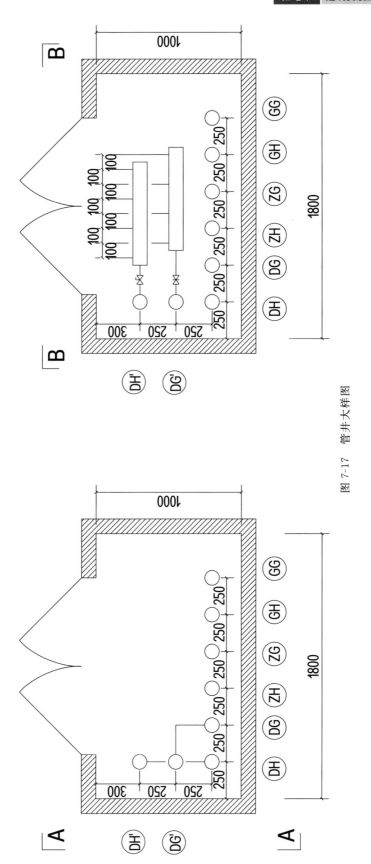

图 7-17 管井大样图

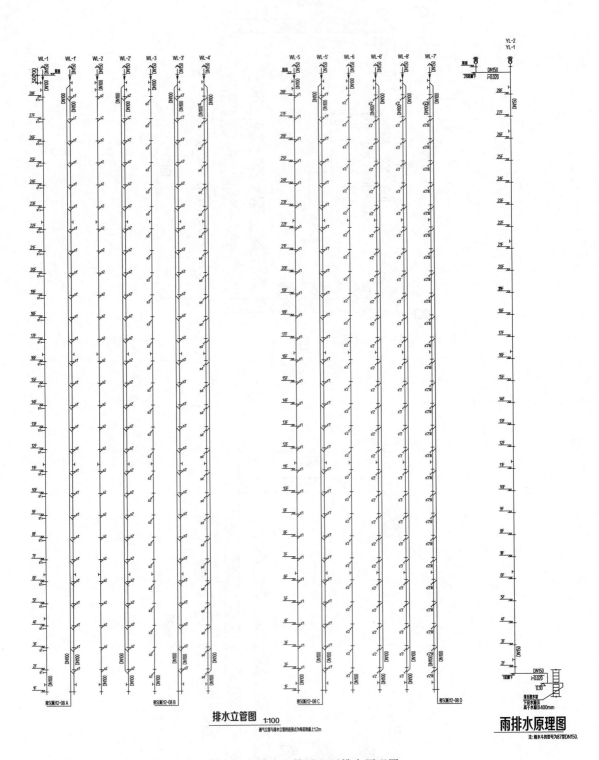

图 7-18 排水立管图和雨排水原理图

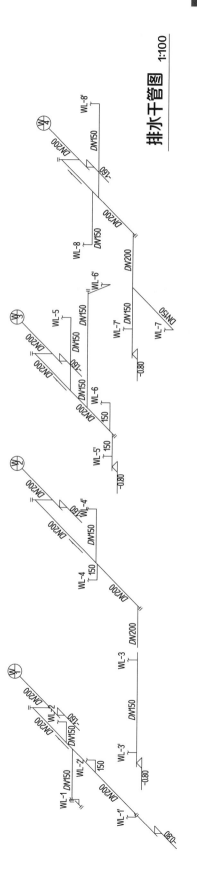

图 7-19 排水干管图

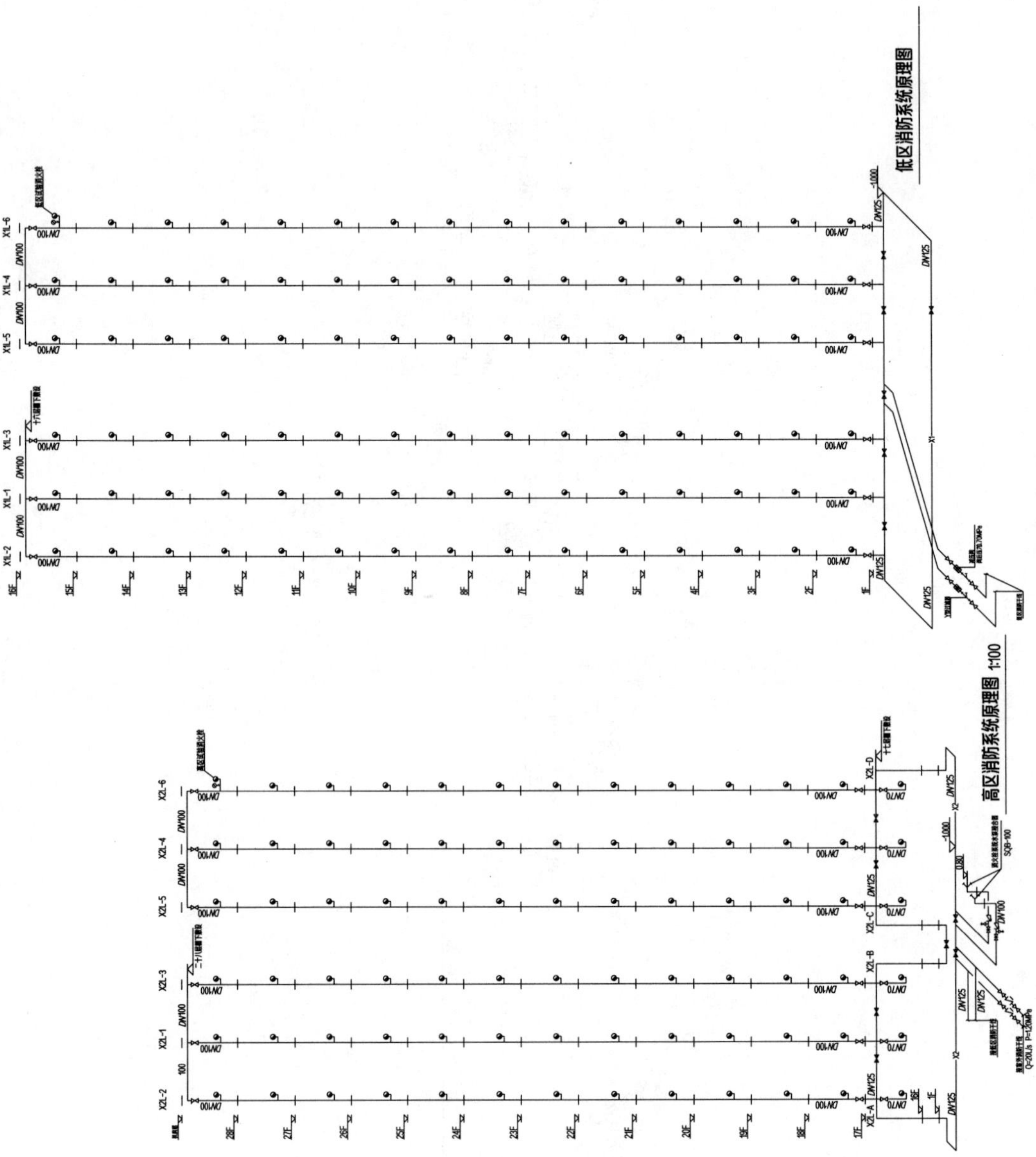

图 7-20 消防系统原理图

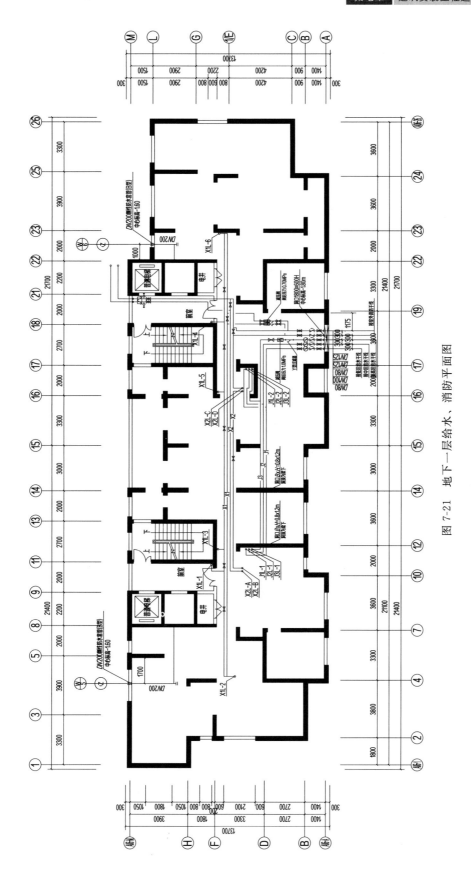

图 7-21 地下一层给水、消防平面图

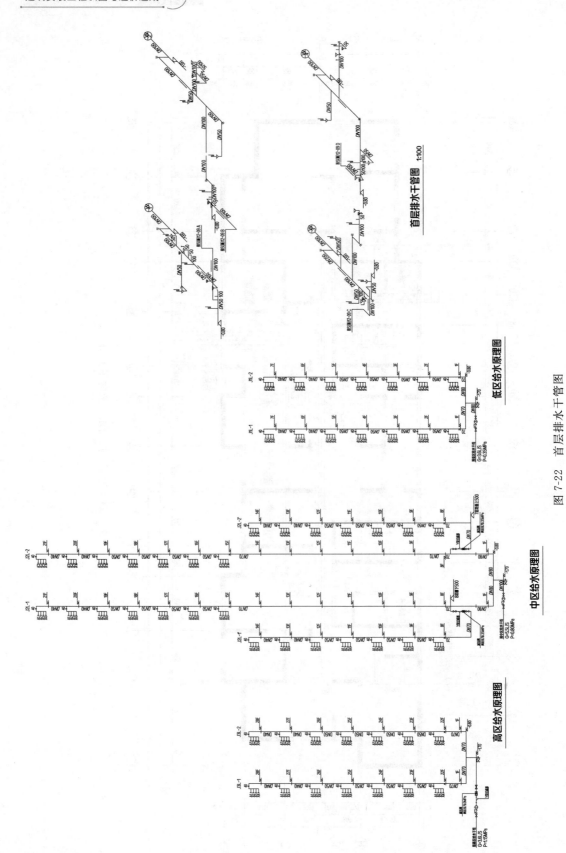

图 7-22　首层排水干管图

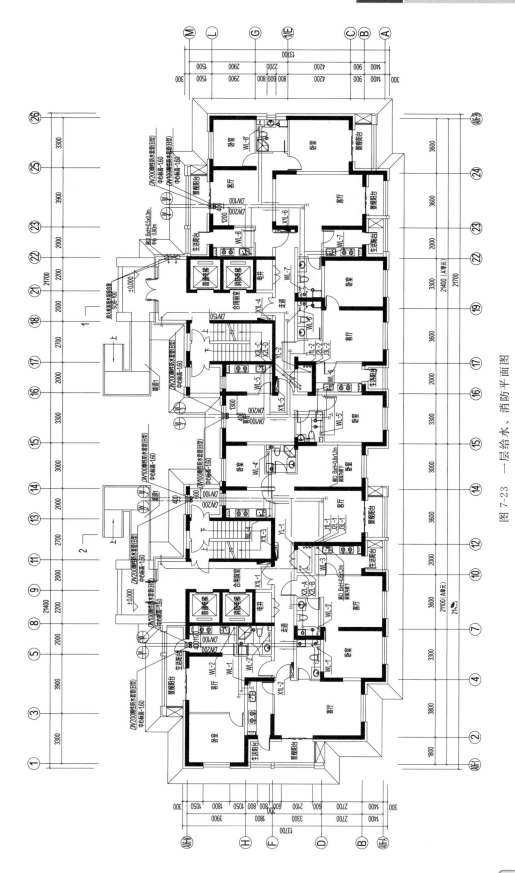

图 7-23 一层给水、消防平面图

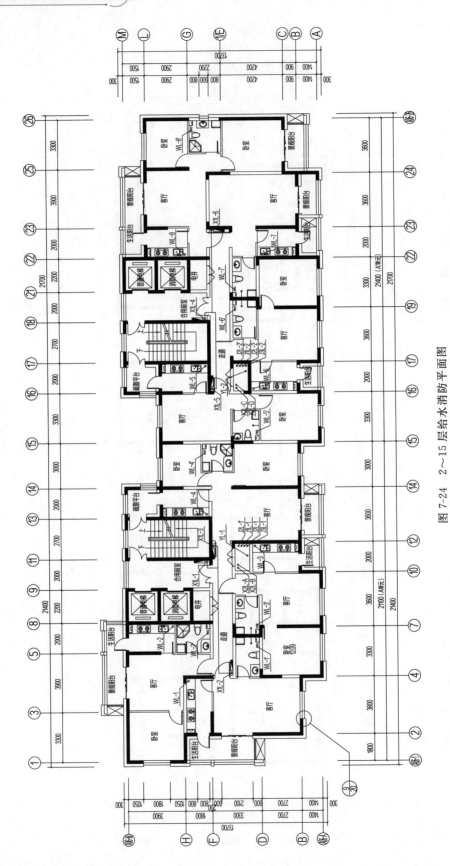

图 7-24 2～15层给水消防平面图

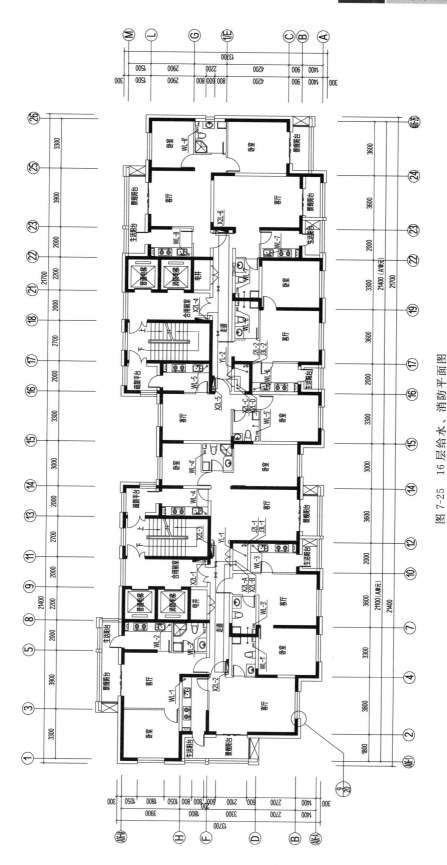

图 7-25　16 层给水、消防平面图

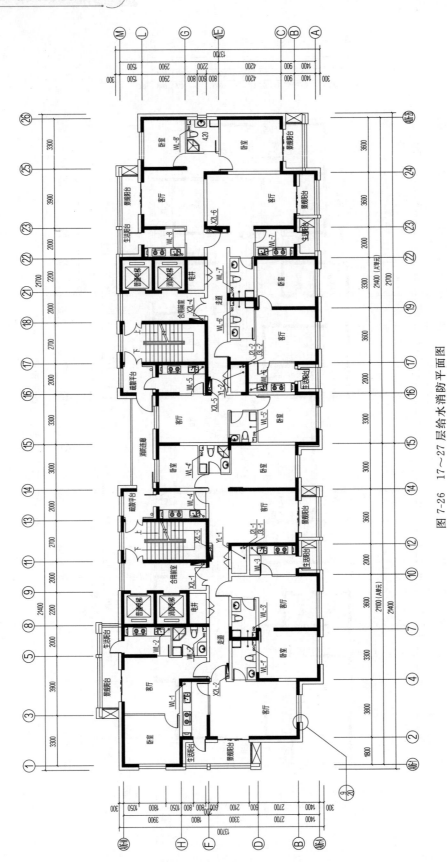

图 7-26 17~27层给水消防平面图

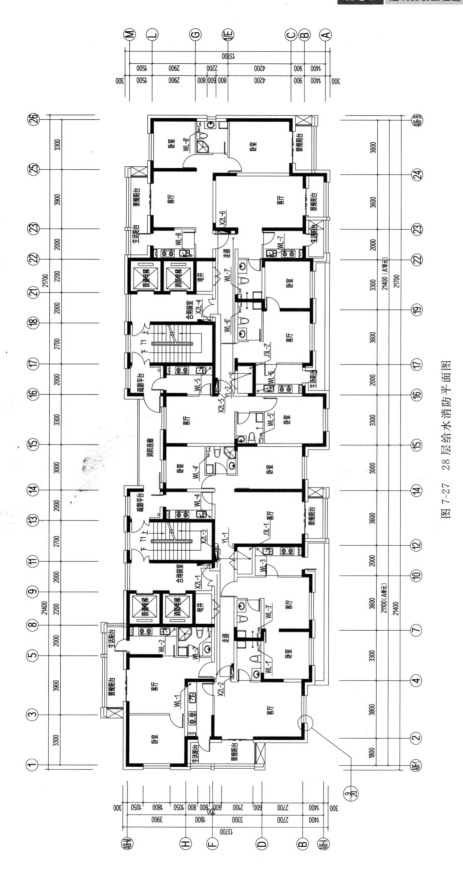

图 7-27 28 层给水消防平面图

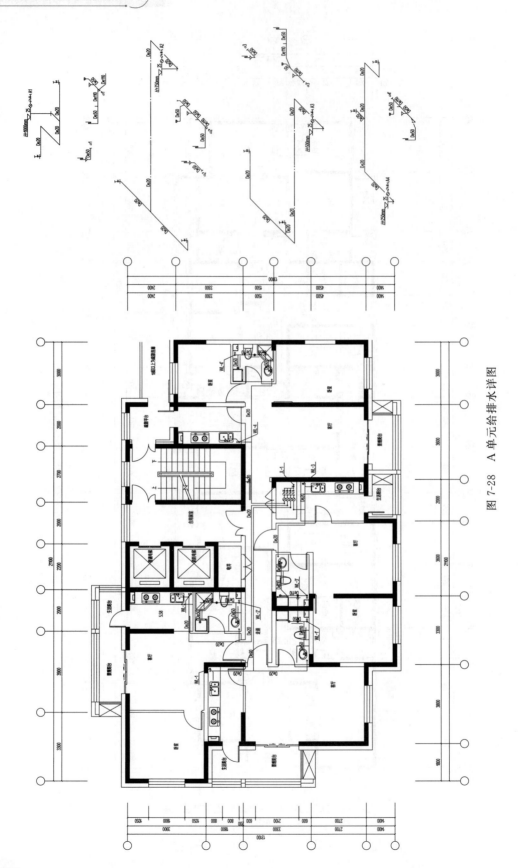

图 7-28　A 单元给排水详图

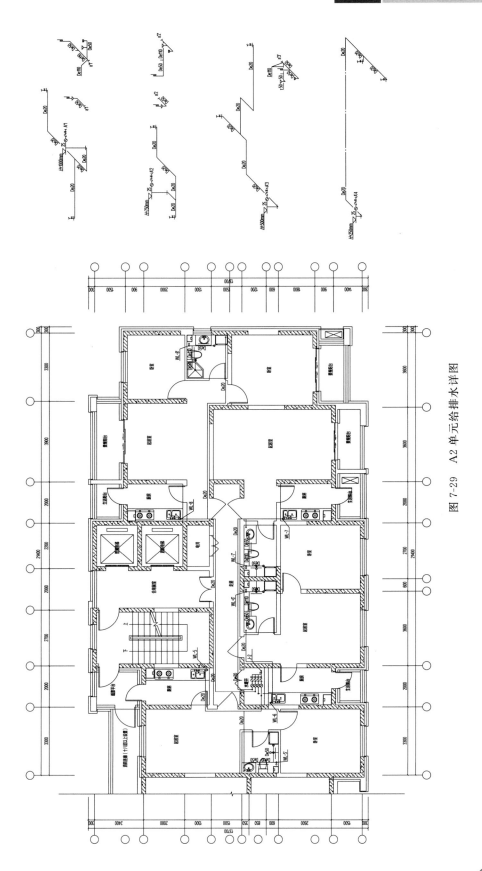

图 7-29 A2 单元给排水详图

三、某水暖工程预算书编制

本工程预算书的编制程序及内容见二维码中的内容，结合该水暖工程全套施工图纸进行计算可得出下表中的具体数据，具体内容见表 7-14～表 7-19。

表 7-14　单位工程投标价汇总表

序号	汇总内容	金额/元	暂估价/元
（一）	分部分项工程费	1900086.07	
1.1	采暖工程	1082354.59	
1.2	给水工程	122901.63	
1.3	排水工程	532500.13	
1.4	雨水工程	162329.72	
（二）	措施费	10287.17	
（1）	定额措施费		
（2）	通用措施费	10287.17	
（三）	其他费用		
（3）	暂列金额		
（4）	专业工程暂估价		
（5）	计日工		
（6）	总承包服务费		
（四）	安全文明施工费	62290.04	
（7）	环境保护等五项费用	41455.1	
（8）	脚手架费	20834.94	
（五）	规费	69155.5	
（六）	税金	71055.29	
合计		2112,874.07	

表 7-15　分部分项工程量清单投标报价表

序号	项目编码	项目名称	项目特征描述	计量单位	工程量	综合单价	合价	暂估价
		采暖工程						
1	030801002001	钢管	（1）安装部位（室内、外）：室内 （2）输送介质（给水、排水、热媒体、燃气、雨水）：热媒体 （3）材质：焊接钢管 （4）型号、规格：DN100 （5）连接方式：焊接 （6）套管形式：焊接。材质：钢管。规格：DN80 （7）除锈、刷油、防腐、绝热及保护层设计要求：除锈后，刷两道防锈漆，采用带纤维铝箔保护层的超细玻璃丝棉管壳，保温层厚度为60mm，外包保护层	m	30.9	164.45	5081.51	

序号	项目编码	项目名称	项目特征描述	计量单位	工程量	金额/元		
						综合单价	合价	暂估价
2	030801002002	钢管	(1)安装部位(室内、外):室内 (2)输送介质(给水、排水、热媒体、燃气、雨水):热媒体 (3)材质:焊接钢管 (4)型号、规格:DN80 (5)连接方式:焊接 (6)套管形式:焊接。材质:钢管。规格:DN80 (7)除锈、刷油、防腐、绝热及保护层设计要求:除锈后,刷两道防锈漆,采用带纤维铝箔保护层的超细玻璃丝棉管壳,保温层厚度为60mm,外包保护层	m	80.2	118.74	9522.95	
3	030801002003	钢管	(1)安装部位(室内、外):室内 (2)输送介质(给水、排水、热媒体、燃气、雨水):热媒体 (3)材质:焊接钢管 (4)型号、规格:DN70 (5)连接方式:焊接 (6)套管形式:焊接。材质:钢管。规格:DN80 (7)除锈、刷油、防腐、绝热及保护层设计要求:除锈后,刷两道防锈漆,采用带纤维铝箔保护层的超细玻璃丝棉管壳,保温层厚度为60mm,外包保护层	m	27.3	100.55	2745.02	
4	030801002004	钢管	(1)安装部位(室内、外):室内 (2)输送介质(给水、排水、热媒体、燃气、雨水):热媒体 (3)材质:焊接钢管 (4)型号、规格:DN40 (5)连接方式:焊接 (6)套管形式:焊接。材质:钢管。规格:DN80 (7)除锈、刷油、防腐、绝热及保护层设计要求:除锈后,刷两道防锈漆,采用带纤维铝箔保护层的超细玻璃丝棉管壳,保温层厚度为60mm,外包保护层	m	30.1	71.01	2137.4	

序号	项目编码	项目名称	项目特征描述	计量单位	工程量	金额/元		
						综合单价	合价	暂估价
5	030801002005	钢管	(1)安装部位(室内、外):室内 (2)输送介质(给水、排水、热媒体、燃气、雨水):热媒体 (3)材质:焊接钢管 (4)型号、规格:DN32 (5)连接方式:丝接 (6)套管形式:焊接。材质:钢管。规格:DN80 (7)除锈、刷油、防腐、绝热及保护层设计要求:除锈后,刷两道防锈漆,采用带纤维铝箔保护层的超细玻璃丝棉管壳,保温层厚度为50mm,外包保护层	m	13.6	67.04	911.74	
6	030801002006	钢管	(1)安装部位(室内、外):管井 (2)输送介质(给水、排水、热媒体、燃气、雨水):热媒体 (3)材质:焊接钢管 (4)型号、规格:DN80 (5)连接方式:焊接 (6)套管形式、材质、规格:钢套管 (7)除锈、刷油、防腐、绝热及保护层设计要求:除锈后,刷两道防锈漆,采用带纤维铝箔保护层的超细玻璃丝棉管壳,保温层厚度为60mm,外包保护层	m	135	119.94	16191.9	
7	030801002007	钢管	(1)安装部位(室内、外):管井 (2)输送介质(给水、排水、热媒体、燃气、雨水):热媒体 (3)材质:焊接钢管 (4)型号、规格:DN70 (5)连接方式:焊接 (6)套管形式、材质、规格:钢套管 (7)除锈、刷油、防腐、绝热及保护层设计要求:除锈后,刷两道防锈漆,采用带纤维铝箔保护层的超细玻璃丝棉管壳,保温层厚度为60mm,外包保护层	m	459.6	102.01	46883.8	

序号	项目编码	项目名称	项目特征描述	计量单位	工程量	金额/元		
						综合单价	合价	暂估价
8	030801002008	钢管	(1)安装部位(室内、外):管井 (2)输送介质(给水、排水、热媒体、燃气、雨水):热媒体 (3)材质:焊接钢管 (4)型号、规格:DN50 (5)连接方式:焊接 (6)套管形式、材质、规格:钢套管 (7)除锈、刷油、防腐、绝热及保护层设计要求:除锈后,刷两道防锈漆,采用带纤维铝箔保护层的超细玻璃丝棉管壳,保温层厚度为60mm,外包保护层	m	132	83.92	11077.44	
9	030801002009	钢管	(1)安装部位(室内、外):管井 (2)输送介质(给水、排水、热媒体、燃气、雨水):热媒体 (3)材质:焊接钢管 (4)型号、规格:DN40 (5)连接方式:焊接 (6)套管形式、材质、规格:钢套管 (7)除锈、刷油、防腐、绝热及保护层设计要求:除锈后,刷两道防锈漆,采用带纤维铝箔保护层的超细玻璃丝棉管壳,保温层厚度为60mm,外包保护层	m	60	69.48	4168.8	
10	030801002010	钢管	(1)安装部位(室内、外):管井 (2)输送介质(给水、排水、热媒体、燃气、雨水):热媒体 (3)材质:焊接钢管 (4)型号、规格:DN32 (5)连接方式:丝接 (6)套管形式、材质、规格:钢套管 (7)除锈、刷油、防腐、绝热及保护层设计要求:除锈后,刷两道防锈漆,采用带纤维铝箔保护层的超细玻璃丝棉管壳,保温层厚度为50mm,外包保护层	m	49	71.73	3514.77	

序号	项目编码	项目名称	项目特征描述	计量单位	工程量	金额/元		
						综合单价	合价	暂估价
11	030801002011	钢管	(1)安装部位(室内、外):管井 (2)输送介质(给水、排水、热媒体、燃气、雨水):热媒体 (3)材质:焊接钢管 (4)型号、规格:DN20 (5)连接方式:丝接 (6)套管形式、材质、规格:钢套管 (7)除锈、刷油、防腐、绝热及保护层设计要求:除锈后,刷两道防锈漆,采用带纤维铝箔保护层的超细玻璃丝棉管壳,保温层厚度为50mm,外包保护层	m	10	44.22	442.2	
12	030801002012	钢管	(1)安装部位(室内、外):室内 (2)输送介质(给水、排水、热媒体、燃气、雨水):热媒体 (3)材质:焊接钢管 (4)型号、规格:DN32 (5)连接方式:丝接 (6)套管形式、材质、规格:钢套管 (7)除锈、刷油、防腐、绝热及保护层设计要求:除锈后,刷一道防锈漆,两道耐热调合漆	m	116.6	43.75	5101.25	
13	030801002013	钢管	(1)安装部位(室内、外):室内 (2)输送介质(给水、排水、热媒体、燃气、雨水):热媒体 (3)材质:焊接钢管 (4)型号、规格:DN25 (5)连接方式:丝接 (6)套管形式、材质、规格:钢套管 (7)除锈、刷油、防腐、绝热及保护层设计要求:除锈后,刷一道防锈漆,两道耐热调合漆	m	331.2	39.89	13211.57	
14	030801002014	钢管	(1)安装部位(室内、外):室内 (2)输送介质(给水、排水、热媒体、燃气、雨水):热媒体 (3)材质:焊接钢管 (4)型号、规格:DN20 (5)连接方式:丝接 (6)套管形式、材质、规格:钢套管	m	144	32.41	4667.04	

序号	项目编码	项目名称	项目特征描述	计量单位	工程量	金额/元		
						综合单价	合价	暂估价
14	030801002014	钢管	(7)除锈、刷油、防腐、绝热及保护层设计要求:除锈后,刷一道防锈漆,两道耐热调合漆	m	144	32.41	4667.04	
15	030801005001	塑料管(UPVC、PVC、PP-C、PP-R、PE管等)	(1)安装部位:室内 (2)输送介质:热媒体 (3)材质:PP-R管 (4)型号、规格:De25 (5)连接方式:热熔	m	10921.1	36.69	400695.16	
16	030801005009	塑料管(UPVC、PVC、PP-C、PP-R、PE管等)	(1)安装部位:室内 (2)输送介质:热媒体 (3)材质:PP-R管 (4)型号、规格:De20 (5)连接方式:热熔	m	561.4	24.1	13529.74	
17	030805001001	铸铁散热器	(1)型号、规格:600型铸铁散热器 (2)除锈、刷油设计要求:除锈后,烤漆	片	8730	37.78	329819.4	
18	030805001002	铸铁散热器	(1)型号、规格:400型铸铁散热器 (2)除锈、刷油设计要求:除锈后,烤漆	片	866	35.76	30968.16	
19	030805004001	光排管散热器制作安装	(1)型号、规格:D89×4×1000 (2)管径:DN80 (3)除锈、刷油设计要求:除锈后,刷一道防锈漆,两道耐热调合漆	m	16	85.82	1373.12	
20	030801002017	钢管		m	78.4	36.14	2833.38	
21	030803003001	焊接法兰阀门	(1)类型:闸阀 管井 (2)型号、规格:DN80	个	2	869.44	1738.88	
22	030803001001	螺纹阀门	(1)类型:闸阀 (2)材质:铜 (3)型号、规格:DN32	个	6	77.03	462.18	
23	030803001002	螺纹阀门	(1)类型:闸阀 (2)材质:铜 (3)型号、规格:DN25	个	2	53.46	106.92	
24	030803001003	螺纹阀门	(1)类型:闸阀 (2)材质:铜 (3)型号、规格:DN20	个	18	80.17	1443.06	
25	030803001004	螺纹阀门	(1)类型:闸阀(管井) (2)材质:铜 (3)型号、规格:DN20	个	24	80.17	1924.08	
26	030803001005	螺纹阀门	(1)类型:调节阀 (2)材质:铜 (3)型号、规格:DN32	个	6	172.63	1035.78	
27	030803001008	螺纹阀门	(1)类型:锁闭阀(管井) (2)材质:铜 (3)型号、规格:DN20	个	448	184.12	82485.76	

序号	项目编码	项目名称	项目特征描述	计量单位	工程量	综合单价	合价	暂估价
28	030803001009	螺纹阀门	(1)类型:球阀 (2)材质:铜 (3)型号、规格:DN20	个	448	83.81	37546.88	
29	030803001010	螺纹阀门	(1)类型:双活接球阀 (2)材质: (3)型号、规格:DN20	个	448	82.28	36861.44	
30	030803001011	泄水阀	(1)类型:泄水阀 (2)型号、规格:DN25 (3)安装	个	3	52.3	156.9	
31	030803005003	自动排气阀	(1)类型:手动排气阀 (2)型号、规格:	个	1036	6.01	6226.36	
32	030803013001	伸缩器	(1)类型:补偿器(管井) (2)型号、规格:DN80 (3)连接方式:法兰连接	个	8	401.29	3210.32	
33	030803013002	伸缩器	(1)类型:补偿器(管井) (2)型号、规格:DN70 (3)连接方式:法兰连接	个	12	356.64	4279.68	
		给水工程						
34	030801001001	衬塑钢管	(1)安装部位(室内、外):室内 (2)输送介质(给水、排水、热媒体、燃气、雨水):给水 (3)材质:衬塑钢管 (4)型号、规格:DN100 (5)连接方式:卡箍连接 (6)套管形式、材质、规格: (7)除锈、刷油、防腐、绝热及保护层设计要求:采用阻燃橡塑海绵管壳保温,厚度10mm,外包保护层	m	10.8	349.49	3774.49	
35	030801001002	衬塑钢管	(1)安装部位(室内、外):室内 (2)输送介质(给水、排水、热媒体、燃气、雨水):给水 (3)材质:衬塑钢管 (4)型号、规格:DN80 (5)连接方式:卡箍连接 (6)套管形式、材质、规格: (7)除锈、刷油、防腐、绝热及保护层设计要求:采用阻燃橡塑海绵管壳保温,厚度10mm,外包保护层	m	40.4	300.47	12138.99	
36	030801001003	衬塑钢管	(1)安装部位(室内、外):室内 (2)输送介质(给水、排水、热媒体、燃气、雨水):给水 (3)材质:衬塑钢管 (4)型号、规格:DN70 (5)连接方式:卡箍连接	m	24.8	248.26	6156.85	

续表

序号	项目编码	项目名称	项目特征描述	计量单位	工程量	金额/元		
						综合单价	合价	暂估价
36	030801001003	衬塑钢管	(6)套管形式:套丝连接。材质:衬塑钢管。规格:DN80 (7)除锈、刷油、防腐、绝热及保护层设计要求:采用阻燃橡塑海绵管壳保温,厚度10mm,外包保护层	m	24.8	248.26	6156.85	
37	030801001004	衬塑钢管	(1)安装部位(室内、外):管井 (2)输送介质(给水、排水、热媒体、燃气、雨水):给水 (3)材质:衬塑钢管 (4)型号、规格:DN80 (5)连接方式:卡箍连接 (6)套管形式:套丝连接。材质:衬塑钢管。规格:DN80 (7)除锈、刷油、防腐、绝热及保护层设计要求:采用阻燃橡塑海绵管壳保温,厚度10mm,外包保护层	m	44.7	154.05	6886.04	
38	030801001005	衬塑钢管	(1)安装部位(室内、外):管井 (2)输送介质(给水、排水、热媒体、燃气、雨水):给水 (3)材质:衬塑钢管 (4)型号、规格:DN70 (5)连接方式:卡箍连接 (6)套管形式:套丝连接。材质:衬塑钢管。规格:DN80 (7)除锈、刷油、防腐、绝热及保护层设计要求:采用阻燃橡塑海绵管壳保温,厚度10mm,外包保护层	m	188.6	126.3	23820.18	
39	030801001006	衬塑钢管	(1)安装部位(室内、外):管井 (2)输送介质(给水、排水、热媒体、燃气、雨水):给水 (3)材质:衬塑钢管 (4)型号、规格:DN50 (5)连接方式:卡箍连接 (6)套管形式:套丝连接。材质:衬塑钢管。规格:DN80 (7)除锈、刷油、防腐、绝热及保护层设计要求:采用阻燃橡塑海绵管壳保温,厚度10mm,外包保护层	m	96	135.91	13047.36	
40	030801001007	衬塑钢管	(1)安装部位(室内、外):管井 (2)输送介质(给水、排水、热媒体、燃气、雨水):给水	m	104	97.08	10096.32	

序号	项目编码	项目名称	项目特征描述	计量单位	工程量	金额/元		
						综合单价	合价	暂估价
40	030801001007	衬塑钢管	(3)材质:衬塑钢管 (4)型号、规格:DN40 (5)连接方式:丝接 (6)套管形式:套丝连接。材质:衬塑钢管。规格:DN80 (7)除锈、刷油、防腐、绝热及保护层设计要求:采用阻燃橡塑海绵管壳保温,厚度10mm,外包保护层	m	104	97.08	10096.32	
41	030803002001	螺纹法兰阀门	(1)类型:蝶阀,管井 (2)材质:铸钢 (3)型号、规格:DN70	个	10	583.5	5835	
42	030803002002	螺纹法兰阀门	(1)类型:减压阀(管井) (2)材质:铸钢 (3)型号、规格:DN70	个	2	825.6	1651.2	
43	030803002003	螺纹法兰阀门	(1)类型:过滤器 管井 (2)材质:铸钢 (3)型号、规格:DN70	个	2	529.82	1059.64	
44	030803001012	螺纹阀门	(1)类型:截止阀(管井) (2)材质:铜 (3)型号、规格:DN40	个	56	106.92	5987.52	
45	030803001013	螺纹阀门	(1)类型:泄水阀 (2)材质:铜 (3)型号、规格:DN20	个	3	80.17	240.51	
46	030803001014	螺纹阀门	(1)类型:铜球阀 (2)材质:铜 (3)型号、规格:DN15	个	448	55.92	25052.16	
47	030802001002	管道支架制作安装	(1)制作、安装 (2)除锈、刷樟丹两道,灰色调合漆两遍	kg	265.9	26.91	7155.37	
		排水工程						
48	030801004004	柔性抗震铸铁管	(1)安装部位(室内、外):室内 (2)输送介质(给水、排水、热媒体、燃气、雨水):排水 (3)材质:离心机制排水铸管 (4)型号、规格:DN100 (5)连接方式:法兰连接 (6)套管形式、材质、规格:刚性防水套管	m	8	293.68	2349.44	
49	030801004005	柔性抗震铸铁管	(1)安装部位(室内、外):室内 (2)输送介质(给水、排水、热媒体、燃气、雨水):排水 (3)材质:离心机制排水铸管 (4)型号、规格:DN100 (5)连接方式:法兰连接 (6)套管形式、材质、规格:刚性防水套管	m	96.5	279.2	26942.8	

续表

序号	项目编码	项目名称	项目特征描述	计量单位	工程量	金额/元		
						综合单价	合价	暂估价
50	030801004006	柔性抗震铸铁管	(1)安装部位(室内、外):室内 (2)输送介质(给水、排水、热媒体、燃气、雨水):排水 (3)材质:离心机制排水铸管 (4)型号、规格:DN50 (5)连接方式:法兰连接 (6)套管形式:法兰连接。材质:铸铁管。规格 DN80	m	66.8	115.49	7714.73	
51	030801005004	塑料管(UPVC、PVC、PP-C、PP-R、PE管等)	(1)安装部位(室内、外):室内 (2)输送介质(给水、排水、热媒体、燃气、雨水):排水 (3)材质:内螺旋消音排水塑料管 (4)型号、规格:De110 (5)连接方式:粘接 (6)套管形式:粘接。材质:塑料管。规格:De110	m	1337.6	204.64	273726.46	
52	030801005005	塑料管(UPVC、PVC、PP-C、PP-R、PE管等)	(1)安装部位(室内、外):室内 (2)输送介质(给水、排水、热媒体、燃气、雨水):排水 (3)材质:硬聚氯乙烯排水塑料管 (4)型号、规格:De110 (5)连接方式:粘接 (6)套管形式:粘接。材质:塑料管。规格:De110	m	931.6	160.59	149605.64	
53	030801005006	塑料管(UPVC、PVC、PP-C、PP-R、PE管等)	(1)安装部位(室内、外):室内 (2)输送介质(给水、排水、热媒体、燃气、雨水):排水 (3)材质:硬聚氯乙烯排水塑料管 (4)型号、规格:De50 (5)连接方式:粘接 (6)套管形式:粘接。材质:塑料管。规格:De50	m	1117.94	53.71	60044.56	
54	030803003005	焊接法兰阀门	(1)类型:止回阀 (2)型号、规格:DN200	个	2	2403.46	4806.92	
55	030804018001	地面扫除口分部小计	(1)型号、规格:DN200 (2)安装	个	10	190.03	1900.3	
56	030804018002	地面扫除口	(1)材质:铸铁 (2)型号、规格:DN150	个	2	121.37	242.74	
57	030804018004	地面扫除口	(1)材质:铸铁 (2)型号、规格:DN50	个	2	29.44	58.88	

序号	项目编码	项目名称	项目特征描述	计量单位	工程量	金额/元		暂估价
						综合单价	合价	
58	040502010001	防水套管制作\安装	(1)刚性套管:刚性防水套管 (2)规格:DN200	个	6	552.23	3313.38	
59	040502010002	防水套管制作\安装	(1)刚性套管:刚性防水套管 (2)规格:DN100	个	4	358.99	1435.96	
60	010101002001	挖土方	(1)土壤类别 (2)挖土平均厚度 (3)弃土运距	m³	4.8	74.65	358.32	
		雨水工程						
61	030801002015	钢管	(1)安装部位(室内、外):室内 (2)输送介质(给水、排水、热媒体、燃气、雨水):雨水 (3)材质:焊接钢管 (4)型号、规格:DN150 (5)连接方式:焊接 (6)除锈、刷油、防腐、绝热及保护层设计要求:除锈后,刷一道防锈漆,两道耐热调合漆	m	49.7	228.45	11353.97	
62	030801002016	钢管	(1)安装部位(室内、外):管井 (2)输送介质(给水、排水、热媒体、燃气、雨水):雨水 (3)材质:焊接钢管 (4)型号、规格:DN150 (5)连接方式:焊接 (6)除锈、刷油、防腐、绝热及保护层设计要求:除锈后,刷两道防锈漆	m	168.4	226.24	38098.82	
63	030804018005	地面扫除口	(1)材质:铸铁 (2)型号、规格:DN150	个	5	121.37	606.85	
64	030804017001	雨水斗	(1)材质:铸铁 (2)型号、规格:DN150	个	4	404.28	1617.12	
65	030802001004	管道支架制作安装	(1)制作、安装 (2)除锈、刷樟丹两道,灰色调合漆两遍	kg	151.8	26.98	4095.56	
66	031401003001	暖通高层建筑增加费		元	1	68586.75	68586.75	
67	031401004001	暖通工程系统调整费		元	1	29445.3	29445.3	
68	031401005001	设置于管道间、管廊内的管道及管道附件安装人工费调整		元	1	8525.35	8525.35	
合计							1900086.07	

表 7-16 定额措施项目清单报价表

序号	项目编码	项目名称	项目特征描述	计量单位	工程量	金额/元 综合单价	合价	暂估价
1	1.1	特(大)型机械设备进出场及安拆费		项	1			
1.1				项	1			
2	1.2	混凝土、钢筋混凝土模板及支架费		项	1			
2.1				项	1			
3	1.3	施工排水、降水费		项	1			
3.1				项	1			
4	1.4	垂直运输费		项	1			
5	1.5	建筑物(构筑物)超高费		项	1			
5.1				项	1			
分部小计								
合计								

表 7-17 通用措施项目清单报价表

序号	项目名称	计算基础	费率/%	金额/元
1	夜间施工费		0.18	510.11
2	二次搬运费		0.18	510.11
3	已完工程及设备保护费		0.14	396.75
4	工程定位、复测、点交、清理费		0.18	510.11
5	生产工具用具使用费		0.14	396.75
6	雨季施工费		0.14	396.75
7	冬季施工费		0	
8	检验试验费		2.67	7566.59
9	室内空气污染测试费			
10	地上、地下设施、建(构)筑物的临时保护设施费			
11	赶工施工费			
合计				10287.17

表 7-18 其他措施项目清单报价表

序号	项目名称	计量单位	金额/元	备注
1	暂列金额	元		
2	暂估价	元		
2.1	材料暂估价	元		
2.2	专业工程暂估价	元		
3	计日工	元		
4	总承包服务费	元		
合计				

表 7-19 附加金额报价明细表

序号	项目名称	计量单位	暂定金额/元	备注
1				
合计				

第三节 某通风工程预算书编制实例

一、某通风工程基本概况

1. 建筑概况

本工程为××××地下附属设施工程,总建筑面积为 35266.8m²。主体建筑为地下一层,地下总高度 4.35m,建筑防火设计分类为一类汽车库,建筑耐火等级为一级。

2. 设计参数

（1）室外设计参数　工程地点：×××，冬季供暖室外计算温度−24.2℃，冬季室外平均风速3.2m/s。

（2）通风换气次数　配电间、水处理设备间5次/h，生活泵房4次/h。

3. 通风及防排烟系统

① 本工程进港人员候车区及连廊通风采用水源热泵多联机系统，夏季送新风，冬季送热风。

② 地下车库排风排烟系统共用，平时为排风系统，发生火灾时自动转为排烟系统，排烟量按换气次数不小于6次/h计算，车库采用诱导器通风方式。

③ 机械排烟系统：所有排烟口都与本系统排烟风机联锁，任一排烟口开启时，排烟风机开启，所有排烟支管均设排烟防火阀。

④ 消防控制系统应与空调通风DDC控制系统兼容及通信，在发生火灾时应通过消防控制系统直接启停进入DDC系统的设备。

4. 通风施工说明

① 风管上的可拆卸接口，不得设置在墙内或楼板内。

② 所有水平或垂直的风管必须设置必要的支、吊或托架，其构造形式由安装单位在保证牢固、可靠的原则下根据现场情况选定。

5. 图例

图　例

防烟、防火阀图例

类别	名称或代号	符号	功能说明
70℃防烟防火阀	70℃防火阀	70℃　　70℃	平时常开,70℃自动关闭,输出动作反馈信号,手动关闭,手动复位
	70℃防火阀		平时常开,70℃自动关闭,不输出动作反馈信号,手动关闭,手动复位,风量调节
	防烟防火阀		平时常开,70℃自动关闭,电讯号关闭,输出动作反馈信号,手动关闭,手动复位,风量调节
排烟阀	280℃防火阀	280℃　　280℃	平时常开,280℃自动关闭,输出动作反馈信号,手动关闭,手动复位
	远控排烟防火阀	280℃　　280℃	平时常闭,电讯号开启,输出开启动作反馈信号,远距离手动开启,280℃自动关闭,远距离手动复位
	排烟防火阀		平时常闭,电讯号开启,输出开启电信号联动排烟风机开启,手动开启,280℃自动关闭,手动复位
板式排烟口	PS		平时常闭,电讯号开启,输出开启动作反馈信号,远距离手动开启,280℃自动关闭,远距离手动复位
多叶排烟口	GS		平时常闭,电讯号开启,输出开启动作反馈信号,远距离手动开启,280℃自动关闭,远距离手动复位
多叶送风口	GP		平时常闭,电讯号开启,输出开启动作反馈信号,远距离手动开启,70℃自动关闭,远距离手动复位

注：1. 消防电源（24V DC），由消防中心控制。

2. 若仅用于厨房烧煮区平时排风系统，其动作装置的工作温度应当由70℃改为150℃。

二、某通风工程全套施工图

此部分全套施工图的计算过程见二维码中的详细计算过程。

某通风工程全套施工图如图7-30和图7-31所示。

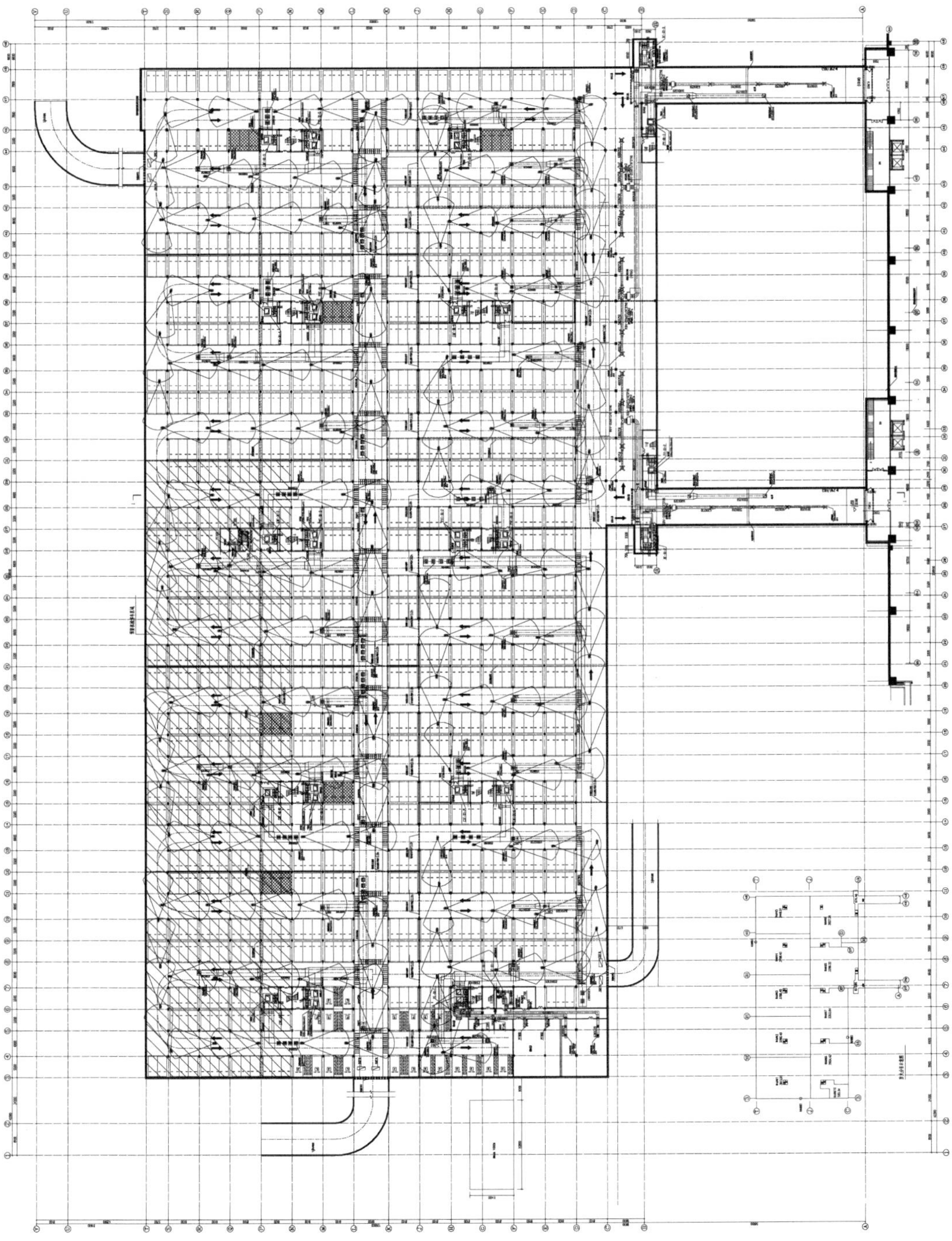

图 7-30 通风平面布置图

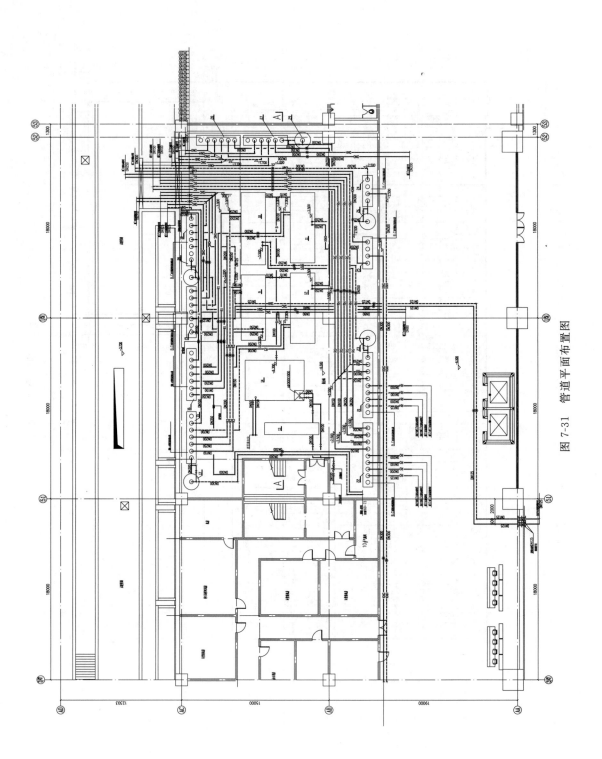

图 7-31　管道平面布置图

三、某工程通风工程预算书编制

本工程预算书的编制程序及内容见二维码中的内容，结合该通风工程全套施工图纸进行计算可得出下表中的具体数据，具体内容见表7-20和表7-21。

表7-20 单位工程招标控制价汇总表

工程名称： 标段： 第1页 共1页

序号	汇总内容	金额/元	暂估价/元
（一）	分部分项工程费	3492556.44	
1.1		3492556.44	
（二）	措施项目费	113584.6	
（1）	单价措施项目费		
（2）	总价措施项目费	113584.6	
①	安全文明施工费	51966.22	
②	脚手架费	43398.76	
③	其他措施项目费	18219.62	
④	专业工程措施项目费		
（三）	其他项目费		
（3）	暂列金额		
（4）	专业工程暂估价		
（5）	计日工		
（6）	总承包服务费		
（四）	规费	299282.08	
	养老保险费	155068.44	
	医疗保险费	58150.66	
	失业保险费	11630.13	
	工伤保险费	7753.42	
	生育保险费	4652.05	
	住房公积金	62027.38	
	工程排污费		
（五）	税金	135908.72	
招标控制价合计＝（一）＋（二）＋（三）＋（四）＋（五）	4041331.84	

注：本表适用于单位工程招标控制价或投标报价的汇总，如无单位工程划分，单项工程也使用本表汇总。

表7-21 分部分项工程和单价措施项目清单与计价表（节选）

工程名称： 标段： 第1页 共17页

序号	项目编码	名称	工作内容	项目特征描述	计量单位	工程量	综合单价	合价	暂估价
1	030701003001	室内机	（1）本体安装或组装、调试 （2）设备支架制作、安装	（1）名称:暗装整体式室内机 （2）型号:MDV-D560T1/XF-SYN1 （3）规格:制冷量56kW制热量39kW额定制冷功率1.7kW,水流量2800m³/h,水压降220Pa （4）安装形式:吊顶内	台	3	27453.88	82361.64	

续表

序号	项目编码	名称	工作内容	项目特征描述	计量单位	工程量	金额/元		
							综合单价	合价	暂估价
2	030701003002	室内机	(1)本体安装或组装、调试 (2)设备支架制作、安装	(1)名称:暗装整体式室内机 (2)型号:MDV-D280T1/XF-SYN1 (3)规格:制冷量28kW制热量18kW,额定制冷功率0.88kW,水流量5000m³/h,水压降300Pa (4)安装形式:吊顶内	台	2	17753.11	35506.22	
3	030701003003	室外机	(1)本体安装或组装、调试 (2)设备支架制作、安装	(1)名称:室外机,多联机室外机混水装置 (2)型号:MDS-280(10)W/DSN1-8S1(G) (3)规格:制冷量28 kW,制热量31.5kW,额定制冷功率6.1kW 水流量6m³/h,水压降40kPa 水侧承压能力1.98MPa	台	2	46395.11	92790.22	
4	030701003004	室外机	(1)本体安装或组装、调试 (2)设备支架制作、安装	(1)名称:室外机,多联机室外机混水装置 (2)型号:MDS-280(10)W/DSNI-8S1(G) (3)规格:制冷量56kW,制热量63kW,额定制冷功率12.2kW,水流量12m³/h,水压降40kPa,水侧承压能力1.98MPa	台	3	82562.07	247686.21	
5	030108006001	诱导风机	(1)本体安装 (2)拆装 检查(按规范和设计要求) (3)减震台座制作,安装 (4)二次灌浆 (5)单机试运转	(1)名称:诱导风机 (2)型号:FYA-3B-Z (3)规格:喷口数3,风量:800m³/h,喷口口径80mm,出口风速14.7m/s,全压250Pa,功率0.15kW,转速1000r/min,噪声50dB(A),感受器1~100r/min,温差感差1~10,温差感测1~60s	台	170	1033.65	175720.5	
6	030108001001	离心式通风机	(1)本体安装 (2)拆装检查(按规范和设计要求) (3)减震台座制作,安装 (4)二次灌浆 (5)单机试运转	(1)名称:消防型离心风机箱 (2)型号:YFICK-800B-B-15S (3)规格:风量56000m³/h,全压520Pa,电动机功率15kW,转速1018r/min,噪声82dB(A),电源380-3-50V-φ-Hz,叶片结构式为后倾,减震方式为橡胶减震	台	1	42552.93	42552.93	

续表

序号	项目编码	名称	工作内容	项目特征描述	计量单位	工程量	综合单价	合价	暂估价
7	030108001002	离心式通风机	(1)本体安装 (2)拆装检查(按规范和设计要求) (3)减震台座制作、安装 (4)二次灌浆 (5)单机试运转	(1)名称:消防型离心风机箱 (2)型号:YFICK-800B-B-5S (3)规格:风量56000m³/h,全压520Pa,电动机功率15kW,转速1018r/min,噪声79dB(A),电源380-3-50V-φ-Hz,叶片结构式为后倾,减震方式为橡胶减震	台	1	42552.93	42552.93	
8	030108001003	离心式通风机	(1)本体安装 (2)拆装检查(按规范和设计要求) (3)减震台座制作、安装 (4)二次灌浆 (5)单机试运转	(1)名称:消防型离心风机箱 (2)型号:YFICK-800B-B-15S (3)规格:风量5600m³/h,全压520Pa,电动机功率15kW,转速1018r/min,噪声78dB(A),电源380-3-50V-φ-Hz,叶片结构形式为后倾,减震方式为橡胶减震	台	1	42552.93	42552.93	
9	030108001004	离心式通风机	(1)本体安装 (2)拆装检查(按规范和设计要求) (3)减震台座制作、安装 (4)二次灌浆 (5)单机试运转	(1)名称:消防型离心风机箱 (2)型号:YFICK-800B-B-15S (3)规格:风量51000m³/h,全压520Pa,电动机功率15kW,转速965r/min,噪声78dB(A),电源380-3-50V-φ-Hz,叶片结构形式为后倾,减震方式为橡胶减震	台	2	42332.93	85105.86	
10	030108001005	离心式通风机	(1)本体安装 (2)拆装检查(按规范和设计要求) (3)减震台座制作、安装 (4)二次灌浆 (5)单机试运转	(1)名称:消防型离心风机箱 (2)型号:YFICK-800B-B-15S (3)规格:风量39000m³/h,全压520Pa,电动机功率11kW,转速1071r/min,噪声78dB(A),电源380-3-50V-φ-Hz,叶片结构形式为后倾,减震方式为橡胶减震	台	1	29813.43	29813.43	

续表

序号	项目编码	名称	工作内容	项目特征描述	计量单位	工程量	金额/元		
							综合单价	合价	暂估价
11	030108001006	离心式通风机	(1)本体安装 (2)拆装检查(按规范和设计要求) (3)减震台座制作、安装 (4)二次灌浆 (5)单机试运转	(1)名称:消防型离心风机箱 (2)型号:YFICK-800B-B-15S (3)规格:风量45000m³/h,全压520Pa,电动机功率11kW,转速904r/min,噪声78dB(A);电源380-3-50V-φ-Hz;叶片结构形式为后倾,减震方式为橡胶减震	台	1	31742.43	31742.43	
12	030108001007	离心式通风机	(1)本体安装 (2)拆装检查(按规范和设计要求) (3)减震台座制作、安装 (4)二次灌浆 (5)单机试运转	(1)名称:消防型离心风机箱 (2)型号:YFICK-800B-B-15S (3)规格:风量5000m³/h,全压520Pa,电动机功率15kW,转速944r/min,噪声78dB(A),电源380-3-50V-φ-Hz;叶片结构形式为后倾,减震方式为橡胶减震	台	1	33488.43	33488.43	
13	030108001008	离心式通风机	(1)本体安装 (2)拆装检查(按规范和设计要求) (3)减震台座制作、安装 (4)二次灌浆 (5)单机试运转	(1)名称:消防型离心风机箱 (2)型号:YFICK-800B-B-15S (3)规格:风量56641m³/h,全压520Pa,电动机功率15kW,转速1029r/min,噪声78dB(A);电源380-3-50V-φ-Hz;叶片结构形式为后倾,减震方式为橡胶减震	台	1	42552.93	42552.93	
14	030108006002	高效全混流风机	(1)本体安装 (2)拆装检查(按规范和设计要求) (3)减震台座制作、安装 (4)二次灌浆 (5)单机试运转	(1)名称:高效全混流风机 (2)型号:YFIMF-500D4-1.1-GT (3)规格:风量6500m³/h,全压400Pa,电动机功率1.1kW,转速1400r/min,噪声78dB(A);电源380-3-50V-φ-Hz;减震方式为减震吊架	台	1	7157.42	7157.42	

续表

序号	项目编码	名称	工作内容	项目特征描述	计量单位	工程量	金额/元		
							综合单价	合价	暂估价
15	030108001009	离心式通风机	(1)本体安装 (2)拆装检查(按规范和设计要求) (3)减震台座制作、安装 (4)二次灌浆 (5)单机试运转	(1)名称:消防型离心风机箱 (2)型号:YFICK-630B-B-11S (3)规格:风量30000m³/h,全压520Pa,电动机功率11kW,转速1194r/min,噪声78dB(A);电源380-3-50V-φ-Hz,叶片结构形式为后倾,减震方式为橡胶减震	台	2	25105.53	50211.06	
16	030108001010	离心式通风机	(1)本体安装 (2)拆装检查(按规范和设计要求) (3)减震台座制作、安装	(1)名称:消防型离心风机箱 (2)型号:YFICK-800B-B-15S (3)规格:风量55000m³/h,全压720Pa,电动机功率18.5kW,转速1090r/min,噪声:82dB(A),电源380-3-50V-φ-Hz,叶片结构形式为后倾,减震方式为橡胶减震	台	2	43569.93	87139.86	
17	030108001011	离心式通风机	(1)本体安装 (2)拆装检查(按规范和设计要求) (3)减震台座制作、安装 (4)二次灌浆 (5)单机试运转	(1)名称:消防型离心风机箱 (2)型号:YFICK-800B-B-15S (3)规格:风量55000m³/h,全压720Pa,电动机功率18.5kW,转速1084r/min,噪声:81dB(A),电源380-3-50V-φ-Hz,叶片结构形式为后倾,减震方式为橡胶减震	台	4	43569.93	174279.72	
18	030108001012	离心式通风机	(1)本体安装 (2)拆装检查(按规范和设计要求) (3)减震台座制作、安装 (4)二次灌浆 (5)单机试运转	(1)名称:消防型离心风机箱 (2)型号:YFICK-800B-B-15S (3)规格:风量50034m³/h,全压720Pa,电动机功率15kW,转速1033r/min,噪声81dB(A),电源380-3-50V-φ-Hz,叶片结构形式为后倾,减震方式为橡胶减震	台	2	33488.43	66976.86	

续表

序号	项目编码	名称	工作内容	项目特征描述	计量单位	工程量	金额/元		
							综合单价	合价	暂估价
19	030108001013	离心式通风机	(1)本体安装 (2)拆装检查(按规范和设计要求) (3)减震台座制作、安装 (4)二次灌浆 (5)单机试运转	(1)名称:消防型离心风机箱 (2)型号:YFICK-800B-B-15S (3)规格:风量50000m³/h,全压720Pa,电动机功率15kW,转速1033 r/min,噪声81dB(A),电源380-3-50V-φ-Hz,叶片结构形式为后倾,减震方式为橡胶减震	台	2	33488.43	66976.86	
20	030108001014	离心式通风机	(1)本体安装 (2)拆装检查(按规范和设计要求) (3)减震台座制作、安装 (4)二次灌浆 (5)单机试运转	(1)名称:消防型离心风机箱 (2)型号:YFICK-710B-B-15S (3)规格:风量38384m³/h,全压720Pa,电动机功率15kW,转速1149 r/min,噪声81dB(A),电源380-3-50V-φ-Hz,叶片结构形式为后倾,减震方式为橡胶减震	台	2	28124.43	56248.86	
21	030108001015	离心式通风机	(1)本体安装 (2)拆装检查(按规范和设计要求) (3)减震台座制作、安装 (4)二次灌浆 (5)单机试运转	(1)名称:消防型离心风机箱 (2)型号:YFICK-800B-B-15S (3)规格:风量44148m³/h,全压720Pa,电动机功率15kW,转速为971r/min,噪声81dB(A),电源380-3-50V-φ-Hz,叶片结构形式为后倾,减震方式为橡胶减震	台	2	30491.43	60982.86	
22	030108001016	离心式通风机	(1)本体安装 (2)拆装检查(按规范和设计要求) (3)减震台座制作、安装 (4)二次灌浆	(1)名称:消防型离心风机箱 (2)型号:YFICK-800B-B-15S (3)规格:风量55000m³/h,全压720Pa,电动机功率18.5kW,转速1024r/min,噪声81dB(A),电源380-3-50V-φ-Hz,叶片结构形式为后倾,减震方式为橡胶减震	台	2	43569.93	87139.86	

序号	项目编码	名称	工作内容	项目特征描述	计量单位	工程量	综合单价	合价	暂估价
							金额/元		
23	030108006003	高效全混流风机	(1)本体安装 (2)拆装检查(按规范和设计要求) (3)减震台座制作、安装 (4)二次灌浆 (5)单机试运转	(1)名称:高效全混流风机 (2)型号:YFIMF-630D4-2.2-GT (3)规格:风量9000m³/h,全压550Pa,电动机功率2.2kW,转速1420r/min,噪声81dB(A),电源380-3-50V-φ-Hz,减震方式为减震吊架	台	1	9406.16	9406.16	
24	030108001017	离心式通风机	(1)本体安装 (2)拆装检查(按规范和设计要求) (3)减震台座制作、安装 (4)二次灌浆 (5)单机试运转	(1)名称:消防型离心风机箱 (2)型号:YFICK-710B-B-15S (3)规格:风量40000m³/h,全压720Pa,电动机功率15kW,转速1174r/min,噪声81dB(A),电源380-3-50V-φ-Hz,叶片结构形式为后倾,减震方式为橡胶减震	台	2	29706.63	59413.26	
25	030108006004	管道斜流流风机	(1)本体安装 (2)拆装检查(按规范和设计要求) (3)减震台座制作、安装 (4)二次灌浆 (5)单机试运转	(1)名称:管道斜流流风机 (2)型号:GXF5.5-A (3)规格:风量8523m³/h,全压206Pa,电动机功率1.5kW,转速1450r/min,电源380-3-50V-φ-Hz,减震方式为减震吊架	台	1	6145.18	6145.18	
26	030108006005	管道斜流流风机	(1)本体安装 (2)拆装检查(按规范和设计要求) (3)减震台座制作、安装 (4)二次灌浆 (5)单机试运转	(1)名称:管道斜流流风机 (2)型号:GXF5.5-A (3)规格:风量9664m³/h,全压231Pa,电动机功率1.5kW,转速1450r/min,电源380-3-50V-φ-Hz	台	1	6145.18	6145.18	

➡ 参考文献

[1] GJD-101—95.

[2] GYD-208—2000.

[3] GB 50500—2013.

[4] 闵玉辉. 建筑工程造价速成与实例详解 [M]. 第 2 版. 北京： 化学工业出版社， 2013.

[5] 张毅. 工程建设计量规则 [M]. 第 2 版. 上海： 同济大学出版社， 2003.

[6] 张晓钟. 建设工程量清单快速报价实用手册 [M]. 上海： 上海科学技术出版社， 2010.

[7] 戴胡杰， 杨波. 建筑工程预算入门 [M]. 合肥： 安徽科学技术出版社， 2009.

[8] 苗曙光. 建筑工程竣工结算编制与筹划指南 [M]. 北京： 中国电力出版社， 2006.

[9] 袁建新， 朱维益， 建筑工程识图及预算快速入门 [M]. 北京： 中国建筑工业出版社， 2008.